C 语言程序设计案例教程

主　编　付兴宏　李中跃

副主编　罗雨滋　孙　婷　李笑岩
　　　　许　悦　杨中兴

参　编　李寅杰　贾冬妮

北京理工大学出版社
BEIJING INSTITUTE OF TECHNOLOGY PRESS

内 容 简 介

C 语言是一门通用的基础性语言，应用非常广泛。本书根据 C 语言的知识脉络，采用典型的案例式教学模式展开知识陈述。本书文字浅显、案例详实，注重编程能力的培养，以一个实用的 C 语言项目为主线，循序渐进地讲解 C 语言程序的基本构成、C 语言的基本命令和功能、C 语言程序设计思想，以及利用 C 语言编写较复杂程序的基本方法。本书涵盖的知识主要包括 C 语言程序的基本构成、Visual C++ 2010 编程环境介绍、常用程序结构、数组和指针、结构体、文件以及综合项目开发等方面的内容。

本书重点突出编程思想和编程方法的介绍，内容精炼，表述清晰，实例丰富，以案例驱动的方式引导读者学习，操作性强，符合学习 C 语言的读者的需求。本书案例突出实用性，可以使读者通过实践具备举一反三的拓展能力。

图书在版编目（CIP）数据

C 语言程序设计案例教程／付兴宏，李中跃主编. ——
北京：北京理工大学出版社，2022.4（2022.5 重印）
ISBN 978 – 7 – 5763 – 1053 – 5

Ⅰ．①C… Ⅱ．①付… ②李… Ⅲ．①C 语言 – 程序设计 – 教材 Ⅳ．①TP312.8

中国版本图书馆 CIP 数据核字（2022）第 030684 号

出版发行／北京理工大学出版社有限责任公司
社　　　址／北京市海淀区中关村南大街 5 号
邮　　　编／100081
电　　　话／（010）68914775（总编室）
　　　　　　（010）82562903（教材售后服务热线）
　　　　　　（010）68944723（其他图书服务热线）
网　　　址／http：//www.bitpress.com.cn
经　　　销／全国各地新华书店
印　　　刷／三河市天利华印刷装订有限公司
开　　　本／787 毫米 × 1092 毫米　1/16
印　　　张／20.25　　　　　　　　　　　　　　　责任编辑／钟　博
字　　　数／450 千字　　　　　　　　　　　　　　文案编辑／钟　博
版　　　次／2022 年 4 月第 1 版　2022 年 5 月第 2 次印刷　责任校对／周瑞红
定　　　价／62.80 元　　　　　　　　　　　　　　责任印制／施胜娟

前 言

C 语言具有灵活、高效、可移植等优点，是软件开发中最常用的计算机语言，它既有高级语言的优点，又有低级语言的诸多优点，既可以用来编写系统软件，又可以用来编写应用软件，目前广泛地应用在工业控制、智能仪表、嵌入式系统、硬件驱动、系统底层开发、中间件等领域。通过 C 语言的学习，可以很好地理解程序设计思想和学会程序设计的方法，因此 C 语言又成为学习其他高级语言的基础。学好 C 语言，对高职院校的学生来说是非常有益的。

本书以 Visual C++ 2010 学习版为编程环境，采用案例驱动方式，借鉴"学做一体"的理念编写而成。本书突出技能性和实用性，以培养编程能力为核心，以程序设计思想和编程方法为基础，重点介绍了程序设计基本结构、C 语言基本程序要素、实用程序开发等方面的知识。本书大部分内容以一个实际的应用程序项目为主线，涉及 C 语言程序构成和程序开发环境、C 语言基础、语言程序基本结构、函数、指针、结构体等几个部分。第 1 章主要介绍 C 语言程序的基本构成、C 语言开发环境和 C 语言综合项目的基本内容；第 2 章通过综合项目中数据处理功能的实现，主要介绍 C 语言中标识符、表达式等基本语言要素，数据的输入和输出等方面的知识；第 3 章通过综合项目菜单功能的实现，主要介绍 C 语言程序的基本结构及编程方法；第 4 章通过数据的排序和查找功能的实现，介绍 C 语言中数组的使用和编程方法；第 5 章通过综合项目的模块化实现，介绍 C 语言函数的编写方法；第 6 章主要介绍指针的概念和编程方法；第 7 章通过综合项目数据完整性表示功能的实现，主要介绍结构体的概念和使用方法；第 8 章通过综合项目数据存储功能的实现，主要介绍文件的概念和编程方法；第 9 章介绍了利用 C 语言设计和开发一个应用项目的步骤和过程，是对本书所介绍 C 语言知识和程序设计思想的总结，对明确 C 语言的应用起到了画龙点睛的作用。本书较全面地体现了 C 语言基本知识及编程思想的实际应用，涉及程序设计和计算机语言应用的大部分环节，结构清晰，应用实例丰富，实现了理论学习和具体应用的充分结合。

本书的特色如下。

（1）内容丰富，重点突出，覆盖当前 C 语言程序开发的基本要点，而且章节安排合理。

（2）应用案例驱动模式，每个章节围绕实际项目展开，强调教学内容的实用性。

（3）强调实践教学，实训内容明确可行，便于高职院校学生理解和实践。

（4）符合高职院校的教学特点，结构由浅入深，内容循序渐进。

（5）给出了一个综合应用项目，将全书的内容综合起来，体现了 C 语言知识在一个综合应用项目设计的实现中的灵活应用。

（6）项目训练和拓展训练自成系统，通过项目训练的启发和提示，学生能够更容易地实现拓展训练的内容，从而使自己的 C 语言编程技能得到实质的提高。

（7）以程序设计思想养成以及软件开发能力培养为中心，为培养适应生产、服务第一线的技能型、应用型人才服务。

本书由付兴宏、李中跃担任主编，付兴宏负责组织、筹划工作，并亲自执笔。许悦、杨中兴、罗雨滋、孙婷、李笑岩担任副主编。付兴宏负责第 1、2、9 章的编写工作，李中跃负责第 7 章的编写工作，许悦负责第 5 章的编写工作，杨中兴负责第 6 章的编写工作，罗雨滋负责第 3 章和第 2 章部分节次的编写工作，孙婷负责第 4 章的编写工作，李笑岩负责第 8 章的编写工作。

由于编者水平有限，书中难免有错误和疏漏之处，敬请同行专家及广大读者批评指正。如读者在使用本书的过程中有其他意见或建议，恳请向编者（253024764@qq.com）踊跃提出宝贵意见。

编　者

在线课程资源

目 录

第**1**章

C语言简介

—系统概述和环境安装—

【内容简介】

计算机中的软件系统是由程序语言开发的，一个应用系统的开发，离不开编程软件的支持。C语言是目前国际上最优秀的程序设计语言之一，它将程序代码与数据进行有效的分离，使程序结构更加清晰，同时也使程序的可读性以及可维护性变得更高。

本章首先描述学生管理系统项目的基本业务情况，其次介绍程序设计语言的基本内容，接着介绍C语言的结构特点、程序组成、书写规则、上机运行过程和调试应用程序的方法，最后描述C语言程序开发和运行环境的安装方法和步骤。

【知识目标】

了解C语言的发展和基本特点；理解C语言程序的构成、C语言的词法规定和书写规范；掌握C语言程序开发和运行环境的安装和使用方法。

【能力目标】

具备C语言程序的编写和调试能力；培养良好动手实践习惯；培养逻辑思维能力；培养学生发现问题和解决问题的自主学习能力。

【素质目标】

培养严谨分析、规范操作的工作素质；培养自主学习和思考的基本素质；树立编程为国的家国意识。

【先导案例】

应用程序的主要功能之一是提供人机交互界面，让用户通过操作实现工作要求。菜单界面是应用程序人机交互的主要界面，用户通过选择选项实现相应功能。在学生管理系统中，菜单界面是用户首先面对的界面，在功能菜单界面上显示各项功能（如信息的增加、修改、删除和查询）的对应选项，用户通过选择选项来实现不同的功能。通过本章内容的学习，我们要设计和实现学生管理系统的菜单界面，如图1-1所示。

图1-1　学生管理系统的菜单界面

1.1 项目概述

对一个学校来说，学生管理是一所学校重要的日常工作，学生信息管理是其中一项基本内容。开发一个学生管理系统，实现学生信息的计算机化管理，不仅方便、快捷，可以避免手工管理的诸多弊端，还可以将从事学生管理工作的教师从繁重的数据管理任务中解脱出来，使他们把更多的精力投入其他工作。

一个学校的学生信息主要包括学生的基本信息和学生的成绩信息两个项目，所以学生信息管理主要围绕这两个方面进行。

一般情况下，在学生信息管理工作伊始，学生管理人员首先要收集学生的基本信息，如学生的学号、姓名等，在考试之后，就可以依据学生的基本信息收集学生的成绩信息。一个简单的学生信息表见表1-1。

表1-1 一个简单的学生信息表

学号	姓名	班级	C语言	网络原理	外语	总分	平均分
1	张蒙恬	网络一班	67	76	85	228	76
2	李思思	网络一班	65	87	88	240	80
3	王国庆	网络二班	88	98	92	278	92.7
4	欧阳兰	网络二班	79	90	95	264	88
5	赵晓丽	网络三班	68	86	78	232	77.3
6	佟瑞鑫	网络三班	66	77	88	231	77

在进行成绩处理之前，学生管理人员可以追加、修改和删除学生的基本信息，也可以查询学生的基本信息；在考试之后，学生管理人员可以添加、修改和删除学生的成绩信息，同时还要实现学生成绩排序和各分数段的统计工作。

1.2 程序设计语言

目前使用的计算机应用系统，如网上购物系统、办公系统、排版系统等，都是由计算机程序设计语言编写而成的。计算机程序设计语言通常简称为编程语言，是一组用来定义计算机程序的语法规则。程序设计语言让程序员能够准确地定义计算机所需要使用的数据，并精确地定义在不同情况下所应采取的行动。程序设计语言的基础是一组记号和一组规则。根据规则由记号构成的记号串的总体就是程序设计语言。在程序设计语言中，这些记号串就是程序。程序设计语言有3个方面的因素，即语法、语义和语用。语法表示程序的结构或形式，亦即表示构成程序设计语言的各个记号的组合规律。语义表示程序的含义，亦即表示按照各种方法所表示的各个记号的特定含义。语用表示程序与使用者的关系。

　　最初的程序设计语言是一种用二进制代码"0"和"1"表示的、能被计算机直接识别和执行的语言，称为机器语言。它是一种低级语言，用机器语言编写的程序不便于记忆、阅读和书写。通常不用机器语言直接编写程序。

　　在机器语言的基础上，人们设计出了汇编语言，它将机器语言用便于人们记忆和阅读的助记符表示，如 ADD、SUB、MOV 等。计算机运行汇编语言程序时，首先将用助记符写成的源程序转换成机器语言程序才能运行。汇编语言适用于编写直接控制机器操作的低层程序，它与机器密切相关，汇编语言和机器语言都是面向机器的程序设计语言，称为低级语言。

　　随着计算机应用的发展，出现了高级程序设计语言。它是一种与硬件结构及指令系统无关，表达方式比较接近自然和数学表达式的计算机程序设计语言。

　　C 语言是一种灵活、高效、可移植性强的高级程序设计语言。1972—1973 年，贝尔实验室的 D. M. Ritchie 在 B 语言的基础上设计出了 C 语言，后来又对 C 语言进行多次改进。早期的 C 语言主要用于 UNIX 系统。由于 C 语言的强大功能和各方面的优点逐渐为人们认识，到了 20 世纪 80 年代，C 语言开始进入其他操作系统，并很快在各类大、中、小和微型计算机上得到了广泛的使用，成为当代最优秀的程序设计语言。

　　C 语言是一种结构化语言。它层次清晰，便于按模块化方式组织程序，易于调试和维护。C 语言的表现能力和处理能力极强，它不仅具有丰富的运算符和数据类型，便于实现各类复杂的数据结构，还可以直接访问内存的物理地址，进行位（bit）一级的操作。由于 C 语言实现了对硬件的编程操作，因此 C 语言集高级语言和低级语言的功能于一体，既可用于系统软件的开发，也可用于应用软件的开发。此外，C 语言还具有效率高、可移植性强等特点。

　　用高级语言编写的程序称为"源程序"。源程序不能被计算机识别和执行，需要将其翻译成机器指令，翻译方式通常有编译和解释两种。

　　编译方式是将源程序整个编译成等价的、独立的目标程序，然后通过链接程序将目标程序链接成可执行程序。解释方式是将源程序逐句翻译，翻译一句执行一句，边翻译边执行，不产生目标程序，在整个执行过程中，解释程序都一直在内存中。

1.3　C 程序的基本构成

1.3.1　简单的 C 程序实例

　　用 C 语言编写的程序称为 C 程序或 C 源程序。下面先介绍两个简单的 C 程序，从中分析 C 程序的特性。这几个程序都是在 Visual C ++ 2010Express 环境下编译通过的。

【应用案例1.1】

用 C 语言编写一个程序，输出"你好，欢迎使用 C 语言！"。

【程序代码】

```
/*ex1_1.c：输出欢迎词*/
#include <stdio.h>
```

```
void main( )                              /*定义主函数*/
{
   printf("你好,欢迎使用 C 语言! \n");       /*输出欢迎词*/
}
```

【程序运行结果】

程序运行结果如图 1 - 2 所示。

【程序说明】

图 1 - 2　应用案例 1.1
程序运行结果

（1）程序中的 main( ) 代表一个函数，其中 main 是函数名，void 表示该函数的返回值类型。main( ) 是一个 C 程序中的主函数，程序从主函数开始执行。一个 C 程序有一个且只能有一个主函数 main( )。一个 C 程序可以包含多个文件，每个文件又可以包含多个函数。函数之间是相互平行、相互独立的。执行程序时，系统先从主函数开始运行，其他函数只能被主函数调用或被主函数所调用的函数调用。

（2）函数体用"｛｝"括起来。main( ) 函数中的所有操作语句都在这"｛｝"之中。

（3）"#include < stdio. h >"是一条编译预处理命令，声明该程序要使用"stdio. h"文件中的内容，"stdio. h"文件包含输入函数 scanf( ) 和输出函数 printf( ) 的定义。编译时系统将头文件"stdio. h"中的内容嵌入程序中该命令位置。C 语言的编译预处理命令都以"#"开头。C 语言提供了 3 类编译预处理命令：宏定义命令、文件包含命令和条件编译命令。应用案例 1.1 中出现的"#include < stdio. h >"是文件包含命令，其中尖括号内是被包含的文件名。

（4）printf( ) 函数是一个由系统定义的标准函数，可在程序中直接调用，printf( ) 函数的功能是把要输出的内容送到显示器显示，双引号中的内容要原样输出。"\n"是换行符，即在输出完"你好，欢迎使用 C 语言!"后回车换行。

（5）每条语句以";"号结束。

（6）"/*……*/"部分是一段注释，注释只是为了改善程序的可读性，是对程序中所需部分的说明，向用户提示或解释程序的意义。"/*"是注释的开始符号，"*/"是注释的结束符号，必须成对使用。程序编译时，不对注释作任何处理。注释可出现在程序中的任何位置。

【应用案例 1.2】

输入两个正整数，计算并输出两数的和。

【程序代码】

```
/* ex1_2.c:求两个正整数的和*/
#include < stdio.h >
void main()                              /*主函数*/
{
   int a,b,sum;                          /*定义3个整型变量*/
   printf("请输入两个正整数! \n");
```

```
   scanf("% d",&a);                    /*输入数据给变量a*/
   scanf("% d",&b);                    /*输入数据给变量b*/
   sum = a + b;                        /*变量a和变量b的值相加,然后将结果赋给变量sum*/
   printf("相加结果是% d\n",sum);       /*输出变量sum的值*/
}
```

【程序运行结果】

程序运行结果如图1-3所示。

【程序说明】

图1-3 应用案例1.2
程序运行结果

（1）"int a，b，sum；"是变量声明。变量是程序运行过程中存储数据的内存单元，此处声明了3个整数类型的变量a，b，sum。C语言的变量必须先声明后使用。

（2）程序中的scanf是输入函数的名字，程序中的scanf()函数的作用是输入a，b的值。&a和&b中的"&"的含义是取地址，此scanf()函数的作用是将两个数值分别输入变量a和b的地址所标志的单元，也就是输入给变量a和b。

（3）"sum = a + b；"是将a，b两变量的内容相加，然后将结果赋值给整型变量sum。

（4）"printf（"相加结果是%d\n"，sum）；"是调用库函数printf()输出sum的结果。"%d"为格式控制符，表示sum的值以十进制整数的形式输出。

1.3.2 C程序的构成和书写规则

1. C程序的构成

（1）C程序是由函数构成的，函数是C程序的基本单位。一个源程序至少包含一个main()函数，即主函数，也可以包含一个main()函数和若干个其他函数。被调用的函数可以是系统提供的库函数，也可以是用户根据需要自己设计编写的函数。

（2）main()函数是每个程序执行的起始点，一个C程序不管有多少个文件，有且只能有一个main()函数。一个C程序总是从main()函数开始执行，而与main()函数在程序中的位置无关。可以将main()函数放在整个程序的最前面，也可以放在整个程序的最后，或者放在其他函数之间。

（3）源程序可以有预处理命令（include是其中一种），预处理命令通常放在源文件或源程序的最前面。

（4）每个语句都必须以分号结尾，但预处理命令、函数头和花括号"}"之后不加分号。

（5）标识符和关键字之间至少加一个空格以示间隔，空格的数目不限。

（6）源程序中需要解释和说明的部分，可用"/ * …… * /"加以注释，注释是给程序阅读者看的，机器在编译和执行程序时，注释将被忽略。

2. C程序的书写规则

从书写清晰，便于阅读、理解、维护的角度出发，养成良好的编程风格，在书写程序时应遵循以下规则。

（1）在C语言中，虽然一行可写多个语句，一个语句也可占多行，但是为了便于阅读，建议一行只写一个语句。

（2）应该采用缩进格式书写程序，以便增强层次感、可读性和清晰性。低一层次的语句或说明可比高一层次的语句或说明缩进若干格后书写。

（3）用"{}"括起来的部分通常表示了程序的某一层次结构。"{}"一般与该结构语句的第一个字母对齐，并单独占一行。

（4）为便于程序的阅读和理解，在程序代码中应加上必要的注释。

1.4 C 语言的字符集和关键字

1.4.1 C 语言的字符集

程序是由命令、变量、表达式等构成的语句集合，而命令、变量等是由字符组成的，字符是组成语言的最基本的元素。任何一种语言都有其特定意义的字符集，C 语言字符集由字母、数字、空格，标点和特殊字符等组成。在字符常量、字符串常量和注释中还可以使用汉字或其他可表示的图形符号。

1. 字母

小写字母有 a~z 共 26 个，大写字母有 A~Z 共 26 个。

2. 数字

数字有 0~9 共 10 个。

3. 空白符

空白符是指在计算机程序中常用的空格符、制表符、换行符等。空白符只在字符常量和字符串常量中起作用。除此之外，空白符只起间隔作用，编译程序对它们忽略不计，所以在此种情况下，空白符对程序的编译不产生影响，但在程序中适当的地方使用空白符将提高程序的清晰性和可读性。

4. 标点和特殊字符

包括" + 、 − 、 * 、 /"等运算符，"_ 、&、#、!"等特殊字符以及逗号、圆点、花括号等常用标点符号和括号。

1.4.2 C 语言的词汇

在字符集的基础上，C 语言允许使用相关的词汇，以实现程序的不同职能。C 语言中使用的词汇主要有标识符、关键字、运算符、分隔符、常量、注释符 6 种。

1. 标识符

在程序中使用的变量名、函数名、标号等统称为标识符。除库函数的函数名由系统定义外，其余都由用户自定义。C 语言规定，标识符只能是字母（A~Z、a~z）、数字（0~9）、下划线（_）组成的字符串，并且其第一个字符必须是字母或下划线。

以下标识符是合法的：

a，x，x3，BOOK_1，sum5。

以下标识符是非法的：

6a（以数字开头）；

 a$b（出现非法字符"$"）；

 −3y（以减号开头）；

PRI−1［出现非法字符"−"］。

在使用标识符时还必须注意以下几点。

（1）标准 C 语言不限制标识符的长度，但标识符受各种版本的 C 语言编译系统限制，同时也受到具体机器的限制。例如在某版本 C 语言中规定标识符前 8 位有效，当两个标识符前 8 位相同时，则被认为是同一个标识符。

（2）在标识符中，大、小写是有区别的，例如 BOOK 和 book 是两个不同的标识符。

（3）标识符虽然可由程序员随意定义，但因为标识符是用于标识某个量的符号，因此，在命名标识符时应尽量使其有相应的意义，以便于阅读、理解，做到"顾名思义"。

2. 关键字

关键字是由 C 语言规定的具有特定意义的字符串，通常也称为保留字。用户定义的标识符不应与关键字相同。C 语言的关键字分为以下几类。

1）类型说明符

类型说明符用于定义、说明变量、函数或其他数据结构的类型，如前面应用案例中用到的 int、double、char 等。

2）语句定义符

语句定义符用于表示一个语句的功能，如以后经常用到的 if else 就是条件语句的语句定义符。

3）预处理命令字

预处理命令字用于表示一个预处理命令，如前面应用案例中用到的 include。

3. 运算符

C 语言中含有相当丰富的运算符，如"+""−"等。运算符与变量、括号、函数等一起组成表达式，表示各种运算功能。运算符由一个或多个字符组成。

4. 分隔符

C 语言中的分隔符有逗号和空格两种。逗号主要用在类型说明和函数参数表中，分隔各个变量。空格多用于语句各单词之间，作间隔符。在关键字、标识符之间必须有一个以上的空格符作间隔，否则将会出现语法错误。例如，若把"int a;"写成"inta;"，C 编译器会把"inta"当成一个标识符处理，其结果必然出错。

5. 常量

C 语言中使用的常量可分为数字常量、字符常量、字符串常量、符号常量、转义字符等多种。在后面的章节中将对常量专门给予介绍。

6. 注释符

C 语言的注释符是以"/*"开头并以"*/"结尾的串。在"/*"和"*/"之间的部分即注释。程序编译时，不对注释作任何处理。注释可出现在程序中的任何位置。注释用来向用户提示或解释程序的意义。在调试程序时，对暂不使用的语句也可用注释符括起来，以使 C 编译器跳过不作处理，待调试结束后再去掉注释符。

1.5 C 程序的运行环境

1.5.1 C 程序的实现过程

本章所列举的两个应用案例，是已经编写好的符合 C 语言语法要求的程序，叫作 C 源程序。一个 C 程序从编写到最终实现结果，需要经过编辑、编译、链接和执行 4 个过程，如图 1-4 所示。

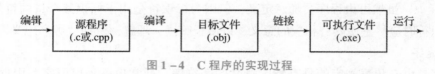

图 1-4 C 程序的实现过程

1. 编辑

对于一种计算机编程语言来说，编辑是在一定的编程工具环境下进行程序的输入和修改的过程。在编程工具提供的环境下，用某种计算机程序设计语言编写的程序保存后生成源程序文件。C 源程序也可以使用计算机所提供的各种编辑器进行编辑，比如通用编辑工具记事本，专业编辑工具 DEV C++、Visual C++、Visual C++2010 学习版等。因为国家等级考试的要求，本书使用 Visual C++2010 学习版作为 C 程序的编辑和编译工具，在该环境下，C 源程序默认文件扩展名为 ". cpp"。

2. 编译

编辑好的源程序不能直接被计算机理解，必须经过编译，生成计算机能够识别的机器代码。通过编译器将 C 源程序转换成二进制机器代码的过程称为编译，这些二进制机器代码称为目标程序，其扩展名为 ". obj"。

在编译阶段要进行词法分析和语法分析，又称为源程序分析。这一阶段主要是分析 C 源程序的语法结构，检查 C 源程序的语法错误。如果分析过程中发现有不符合要求的语法，编译器就会及时报告给用户，将错误类型显示在屏幕上。

3. 链接

编译后生成的目标代码还不能直接在计算机上运行，其主要原因是编译器对每个 C 源程序文件分别进行编译，如果一个 C 程序有多个 C 源程序文件，编译后这些 C 源程序文件还分布在不同的地方。因此，需要把它们链接在一起，生成可以在计算机上运行的可执行文件。

链接工作一般由编译系统中的链接程序来完成，链接程序将由编译器生成的目标代码文件和库中的某些文件链接在一起，生成一个可执行文件，其默认扩展名为 ". exe"。

4. 运行

一个 C 源程序经过编译和链接后生成可执行文件，可以在 Windows 环境下直接双击该文件运行 C 程序，也可以在 C 语言集成开发环境下运行 C 程序。

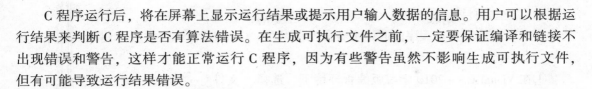

C 程序运行后，将在屏幕上显示运行结果或提示用户输入数据的信息。用户可以根据运行结果来判断 C 程序是否有算法错误。在生成可执行文件之前，一定要保证编译和链接不出现错误和警告，这样才能正常运行 C 程序，因为有些警告虽然不影响生成可执行文件，但有可能导致运行结果错误。

1.5.2 熟悉 Visual C++2010 学习版编程环境

随着 Windows 操作系统的升级换代，原有的 Windows 环境下的编程利器 Visual C++6.0 逐渐淡出了学习者的视野，目前国家等级考试（二级）已经将 Visual C++2010 学习版作为 C 语言考试环境，因此，本书采用 Visual C++2010 学习版作为 C 语言编程环境。在 Visual C++2010 学习版编程环境下，需要首先建立工程，然后才能建立、编辑和执行 C 程序，存储的 C 源程序文件的扩展名是 ".cpp"。本小节主要介绍利用 Visual C++2010 学习版编程工具编辑和执行 C 程序的基本方法和步骤。

1. C 程序的建立

在 Visual C++2010 学习版编程环境中，要想建立和执行 C 程序文件，首先需要启动编程工具，建立一个项目，之后才能建立 C 程序文件，具体的步骤如下。

（1）启动 Visual C++2010 学习版编程工具。选择 "开始"→"所有程序"→"Microsoft Visual Studio 2010 Express"→"Microsoft Visual C++2010 Express" 选项，可启动 Visual C++2010 学习版的集成开发环境，如图 1-5 所示。

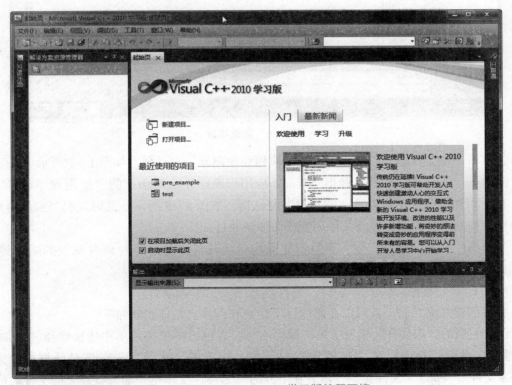

图 1-5　Visual C++2010 学习版编程环境

（2）建立项目。

建立项目是建立 C 程序的起始步骤，现在以在 "C:\CStudy" 文件夹下建立 ex1_1 工程为例，介绍建立项目的步骤。

①在 Visual C++2010 学习版编程环境下，选择 "文件"→"新建"→"项目" 命令（或者单击编程环境初始界面上的 "新建项目" 超链接，如图 1-5 所示），打开 "新建项目" 对话框，在中间的项目选择区中选择 "Win32 控制台应用程序" 选项；然后单击 "位置" 文本框右侧的 "浏览" 按钮选择（也可以在文本框中输入）指定新建项目的路径 "C:\CStudy\"；最后在 "名称" 文本框中输入新建项目的名称 "ex1_1"，如图 1-6 所示。

图 1-6　新建项目

②单击 "确定" 按钮，弹出 "Win32 应用程序向导" 对话框，如图 1-7 所示。

③单击 "下一步" 按钮，弹出 "Win32 应用程序向导" 对话框的 "应用程序设置" 界面，在 "附加选项" 下方勾选 "空项目" 复选框，如图 1-8 所示。此时说明当前的应用程序是空的控制台应用程序，无文件创建或添加到项目。

④单击 "完成" 按钮，空的项目创建完毕，此时系统会显示 C 语言编程的工作界面，在工作界面的左侧会显示项目中的基本内容，如图 1-9 所示。

（3）建立 C 程序。

项目创建完成之后，就可以在此项目下建立 C 程序，具体步骤如下。

①在左侧的 "源文件" 项目下单击鼠标右键，在弹出的快捷菜单中依次选择 "添加"→"新建项" 命令，会弹出 "添加新项" 对话框，如图 1-10 所示。在该对话框中，选择 "C++文件（.cpp）" 文件类型，然后在下方的 "名称" 文本框中输入要建立的文件名称。

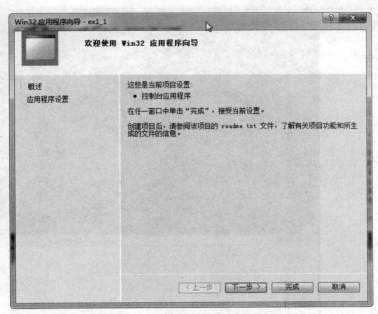

图 1－7　选择控制台应用程序种类

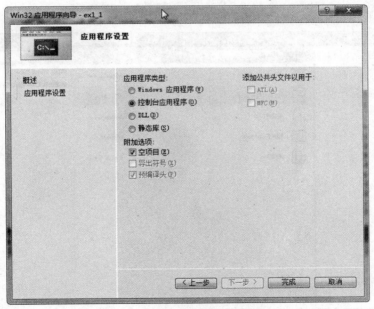

图 1－8　"应用程序设置"界面

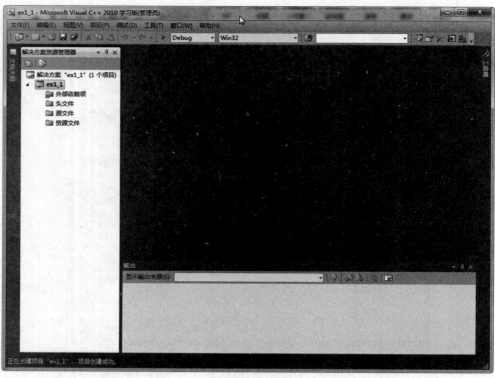

图 1－9 创建项目之后的工作界面

图 1－10 "添加新项"对话框

②单击"添加"按钮,系统即显示程序编辑界面,在该界面下输入 C 程序,如图 1 – 11 所示。

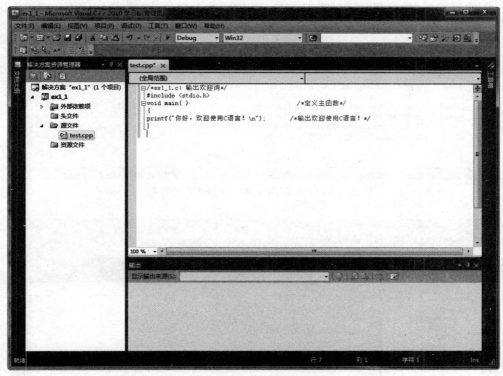

图 1 – 11　程序编辑界面

③选择"文件"→"全部保存"命令,将文件保存。

【特别提示】

在编辑过程中,如果出现语法错误,出现错误的位置将显示红色的浪线。

2. C 程序的编译和执行

编辑好 C 程序之后,接下来的操作就是编译和执行 C 程序。在编译之前,应该检查并避免 C 程序代码错误(当然在编译的时候,系统也会检查出 C 程序中的所有错误)。值得注意的是,在 Visual C ++ 2010 学习版编程环境下编写 C 程序,当使用输出语句时,"# include < stdio. h >"命令是不能缺少的。

图 1 – 12　"确认生成"对话框

1) C 程序的编译

在 Visual C ++ 2010 学习版编程环境下编译 C 程序比较方便快捷。选择"调试"→"启动调试"命令(也可以直接按 F5 键),会弹出"确认生成"对话框(图 1 – 12),询问是否生成执行文件,单击"是"按钮,即可编译文件,并生成窗口。

2）C 程序的执行

C 程序编译成功后即可生成 ".obj" 文件和 ".exe" 文件，并执行文件（此时会出现黑窗口一闪而过的情况），执行的结果如图 1 – 13 所示，否则会显示程序中的错误和错误位置，如图 1 – 14 所示。

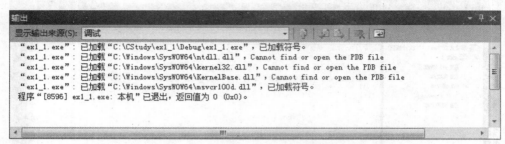

图 1 – 13　C 程序编译成功并执行的界面

图 1 – 14　C 程序编译错误界面

【特别提示】

在 Visual C ++2010 学习版编程环境中，按 F5 键，在没有语法错误的情况下，可直接完成编译、链接和执行的过程，在没有输入语句和暂停语句的情况下，执行结果会一闪而过，因此，建议使用 "Ctrl + F5" 组合键来执行项目。

上述操作完成之后，系统会在工程文件夹里创建一些文件，对这些文件简单介绍如下。

（1）".sln" 文件：解决方案文件，是一个文本文件，包括文件版本、工程信息和全局设置等内容，存在于项目的根文件夹中，通常包含一个项目中的所有工程文件信息。

（2）".suo" 文件：解决方案选项文件，是一个二进制文件，存在于项目的根文件夹中，记录了用户当前的开发环境，因此每当重新打开 Visual Studio 的解决方案时，都能继续上一次的工作环境，以便用户快速进入工作状态。

（3）".ilk"文件：临时链接文件，是在链接过程中生成的一种中间文件，只供 LINK 工具使用。

（4）".vcxproj"文件：工程的配置文件，用于管理工程中的细节，比如包含的文件、引用库等。

（5）".cpp"文件：生成的 C 语言和 C++源代码文件。

3．C 程序的调试

在编写 C 程序的时候，C 程序可能出现一些错误（对于初学者或者在编写大型程序的时候），这些错误分为语法错误和逻辑错误。对于语法错误，在对 C 程序进行编译的时候，系统会给出错误的描述、错误的位置和错误的个数，只需要在编程环境下方的调试窗口中双击错误信息的位置，系统就会自动定位到程序中的错误位置并显示一个箭头符号，如图 1－15 所示。

图 1－15　C 程序的调试

在调试窗口中，会显示 error（错误）和 warning（警告），对于错误，必须将 C 程序修改正确后，才能进行编译；对于警告，也可以不用修改，继续进行正常编译。

逻辑错误一般源于程序设计者的思路方面的原因，对逻辑错误需要认真思考和分析，找出设计思路上的错误。

1.6　先导案例的设计与实现

1.6.1　问题分析

1．界面分析

用户在使用一个应用系统时，首先面对的是用户界面。本案例的界面是一个典型的用户操作菜单界面，由于是控制台应用程序，因此，本界面可以使用 printf( ) 函数输出相应的提示和操作界面。

2. 功能分析

由于尚未学习 C 语言的其他知识（如分支、循环等），本案例的主要功能是输出并显示用户可以操作的项目。

1.6.2 设计思路

1. 界面设计

根据先导案例的要求，界面四周用 "∗" 包围，而且在一般情况下，在控制台模式下，菜单界面在屏幕中央位置比较合理，因此，输出边框的时候，前端要留有一定空格，如果直接输出空格较为冗长，使用 "\t" 转义符来控制比较合理，关于 "\t" 等相关转义符的作用将在下一章讲解。

2. 功能设计

根据功能要求，只需输出图示要求的界面即可，每个换行用转义符 "\n" 实现。

1.6.3 程序实现

【说明】

（1）"\t" 转义符：是水平制表符，输出该符号时，意味着跳到下一个 Tab 位置。

（2）"\n" 转义符：是换行符，输出该符号时，意味着将当前位置移到下一行开头。

【程序代码】

```c
#include < stdio.h >
void main()        /* 显示主菜单函数 */
{
    printf(" \t \t ***************** 主菜单 ***************** \n");
    printf(" \t \t *                                       * \n");
    printf(" \t \t *            1. 数据添加                 * \n");
    printf(" \t \t *            2. 数据查询                 * \n");
    printf(" \t \t *            3. 数据修改                 * \n");
    printf(" \t \t *            4. 数据删除                 * \n");
    printf(" \t \t *            5. 数据统计                 * \n");
    printf(" \t \t *            6. 数据打印                 * \n");
    printf(" \t \t *            7. 初 始 化                 * \n");
    printf(" \t \t *            0. 退    出                 * \n");
    printf(" \t \t *                                       * \n");
    printf(" \t \t *************************************** \n");
    printf("\n\t \t 初次使用,请选择[7]进行初始化操作 \n \n");
    printf("\t \t 请选择[0] -[7]项\n");
}
```

1.7　综合应用案例

1.7.1　Visual C++2010 学习版编程环境的使用

1. 案例描述

利用 Visual C++2010 学习版编程工具建立一个工程，输入下面的程序，编译、链接和执行。程序如下：

```
#include <stdio.h>
void main()
{
    printf(" *    \n");
    printf(" ***   \n");
    printf(" *****  \n");
}
```

2. 项目操作步骤

根据对 1.5 节的学习，确定该项目的操作步骤如下。

（1）启动 Visual C++2010 学习版编程工具。

依次选择"开始"→"所有程序"→"Microsoft Visual Studio 2010 Express"→"Microsoft Visual C++2010 Express"选项，进入 Visual C++2010 学习版集成开发环境。

（2）新建工程。

在 Visual C++2010 学习版编程环境下，选择"文件"→"新建"→"项目"命令，打开"新建项目"对话框，在中间的工程选择区中选择"Win32 控制台应用程序"选项；然后单击"位置"文本框右侧的"浏览"按钮选择指定新建工程的路径；最后在"工程名称"文本框中输入新建工程的名称（名称自定）。

（3）新建源程序文件。

在左侧的"源文件"项目下单击鼠标右键，在弹出的快捷菜单中依次选择"添加"→"新建项"命令，会弹出"添加新项"对话框。在该对话框中，选择"C++ 文件（.cpp）"文件类型，然后在下方的"名称"文本框中填写要建立的文件名称（名称自定）。

（4）单击"添加"按钮，系统即显示程序编辑界面，在该界面中输入 C 程序。

（5）按"Ctrl + F5"组合键，编译、链接和运行程序，程序运行结果如图 1-16 所示。

图 1-16　程序运行结果

1.7.2　C 程序的调试

1. 案例描述

对一个有错误的 C 程序进行调试，出错程序如下：

```
#include < stdio.h >
void main()
{


    printf(" ************** \n")
    printf(" * 欢迎使用 C 语言 * \n");
    printt(" ************** \n");
```

2. 案例调试及处理方法

1）操作步骤

（1）新建工程。操作步骤与第一个项目相同，此处略。

（2）在左侧的"源文件"项目下单击鼠标右键，在弹出的快捷菜单中依次选择"添加"→"新建项"命令，弹出"添加新项"对话框。在该对话框中，选择"C++ 文件（.cpp）"文件类型，然后在下方的"名称"文本框中输入要建立的文件名称。

（3）单击"添加"按钮，系统显示程序编辑界面，在该界面中输入上述 C 程序。

（4）按"Ctrl + F5"组合键，开始执行程序，此时系统将依照编译、链接和执行的顺序进行程序的操作，由于此程序存在语法错误，在编译环节，执行程序的过程将停止，在调试窗口会显示错误的位置、原因和个数，如图 1 – 17 所示。

图 1 – 17   程序调试界面

2）调试和错误处理

查看调试窗口，可以知道，当前程序有 3 处错误，分别处于程序的第 5、6、7 行，具体的错误原因介绍如下。

（1）c:\cstudy\ex1 – 3\ex1 – 3\ex1 – 3.cpp(5)：error C2146：语法错误：缺少 "；"（在标识符 "printf" 的前面）——说明错误位置在第 5 行，错误描述是语法错误，在标识符

printf 前缺少分号。在第 4 行的末尾添加"；"，即可解决本错误。

（2）c：\cstudy\ex1 – 3\ex1 – 3\ex1 – 3. cpp(6)：error C3861："printt"：找不到标识符——说明错误位置在第 6 行，错误描述是 printt 是没有声明的标识符，该描述说明 printt 是错误的，修改为 printf 即可解决本错误。

（3）c：\cstudy\ex1 – 3\ex1 – 3\ex1 – 3. cpp(7)：fatal error C1075：与左侧的大括号"｛"（位于"c：\cstudy\ex1 – 3\ex1 – 3\ex1 – 3. cpp(3)"）匹配之前遇到文件结束——说明错误位置在第 7 行，错误描述是严重错误，没有程序的结束，通过观察，可知在程序的末尾缺少"｝"，添加一个大括号即可解决该错误。

在修正错误的时候，在下方的编译窗口中双击错误信息，可在程序中定位，然后进行修改。这种修改方法在语句较多的程序调试处理中非常适用。

3）运行程序

按照上述错误处理方法，改正错误，按"Ctrl + F5"组合键执行程序，改正错误之后的编译界面如图 1 – 18 所示，程序执行结果如图 1 – 19 所示。

图 1 – 18　改正错误之后的编译界面

图 1 – 19　程序执行结果

本章小结

本章主要讲述程序设计语言——C 语言的基本程序结构，C 语言的字符集、标识符和关键字，以及 C 程序编程工具 Visual C ++ 2010 学习版的使用方法和 C 程序的实现过程等内容。

　　每个 C 程序都是由一个或若干个函数所组成的，C 程序的执行总是从的主函数 main( )开始。一个 C 程序中有且仅有一个主函数 main( )，它可以放在整个程序的任意位置。C 语言中的函数都由函数头和函数体两部分组成，函数头包含函数返回类型、函数名、函数参数及其类型说明表等，在函数头下方，用大括号 "｛｝" 括起来的是函数体部分。

　　在 C 语言中，有其允许使用的字符集，标识符由字符集中的字符组成，必须符合 C 语言规定的命名规则，关键字是 C 语言系统所保留的，用户命名的标识符不能与关键字同名。

　　Visual C＋＋2010 学习版是目前广泛使用的 C＋＋编程环境，也是编写和实现 C 程序的良好工具，在 Visual C＋＋2010 学习版环境下编写和实现 C 程序，要在建立工程的前提下进行。

　　C 源程序要经过编辑、编译、链接和运行 4 个环节才能产生输出结果。

习　　题

程序设计题：

（1）编写程序输出图 1 –20 所示图案。

```
  *
 **
***
 **
  *
```

图 1 –20　程序设计题（1）输出图案

（2）试编写一个 C 程序，输出图 1 –21 所示信息。

```
***************
  这是我的 C 程序
***************
```

图 1 –21　程序设计题（2）输出信息

第2章

C语言数据类型及数据处理

—C语言指针的应用—

【内容简介】

用C语言编写程序时，需要变量、常量、标识符、运算符、表达式、函数、关键字等，理解和掌握这些C语言的要素是学好C语言的前提和关键之一。

输入、输出是程序的基本功能，是程序设计中的重要内容，也是应用程序交互性评价的主要内容。简单程序设计主要涉及输入、数据简单处理和结果输出，这是学习C语言程序设计的入门知识。

本章首先介绍C语言的基本数据类型，变量和常量的概念、分类、定义方法，运算符的分类和运算规则，表达式及其求值规则等内容；然后介绍C语言中语句的种类和最常用的输入、输出语句；最后结合实例介绍C程序处理数据的方法。

【知识目标】

掌握C语言的基本数据类型；理解变量和常量；掌握C语言的运算符和表达式；掌握C语言的基本输入/输出函数，学会利用基本输入/输出函数编写简单的C程序。

【能力目标】

培养利用C语言编写简单程序的能力；培养独立思考和协作学习的能力。

【素质目标】

培养良好动手实践习惯；培养积极钻研、严谨思考的基本素质。

【先导案例】

数据处理是计算机程序的重要功能，用以满足人们对数据处理的要求。在数据处理过程中，计算机应用系统接收用户输入的数据，利用系统已有的数据进行处理，并将处理结果反馈到界面上。在学生管理系统中，涉及许多数据处理的情况，如接受用户输入的学生姓名、科目、成绩等信息，计算学生总分、平均分等结果。通过本章内容的学习，我们要设计和实现学生管理系统的简单数据处理程序，利用C语言提供的数据类型和函数解决实际的数据处理问题。

学生管理系统提供了数据处理功能。在数据处理程序中，用户可以输入学生姓名和各科成绩，计算出总分和平均分并显示在屏幕上，如图2-1所示。

在学生管理系统的数据处理操作中，具体要求如下。

（1）给定3名学生（"张蒙恬""李思思""王国庆"），输入3科（"C语言""网络原理""外语"）成绩；

图 2-1 成绩处理界面

（2）计算总分和平均分；

（3）将数据处理结果（包括姓名、各科成绩、总分和平均分）显示在屏幕上。

2.1 C 语言的基本数据类型

事实上，一个完整的计算机程序至少应包含两方面的内容，一方面对数据进行描述，另一方面对操作进行描述。数据是程序加工的对象，是程序所涉及和描述的主要内容。没有加工对象，程序就没有存在的意义，而数据描述是通过数据类型来完成的。数据类型决定了数据在内存中的存放形式、占用内存空间的大小，对于数值型的数据又决定了其取值范围，同时决定了数据参与运算的方式。

在 C 程序中，每个变量、常量和表达式都有它们所属的特定的数据类型。数据类型明显或隐含地规定了在程序执行期间变量或表达式所有可能的取值范围，以及在这些取值范围内允许进行的操作。因此，数据类型是一个值的集合和定义在这个值集上的一组操作的总称。例如，C 语言中的整型变量，其值集为某个区间上的整数，定义的操作为加、减、乘、除和取模（求余数）等算术运算。

2.1.1 C 语言的数据类型

C 语言不仅提供了多种数据类型，还提供了构造更加复杂的用户自定义数据结构的机制。C 语言提供的主要数据类型有：基本数据类型、构造数据类型、指针类型、空类型四大类，如图 2-2 所示。

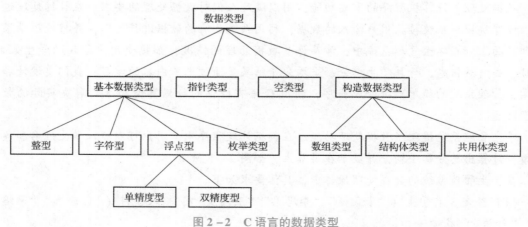

图 2-2 C 语言的数据类型

（1）基本数据类型：基本数据类型是描述整数、实数、字符等常用数据的类型。基本数据类型最主要的特点是，其值不可以再分解为其他类型。

（2）构造数据类型：构造数据类型是根据已定义的一个或多个数据类型用构造的方法来定义的。也就是说，一个构造数据类型的值可以分解成若干个"成员"或"元素"。每个"成员"都是一个基本数据类型或构造数据类型。在 C 语言中，构造数据类型有数组类型、结构体类型和共用体（联合）类型。

（3）指针类型：指针是一种特殊的，同时具有重要作用的数据类型。其值用来表示某个变量在内存中的地址。

（4）空类型：函数在被调用时，通常应向调用者返回一个函数值。但是，也有一类函数，它被调用后并不需要向调用者返回函数值，这种函数可以定义为"空类型"，其类型说明符为 void。

本章先介绍基本数据类型中的整型、浮点型和字符型。其余类型在以后各章中陆续介绍。

2.1.2　基本数据类型及类型说明符

基本数据类型是 C 程序中最常用的数据类型，是构造数据类型和指针类型的基础。要想深入学习好 C 语言，理解并掌握基本数据类型的有关知识是十分必要的。

1. 整型

整型用于描述现实生活中的整数，如 1，32，－55 等，其基本类型符为 int。根据整数范围和正负性，整型可以分为 6 种类型，见表 2－1。

整型数据在内存中是以二进制形式存放的，空间的大小分配依据不同的编译系统而定，在 Turbo C 中一个整型变量占有两个字节的内存单元，而在 Visual C＋＋2010 学习版中占有 4 个字节的内存单元。本书列举的每个数据类型都以 Visual C＋＋2010 学习版为准，以后不再说明。表 2－1 列举了整型数据的取值范围及其所占内存单元的情况。

表 2－1　整型数据的取值范围及其所占内存单元的情况

类型说明符	取值范围	字节数
int（基本整型）	$-32\ 768 \sim 32767$ 即 $-2^{15} \sim (2^{15}-1)$	4
unsigned int（无符号整型）	$0 \sim 65\ 535$ 即 $0 \sim (2^{16}-1)$	4
short（短整型）	$-32\ 768 \sim 32\ 767$ 即 $-2^{15} \sim (2^{15}-1)$	2
unsigned short（无符号短整型）	$0 \sim 65\ 535$ 即 $0 \sim (2^{16}-1)$	2
long（长整型）	$-2\ 147\ 483\ 648 \sim 2\ 147\ 483\ 647$ 即 $-2^{31} \sim (2^{31}-1)$	4
unsigned long（无符号长整型）	$0 \sim 4\ 294\ 967\ 295$ 即 $0 \sim (2^{32}-1)$	4

2. 浮点型

浮点型用于描述现实生活中的实数，如 1.2，123.45 等，其基本类型为 float。可以根据取值范围和数据精度的不同，将浮点型分为单精度型（float）、双精度型（double）和长双精度型（long double）3 类。

实型数据一般占 4 个字节（32 位）内存空间，以指数形式存储。实数 3.141 59 在内存中的存放形式如图 2-3 所示。

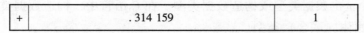

| + | . 314 159 | 1 |

图 2-3　实数 3.141 59 在内存中的存放形式

（1）小数部分占的位（bit）数越多，数的有效数字越多，精度越高。

（2）指数部分占的位数越多，则能表示的数值范围越大。

浮点型数据的取值范围及其所占内存单元的情况见表 2-2。

表 2-2　浮点型数据的取值范围及其所占内存单元的情况

类型说明符	比特数（字节数）	有效数字	取值范围
float	32（4）	6~7	$10^{-37} \sim 10^{38}$
double	64（8）	15~16	$10^{-307} \sim 10^{308}$
long double	64（8）	18~19	$10^{-4\,931} \sim 10^{4\,932}$

3. 字符型

字符型用于表示单个字符，如'a'，'1'，'B'等，类型说明符是 char。

每个字符型变量被分配一个字节的内存空间，因此只能存放一个字符。字符值是以 ASCII 码的形式存放在变量的内存单元之中的。

如 x 的十进制 ASCII 码是 120，y 的十进制 ASCII 码是 121。对字符型变量 a，b 赋予'x'和'y'值的语句如下：

a = 'x';　　　b = 'y';

实际上是在 a，b 两个内存单元在放 120 和 121 的二进制代码，如图 2-4 所示。

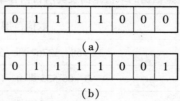

| 0 | 1 | 1 | 1 | 1 | 0 | 0 | 0 |

(a)

| 0 | 1 | 1 | 1 | 1 | 0 | 0 | 1 |

(b)

图 2-4　对字符变量 a，b 赋予'x'和'y'值
(a) 对字符变量 a 赋予'x'值；(b) 对字符变量 b 赋予'y'值

因此，也可以把 a，b 看成整型变量。C 语言允许对整型变量赋以字符值，也允许对字符变量赋以整型值。在输出时，允许把字符型变量按整型变量输出，也允许把整型变量按字符型变量输出。

字符型变量为单字节量，当将整型变量按字符型变量处理时，只有低 8 位字节参与处理。

2.2　常量

常量是程序执行过程中数值保持不变的量。程序中到处可以看到常量，如 "a = 5;" 中的 "5" 就是常量。常量不需要事先定义，在需要的地方直接写出常量即可。C 语言中的常量可以分为整型、浮点型、字符型和字符串型 4 种。

2.2.1　整型常量

整型常量就是整型常数，C 程序中不改变的整数数据都可以看成整型常量。在 C 语言中，整型常数有八进制、十六进制和十进制 3 种。

1. 整型常数的种类

（1）十进制整型常数：十进制整型常数没有前缀。其数码取值为 0～9。

例如：123、–788、65 535、1 628，是合法的十进制整型常数；023（不能有前缀 "0"）、23D（含有非十进制数码）不是合法的十进制整型常数。

（2）八进制整型常数：八进制整型常数必须以 "0" 开头，即以 "0" 作为八进制数的前缀。其数码取值为 0～7。

例如：025（十进制为 21）、0101（十进制为 65）是合法的八进制整型常数；255（无前缀 "0"）、03A2（包含非八进制数码 "A"）不是合法的八进制整型常数。

（3）十六进制整型常数：十六进制整型常数的前缀为 "0X" 或 "0x"。其数码取值为 0～9，A～F 或 a～f。

例如：0X2B（十进制为 43）、0XA0（十进制为 160）、0XFFFF（十进制为 65535）是合法的十六进制整型常数；5A（无前缀 "0X"）、0X3H（含有非十六进制数码 "H"）不是合法的十六进制整型常数。

2. 整型常数的后缀

在 16 位字长的机器上，基本整型常数的长度也为 16 位，因此其表示的数的范围也是有限制的。十进制无符号整型常数的范围为 0～65 535，有符号整型常数的范围为 –32 768～+32 767。八进制无符号整型常数的范围为 0～0 177 777。十六进制无符号整型常数的范围为 0X0～0XFFFF 或 0x0～0xFFFF。如果使用的数超过了上述范围，就必须用长整型常数来表示。长整型常数是用后缀 "L" 或 "l" 来表示的。例如：

十进制长整型常数：158L（十进制为 158）、358000L（十进制为 358 000）；

八进制长整型常数：012L（十进制为 10）、077L（十进制为 63）、0200000L（十进制为 65 536）；

十六进制长整型常数：0X15L（十进制为 21）、0XA5L（十进制为 165）。

长整型常数 158L 和基本整型常数 158 在数值上并无区别。但对于 158L，因为它是长整型常数，C 编译系统为它分配 4 个字节存储空间。而对于 158，因为它是基本整型常数，C 编译系统只为它分配 2 个字节的存储空间。因此，在运算和输出格式上要予以注意，避免出错。

无符号数也可用后缀表示，整型常数的无符号数的后缀为"U"或"u"。

例如：358u、0x38Au、235Lu 均为无符号数。

前缀、后缀可同时使用以表示各种类型的数。如 0XA5Lu 表示十六进制无符号长整型常数 A5，其十进制为 165。

【应用案例 2.1】

将十进制整数 36 分别以十进制、八进制和十六进制的形式输出。

【程序代码】

```c
#include "stdio.h"
void main()
{
    printf("% d\n",36);
    printf("% o\n",36);
    printf("% x\n",36);
}
```

【程序运行结果】

程序运行结果如图 2-5 所示。

【程序说明】

上述程序利用 printf( ) 函数将十进制整数 36 分别以十进制
（%d）、八进制（%o）、十六进制（%x）的形式输出。

图 2-5 应用案例 2.1
程序运行结果

2.2.2 浮点型常量

浮点型也称为实型。浮点型常量也称为实数或者浮点数。在 C 语言中，实数只采用十进制。它有两种形式：十进制小数形式、指数形式。

（1）十进制小数形式：由数码 0~9 和小数点组成。

例如：1.0、15.8、5.678、-0.13、500.、-267.823 0 等均为合法的实数。注意，必须有小数点。

（2）指数形式：由十进制数，加阶码标志"e"或"E"以及阶码（只能为整数，可以带符号）组成，其一般形式为：

aEn（a 为十进制数，n 为十进制整数，表示阶码），其值为 $a \times 10^n$。

例如：3.2E5（等于 3.2×10^5）、4.7E-2（等于 4.7×10^{-2}）、0.6E7（等于 0.6×10^7）都是合法的实数。

以下不是合法的实数：

456（无小数点）、E8（阶码标志"E"之前无数字）、-5（无阶码标志）、53.-E3（负号位置不对）、2.7E（无阶码）。

标准 C 语言允许实数使用后缀，后缀为"f"或"F"，如 678f 和 678. 是等价的。

【应用案例 2.2】 输出实数 12 345.67 的一般形式和指数形式。

【程序代码】

```
#include "stdio.h"
void main()
{
    printf("% f \n",12345.67);
    printf("% e \n",12345.67);
}
```

【程序运行结果】

程序运行结果如图 2 - 6 所示。

图 2 - 6　应用案例 2.2 程序运行结果

【程序说明】

在 printf( ) 函数中,% f 表示按浮点型常量的十进制小数形式输出,% e 表示按浮点型常量的指数形式输出。

2.2.3　字符型常量

字符型常量是指含单个 ASCII 字符的常量, 在内存中占 1 个字节, 用来存放字符型常量的 ASCII 码值。字符型常量在表现形式上是用单引号括起来的一个字符。

在 C 语言中, 字符型常量有以下特点。

(1) 字符型常量只能用单引号括起来, 不能用双引号或其他括号。例如:"a" 不是字符型常量, 而是字符串型常量。

(2) 字符型常量只能是单个字符, 不能是字符串。

(3) 字符可以是字符集中的任意字符, 但数字被定义为字符型常量之后就不能参与算术运算。例如'6'和 6 是不同的。'6'是字符型常量, 不能参与算术运算。

在 C 语言中, 字符型常量有 3 种。

(1) 可以显示的字符, 如'a'、'b'等。

(2) 不能显示的字符, 如回车符、换行符等。

(3) 有特定意义和用途的字符, 如单引号、双引号等。

这 3 种字符型常量有两种表示形式。

(1) 单引号表示。

对于可显示的字符型常量, 直接用单引号将字符括起来。例如: 'a'、'b'、'='、'+'、'?'都是合法的字符型常量。

(2) 转义字符表示。

对于不能显示的字符和有特定意义和用途的字符, 只能用转义字符表示。

转义字符是一种特殊的字符型常量。转义字符以反斜线 " \ " 开头, 后跟一个或几个字符。转义字符具有特定的含义, 不同于字符原有的意义, 故称 "转义" 字符。例如, 在前面各应用案例中 printf( ) 函数的格式串中用到的 "\n" 就是一个转义字符,其意义是 "回车换行"。表 2 – 3 所示为 C 语言中常用的转义字符及其含义。

表 2 – 3 C 语言中常用的转义字符及其含义

转义字符	含义	ASCII 码
\n	回车换行	10
\t	横向跳到下一制表位置	9
\b	退格	8
\r	回车	13
\f	走纸换页	12
\\	反斜线符 "\"	92
\'	单引号符	39
\"	双引号符	34
\a	鸣铃	7
\ddd	1~3 位八进制数所代表的字符	—
\xhh	1~2 位十六进制数所代表的字符	—

广义地讲,C 语言字符集中的任何一个字符均可用转义字符来表示。表中的 "\ddd" 和 "\xhh" 正是为此而提出的。ddd 和 hh 分别为八进制和十六进制的 ASCII 码。如 "\101" 表示字母 A, "\102" 表示字母 B, "\134" 表示反斜线, "\X0A" 表示换行等。

【应用案例 2.3】
利用转义字符进行输出。

【程序代码】

```
#include <stdio.h>
void main()
{
    printf("\"Hello\tWorld\"\n");
    printf("\\\115y friends\\\n");
}
```

【程序运行结果】
程序运行结果如图 2 – 7 所示。

【程序说明】

(1) 第一条输出语句首先根据转义字符 "\"",输出 """" 字符;然后输出单词 "Hello";之后,根据转义字符 "\t",输出若干空格;接着根据转义字符 "\"",再次输出 """" 字符;最后输出一个换行。

图 2 – 7 应用案例 2.3
程序运行结果

（2）第二条输出语句首先根据转义字符"\\"，输出"\"字符；然后根据转义字符"\115"，输出八进制数 115 的 ASCII 码对应的字符"M"；之后，输出"y friends"；接着根据转义字符"\\"，再次输出"\"字符；最后输出一个换行。

2.2.4　字符串型常量

字符串型常量是由一对双引号括起来的零个或多个字符序列。例如："C program"、"Hello"、"$12.5" 等都是合法的字符串型常量。其中，两个引号连写""""表示空串。

字符串型常量和字符型常量是不同的量。它们主要有以下区别。

（1）字符型常量由单引号括起来，字符串型常量由双引号括起来。

（2）字符型常量只能是单个字符，字符串型常量则可以含零个或多个字符。

（3）可以把一个字符型常量赋予一个字符型变量，但不能把一个字符串型常量赋予一个字符型变量。在 C 语言中没有相应的字符串型变量，但是可以用一个字符数组来存放一个字符串型常量，这方面的内容将在第 6 章予以介绍。

（4）字符型常量占一个字节的内存空间。字符串型常量所占的内存字节数等于字符串的字节数加 1。增加的一个字节中存放字符 "\0"（ASCII 码为 0）。这是字符串结束的标志。

例如：字符串"C program" 在内存中所占的字节如图 2 - 8 所示。

图 2 - 8　字符串"C program" 在内存中所占的字节

字符型常量'a'和字符串型常量"a" 虽然都只有一个字符，但在内存中的情况是不同的。

'a'在内存中占一个字节，如图 2 - 9 所示。

"a" 在内存中占两个字节，如图 2 - 10 所示。

| a |

图 2 - 9　'a'在内存中的表示

| a | \0 |

图 2 - 10　"a" 在内存中的表示

2.2.5　符号常量

在 C 语言中，可以用一个标识符来表示一个常量，称之为符号常量。从形式上看，符号常量是标识符，像变量，但实际上它是常量，其值在程序运行过程中不能改变。

1. 符号常量的定义

符号常量在使用之前必须先定义，在 C 语言中有两种定义符号常量的方式。

1）用#define 形式定义符号常量

格式：#define 常量名 常量值

如：

#define N 50

#define PI 3.14159

2）用 const 关键字定义符号常量

格式：const 数据类型 常量名 = 常量值；

如：

const float pi = 3. 14159；

其中，#define 是一条预处理命令（预处理命令都以"#"开头），称为宏定义命令，其功能是把该标识符定义为其后的常量值。一经定义，以后在程序中所有出现该标识符的地方均代之以该常量值。使用 const 关键字是 C 语言中广泛采用的定义符号常量的方法。

【应用案例 2. 4】

求已知半径的圆的周长和面积。

【问题分析】

根据求周长和面积的要求，要两次使用圆周率的数值，因此，可以将圆周率的数值定义为符号常量。

【程序代码】

```
/* ex2_4.C:计算圆的周长和面积 */
#include < stdio.h >
#define PI 3.1415
void main()
{    double r,L,S;
     r = 5;
     L = 2 * PI * r;
     S = PI * r * r;
     printf("周长 L = % 5.2f \n",L);
     printf("面积 S = % 5.2f \n",S);
}
```

【程序运行结果】

程序运行结果如图 2 - 11 所示。

【程序说明】

（1）程序中定义了两个变量 L 和 S，分别代表圆的周长和面积。

（2）符号常量 PI 代表圆周率的数值。

图 2 - 11　应用案例 2.4
程序运行结果

（3）"printf（"周长 S = % 5. 2f\n"，L）；"语句中"% 5. 2f"为格式符，表示按照 5 位字符宽度，保留两位小数的格式输出变量 L 的值。

（4）符号常量的定义必须以"#define"开头，而且行末不能加分号。

（5）#define 命令一般出现在函数外部，其有效范围从定义处到源程序文件结束。需要注意的是，每个#define 只能定义一个符号常量，且只占一行。

2. 使用符号常量的原因

成熟的程序员会把在一个程序中反复多次使用的常量都定义为符号常量，这是为什么呢？这主要是因为在程序中使用符号常量有以下明显的好处。

（1）见名知意，清晰明了。为了便于记忆，常用一个能够表示意义的单词或字母组合为符号常量命名，以增强程序的可读性。

（2）避免反复书写，降低出错率。如果一个程序中多次使用同一个常量，就要多次书写，而定义了符号常量，只需要书写一次数值，在使用的地方用符号替代即可，能够有效地降低出错率。

（3）一改全改，方便实用。当程序中多次出现同一个常量需要修改时，必须逐个修改，很可能出错。而用符号常量，在需要修改时，只需修改定义就可以做到"一改全改"，非常方便。

2.3　变量

变量在程序中使用频率是最高的，数据的输入、处理结果的保存都需要变量。可以说，一个没有变量的程序是没有实际应用价值的。

顾名思义，变量是指在程序运行过程中其值可以改变的量。在一般情况下，变量用来保存程序运行过程中输入的数据、计算获得的中间结果以及程序的最终结果。

2.3.1　变量的定义和初始化

1. 变量的定义

一个变量在使用之前应该有一个名字，它占据一定的内存单元。在变量使用之前必须进行变量定义，格式如下：

类型说明符　变量名表；

【格式说明】

（1）类型说明符用来指定变量的数据类型，有 char、int、float 等。

（2）变量名表是一个或多个变量的序列，如果要定义多个同类型变量，中间要用"，"分开，且最后一个变量名之后必须以分号"；"结束，分号是语句结束符。

（3）类型说明符与变量名表之间至少有一个空格。

例如：

```
int a,b;      /*定义两个整型变量a,b*/
char c;       /*定义字符型变量c*/
float d;      /*定义浮点型变量d*/
```

以上变量定义都是正确的。

```
int a            /*行末缺少结束符*/
floatb,c;        /*类型说明符与变量名表之间没有空格*/
```

以上变量定义都是不正确的。

2. 变量的初始化

在一般情况下，在定义变量之后，都要给定一个初值，即变量的初始化。在 C 语言中，变量的初始化一般有两种形式。

1）直接初始化

此时的初始化放在变量定义部分，如：

int a = 1，b，c = 3；

2）间接初始化

这种形式是在定义变量之后，通过赋值语句给定初值，如：

int a，b；

a = 1；   b = 2；

【应用案例 2. 5】

字符变量的定义和使用。

【程序代码】

```
/* ex2_5.C:字符变量的定义和使用 */
#include <stdio.h>
void main()
{    int c1 = 97,c2 = 98;
     printf("% c   % c\n",c1,c2);
     printf("% d   % d\n",c1,c2);
     c1 = c1 + 2;    c2 = c2 + 3;
     printf("% c   % c\n",c1,c2);
}
```

【程序运行结果】

程序运行结果如图 2 - 12 所示。

【程序说明】

（1）本程序的功能是按照变量 c1、c2 的整数形式和字符形式输出字符变量的内容，并对两个变量的值进行修改并输出修改后的值。

图 2 - 12　应用案例 2. 5
程序运行结果

（2）第一条输出语句是按字符形式输出两个变量的值。

（3）第二条输出语句是按整数形式输出两个变量的值。97 和 98 是字符 A 和 B 的 ASCII 码值，当按整数形式输出字符型变量的值的时候，就输出变量的 ASCII 码值。

（4）当对字符型数据进行加、减等运算时，即对其 ASCII 码值进行运算。

（5）通过应用案例 2.5 可以看出，字符型数据和整型数据是通用的。它们既可以按字符形式输出，也可以按整数形式输出。但是字符型数据只占一个字节，只能存放 0 ~ 255 范围内的整数，在这个范围之外，字符型数据和整型数据是不能通用的。

2.3.2　使用变量的注意事项

1. 变量的命名

变量名也是一种标识符名，命名时，一定要符合标识符的命名规定，即变量名只能由字

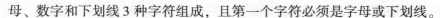

母、数字和下划线 3 种字符组成，且第一个字符必须是字母或下划线。

例如，下面都是合法的变量名：

a,sum,_avg,b8,a_1。

而下面都是不合法的变量名：

1a,s um,$ _avg,b8',a_1#。

在命名变量的时候，还应该尽量做到"见名知意"，即选有含义的英文单词或字母缩写作变量名，如 price、PI、total、name 等。这样可以大大增加程序的可读性。

2. 变量的定义和使用

使用变量的时候，一定要注意"先定义，后使用"。如果使用一个未定义的变量，或使用一个名称错误的变量，都会出现错误，如：

int number;

numer = 10;

声明部分的变量名为"number"，而在使用时，错写成了"numer"，这时就会出现错误。

3. 根据变量的用途，确定变量的类型

根据操作要求的不同，确定变量的类型，这一点非常重要。因为，一旦用某种类型定义了一个变量，系统就会给其分配一定的内存单元，如果定义的类型精度或数据范围不符合要求，就会出现不可预知的错误。

例如：

int n;

n = 12345678;

因为数值"12345678"超出了变量 n 所表示的数据范围，在接受数据的时候，就会造成数据错误，而把 n 定义成长整型，就不会出现类似的错误。

2.4　常用运算符及表达式

变量在程序中主要用于存储程序输入和处理数据，而数据处理则要通过表达式运算来实现。表达式是由运算符、括号和操作对象联系起来的式子。C 语言中运算符和表达式数量非常丰富，这使 C 语言的功能十分完善。

2.4.1　C 语言运算符和表达式概述

1. 运算符

我们在学习数学的时候，都做过复杂的四则混合运算，用过" + "" – "" × "" ÷ "等运算符。C 语言提供了比四则混合运算更加丰富的运算符，可以进行各种不同的运算，如算术运算、逻辑运算、关系运算等。

2. 表达式

表达式是用运算符、括号将操作数连接起来所构成的式子。C 语言的操作数包括常量、变量和函数值等。在特殊的情况下，单个变量或常量也可叫作表达式。例如：

$$5*(a+b)/2-sqrt(4.0)$$

就是一个表达式，它包括的运算符有"$*$""$+$""$/$""$-$"，操作数包括变量 a、b，常量 5 和函数 sqrt(4.0)。

表达式按照运算规则计算得到的一个结果，称为表达式的值。只有表达式的构成具有一定的意义时，才能得到期望的结果。

在表达式中，如果运算符的操作对象只有一个，该运算符就称为单目运算符，如取正运算符"$+$"、取负运算符"$-$"等。

如果运算符的操作对象有两个，该运算符就称为双目运算符，如加法运算符"$+$"、减法运算符"$-$"、乘法运算符"$*$"等。C 语言中的运算符大多数是双目运算符。

如果运算符的操作对象有三个，该运算符就称为三目运算符，如"$a>b?4:5$"由三个操作数组成，即 $a>b$、4、5。

2.4.2 算术运算符

1. 算术运算符的分类

算术运算符主要是实现数学上的算术运算。用算术运算符、括号和操作数连接起来的，符合 C 语言语法规则的式子，即算术表达式。算术表达式的值是一个数值型数据。

C 语言中的算术运算符主要有单目运算符和双目运算符两类，见表 2-4。

表 2-4　算术运算符及其含义

类别	运算符	含义	举例
双目	+	加法	$1+2=3$；$1.2+3.8=5.0$
	-	减法	$18-7=11$；$1.8-5.6=-3.8$
	*	乘法	$7*8=56$；$3.2*1.2=3.84$
	/	除法	$6/5=1$；$6.0/5.0=1.2$
	%	求模或取余（只能用于整型）	$12\%6=0$；$10\%4=2$
单目	++	自加 1（只能用于变量）	如"int i=1；i++；"，则 i 的值为 2
	--	自减 1（只能用于变量）	如"int i=2；i--；"，则 i 的值为 1
	-	取负	$-(-2)=2$

以下是算术表达式的例子：

$x+y$、$(a*2)/c$、$(x+r)*8-(a+b)/7$、$++i$、$sin(x)+sin(y)$

2. 运算符的优先级和结合性

与数学中的四则运算规则一样，C 语言中的表达式运算也是具有优先级的。在表达式中，优先级较高的先于优先级较低的进行运算。而在一个运算量两侧的运算符优先级相同时，则按运算符的结合性所规定的结合方向处理。

C 语言中各运算符的结合性分为两种，即左结合性（自左至右）和右结合性（自右至左）。例如算术运算符的结合性是自左至右，即先左后右。如有表达式"a − b + c"，则 b 应先与"−"结合，执行 a − b 运算，然后再执行 + c 运算。这种自左至右的结合方向称为"左结合性"。而自右至左的结合方向称为"右结合性"。最典型的右结合性运算符是赋值运算符。如有表达式"x = y = z"，由于"="的右结合性，应先执行 y = z 运算，再执行 x = (y = z) 运算。

算术运算符的优先级如下：

(++ , −− , −) > (* , /,%) > (+ , − , ++ , −−)

其中单目运算符的结合性是右结合性，双目运算符的结合性是左结合性。

【应用案例 2.6】

算术运算符的使用。

【程序代码】

```c
#include <stdio.h>
void main()
{
    int q1,r,n;
double q2;
    n =10;
    q1 =n/3;
    q2 =n/3.0;
    r =n% 3;
    printf("q1 =% d,q2 =% 5.2f,r =% d \n",q1,q2,r);
}
```

【程序运行结果】

程序运行结果如图 2 − 13 所示。

```
q1=3,q2= 3.33,r=1
请按任意键继续. . .
```

图 2 − 13　应用案例 2.6 程序运行结果

【程序说明】

（1）本程序的设计目的是考察除法运算符"/"和取余运算符"%"的使用。

（2）取余运算符"%"要求参与运算的量均为整型。10%3 的结果是 1。

（3）对于除法运算符"/"，当参与运算的量均为整型时，结果也为整型，舍去小数。如果运算量中有一个是实型，则结果为双精度实型。因此，变量 q1 的最终结果是 3，而变量 q2 的最后结果为 3.33。

2.4.3 关系运算符

1. 关系运算符的分类

关系运算符主要实现数据的比较运算，如大于、小于、不等于等。由关系运算符将两个表达式连接起来的式子，叫作关系表达式。关系表达式的值是一个逻辑值，即"真"或"假"，分别用 1 和 0 表示。

C 语言中的关系运算符及其含义见表 2 – 5。

表 2 – 5 关系运算符及其含义

关系运算符	含义	举例
>	大于	3 > 2 的值为 1
>=	大于等于	2 >= 3 的值为 0
<	小于	2 < 3 的值为 1
<=	小于等于	3 <= 3 的值为 1
==	等于	2 == 1 的值为 0
!=	不等于	2 != 1 的值为 1

例如：

$a + b > c - d$、$x > 3/2$、$'a' + 1 < c$、$-i - 5 * j = = k + 1$

都是合法的关系表达式。关系表达式允许出现嵌套的情况，例如：$a > (b > c)$、$a! = (c == d)$。

2. 关系运算符的优先级

关系运算符都是双目运算符，其结合性均为左结合性。关系运算符的优先级低于算术运算符，高于赋值运算符。在六个关系运算符中，"<""<="">"">="的优先级相同，高于"=="和"!="，而"=="和"!="的优先级相同，即

$(> , >= , < , <=) > (== , !=)$

2.4.4 逻辑运算符

1. 逻辑运算符的分类

逻辑运算符用来实现逻辑判断功能，一般是对两个关系表达式的结果或逻辑值进行判断，如判断 2 > 3 和 5 < 3 是否同时成立等。

C 语言中的逻辑运算符只有 3 个，即逻辑与（&&）、逻辑或（‖）和逻辑非（!），其中逻辑与和逻辑或是双目运算符，逻辑非是单目运算符。

由逻辑运算符连接关系表达式或其他任意数值型表达式构成的式子叫作逻辑表达式。逻辑表达式的值是一个逻辑值，用 1（逻辑真）或 0（逻辑假）表示。

因为 C 语言规定任何非 0 值都被视为逻辑真，而 0 被视为逻辑假，因此逻辑运算符也可以连接数值型表达式，运算结果也是 1 或 0。

C语言中的逻辑运算符及其含义见表2-6。

表2-6 逻辑运算符及其含义

类别	运算符	含义	举例
双目	&&	逻辑与： 只有参与运算的两个量都为真时，结果才为真，否则为假	1>2 && 2>1 的值为0 3>2 && 2>1 的值为1 1>2 && 2>3 的值为0 2>1 && 1>2 的值为0
	‖	逻辑或： 参与运算的两个量只要有一个为真，结果就为真。两个量都为假时，结果为假	1>2‖2>1 的值为1 3>2‖2>1 的值为1 1>2‖2>3 的值为0 2>1‖1>2 的值为1
单目	!	逻辑非： 参与运算的量为真时，结果为假；参与运算的量为假时，结果为真	!1 的值为0 !0 的值为1

2. 逻辑运算符的优先级和结合性

三个逻辑运算符中，逻辑非"!"的优先级最高，具有右结合性，其次是逻辑与"&&"，最后是逻辑或"‖"，逻辑与和逻辑或都具有左结合性。它们的优先级如下：

$$! > \&\& > ‖$$

当一个复杂的表达式中既有算术运算符、关系运算符，又有逻辑运算符时，它们之间的优先级如下：

算术运算符 > 关系运算符 > 逻辑运算符

按照运算符的优先顺序可以得出：

a>b && c>d　　等价于　　(a>b)&&(c>d)

!b==c‖d<a　　等价于　　((!b)==c)‖(d<a)

a+b>c && x+y<b　等价于　　((a+b)>c)&&((x+y)<b)

2.4.5 赋值运算符

1. 赋值运算符

前面的应用案例中，用到了大量的赋值运算符。赋值运算符的作用是将某个数值存储到一个变量中。在C语言中，"="称为赋值运算符，由赋值运算符组成的表达式称为赋值表达式，赋值表达式的值就是最左边变量所得到的新值。赋值表达式的格式如下：

变量=表达式；

格式说明：

（1）赋值表达式的功能是计算表达式的值再赋给左边的变量，确切地说，是把数据放入以该变量为标识的内存单元。

（2）赋值运算符右边必须是符合 C 语言语法规定的合法表达式。

（3）赋值运算符的左边只能是变量，而不能是表达式。如"a + b = 10"是不合法的赋值表达式。

（4）在 C 语言中，把"="定义为赋值运算符，从而组成赋值表达式。凡是表达式可以出现的地方均可出现赋值表达式。例如，"x = (a = 5) + (b = 8)"是合法的赋值表达式，它的意义是把 5 赋予 a，把 8 赋予 b，再把 a，b 相加，把相加的和赋予 x，故 x 应等于 13。

（5）在 C 语言中也可以组成赋值语句，按照 C 语言的规定，任何表达式在其末尾加上分号就构成语句，因此"x = 8;""a = b = c = 5;"都是赋值语句。

（6）赋值运算符的优先级只高于逗号运算符，比其他任何运算符的优先级都低。赋值运算符具有右结合性，因此"a = b = c = 5"可理解为"a = (b = (c = 5))"。

2. 复合赋值运算符

在 C 语言中，赋值运算符还可以和其他双目运算符组合，形成复合赋值运算符，如" += "" -= "" *= "等。由这些复合赋值运算符组成的表达式称为复合赋值表达式。

构成复合赋值表达式的一般形式为：

变量　双目运算符 = 表达式

它等效于

变量 = 变量 运算符 表达式

这里的运算符指的是双目算术运算符和以后要学到的双目位运算符。

例如：

a += 5　　　　等价于　a = a + 5

x *= y + 7　　　　等价于　x = x * (y + 7)

r% = p　　　等价于　r = r% p

【应用案例 2.7】

赋值运算符的使用。

【程序代码】

```c
#include < stdio.h >
void main()
{
    char a = A;
    int b = 1,c = 2,d = 10,e = 15,f;
    a += 1;    b -= 2;    c *= 5;    d /= 2;    e% = 6;
    printf("a = % c,b = % d,c = % d,d = % d,e = % d\n",a,b,c,d,e);
    a = b = c = d = e = 99;
    printf("a = % c,b = % d,c = % d,d = % d,e = % d\n",a,b,c,d,e);
    f = (c = 2) * (d = e + 8);
    printf("f = % d",f);
}
```

【程序运行结果】

程序运行结果如图 2 - 14 所示。

图 2 - 14 应用案例 2.7
程序运行结果

【程序说明】

（1）复合赋值表达式" a + = 1；"是将变量 a 的 ASCII 码值加 1，然后赋给 a，此时，a 的值正好是字符'B'的 ASCII 码，因此输出的是字符'B'。

（2）复合赋值表达式" b -= 2；c *= 5；d /= 2；e% = 6；"是分别将变量 b 的值减 2 之后赋给 b；将变量 c 的值乘以 5 之后赋给 c；将变量 d 的值除以 2 之后赋给 d；将变量 e 的值模除 6 之后的余数赋给 e。

（3）对于" a = b = c = d = e = 99；"语句，由赋值运算符的右结合性，先将 99 赋给变量 e，然后将表达式" e = 99"的值（即变量 e 的新值 99）赋给 d，依此类推，最后将表达式" b = c = d = e = 99"的值赋给变量 a，因为 99 正好是字符 c 的 ASCII 码值，所以在按字符格式输出的时候，输出的是字符 c。

（4）对于" f = (c = 2) * (d = e + 8)；"语句，根据赋值运算符的优先级，先将 2 赋给变量 c，然后将" e + 8"的值赋给变量 d，然后将变量 c 和 d 的值相乘，将得到的结果 214 赋给变量 f。

3. 赋值运算中的类型转换

在赋值运算中，只有在赋值运算符右侧表达式的类型与左侧变量类型完全一致时，赋值操作才能进行。如果赋值运算符两边的数据类型不相同，系统将自动进行类型转换，即把赋值运算符右侧表达式的类型换成左侧变量的类型。这种转换仅限于数值数据之间，通常称为"赋值兼容"，如整型数据和浮点型数据、整型数据和字符型数据。具体规定如下。

（1）实型数据赋给整型变量，舍去小数部分。

（2）整型数据赋给实型变量，数值不变，但以浮点形式存放，即增加小数部分（小数部分的值为 0）。

（3）字符型数据赋给整型变量，由于字符型数据为 1 个字节，而整型变量为 2 个字节，故将字符型数据的 ASCII 码值放到整型变量的低 8 位中，高 8 位为 0。将整型数据赋给字符型变量，只把低 8 位赋给字符型变量。

【应用案例 2.8】

赋值运算中类型转换的使用。

【程序代码】

```c
#include <stdio.h>
void main()
{
    int a,b = 322;
    double x,y = 8.88;
    char c1 = 'k',c2;
    a = y;  x = b;  a = c1;  c2 = b;
    printf("% d,% f,% d,% c",a,x,a,c2);
}
```

【程序运行结果】

程序运行结果如图 2 – 15 所示。

107.322.000000,107,B请按任意键继续. . .

图 2 – 15   应用案例 2.8 程序运行结果

【程序说明】

（1）本例表明了上述赋值运算中类型转换的规则。

（2）a 为整型变量，赋予实型变量 y 的值 8.88 后，只取整数 8。

（3）x 为实型变量，赋予整型变量 b 的值 322 后，增加了小数部分。

（4）字符型变量 c1 赋予 a 变为整型，整型变量 b 赋予 c2 后取其低 8 位成为字符型（b 的低 8 位为 01000010，即十进制 66，按 ASCII 码对应于字符 B）。

2.4.6 自加、自减运算符

自加（++）和自减（－－）运算符是 C 语言中经常使用的两个单目算术运算符，其功能是使变量的值自增 1 和自减 1。

自加和自减运算符的运算对象可以是整型变量和实型变量，但是不能是常量和表达式，因为不能给常量或表达式赋值。例如，++3、(a+b)－－ 都是错误的。

根据自加和自减运算符在变量前后的位置不同，可有以下几种形式。

++i   i 自增 1 后再参与其他运算。

－－i   i 自减 1 后再参与其他运算。

i++   i 参与运算后，i 的值再自增 1。

i－－   i 参与运算后，i 的值再自减 1。

一定要注意自加和自减运算符的位置给运算结果带来的不同影响。例如，假设整型变量 i 的值为 1，则 "a = i++;" 中 a 的值为 1，而 "a = ++i;" 中 a 的值为 2。

自加和自减运算符的优先级和取正运算符（+）和取负运算符（－）优先级的相同，但高于加、减、乘、除和取余等双目算术运算符。

【应用案例 2.9】

自加和自减运算符的使用。

【程序代码】

```
#include < stdio.h >
void main()
{
    int a,b,c,d,e,f,g,h;
    a = b = c = d = e = f = g = h = 8;
    printf(" ++a = % d \n", ++a);
    printf(" --b = % d \n", --b);
    printf("c ++ = % d \n",c ++);
    printf("d -- = % d \n",d --);
    printf(" -e ++ = % d \n", -e ++);
    printf(" -f -- = % d \n", -f --);
    printf("g ++ * 9 = % d \n",g ++ * 9);
    printf(" ++h * 9 = % d \n", ++h * 9);
}
```

【程序运行结果】

程序运行结果如图2-16所示。

【程序说明】

(1) "a＝b＝c＝d＝e＝f＝g＝h＝8;"赋值语句是将数值8依次赋给a、b、c、d、e、f、g、h这8个整型变量。

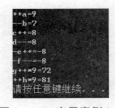

图2-16 应用案例2.9
程序运行结果

(2) 因为"＋＋a""－－b"的运算符在前，所以是先将两个变量进行加1和减1之后再输出，因此输出9和7。

(3) 因为"c＋＋""d－－"的运算符在后，所以是先输出，再对两个变量进行加1和减1操作，因此输出8和8。

(4) 因为"－"和自加、自减运算符的优先级相同，结合性都是右结合性，即从右向左运算，所以，"－e＋＋"等价于"－（e＋＋）","－f－－"等价于"－（f－－）"，输出8和8。

(5) 因为"g＋＋＊9"的自加运算符在后，先将变量g的值乘以9，然后将g自增1，所以输出72。而"＋＋h＊9"的自加运算符在前，先将变量g自增1，再将增1后的结果乘以9，所以输出81。

2.4.7 条件运算符

条件运算符由"?"":"两个运算符组成，是C语言中唯一的三目运算符，要求有三个运算对象。由条件运算符组成的表达式称为条件表达式，其格式如下：

表达式1? 表达式2：表达式3

【格式说明】

(1) 条件表达式的求值规则为：如果表达式1的值为真，则以表达式2的值作为条件表达式的值，否则以表达式3的值作为整个条件表达式的值。

(2) 条件运算符的运算优先级低于关系运算符和算术运算符，但高于赋值运算符，因此条件表达式通常用于赋值语句中。

例如：y＝x＞10? 100：200

该语句的功能是：如x＞10为真，则把100赋给y，否则把200赋给y。

(3) 条件运算符"?"和":"是一对运算符，不能分开单独使用。

(4) 条件运算符的结合方向是自右至左。

例如，"a＞b? a：c＞d? c：d"应理解为"a＞b? a：（c＞d? c：d）"。这就是条件表达式嵌套的情形，即格式中的表达式3又是一个条件表达式。

【应用案例2.10】

判断一个变量的值，如果其值大于0，则把它扩大10倍，否则将其值改为－1。

【问题分析】

根据示例描述，设变量为x，则可把问题概括为如下式子：

$$x = \begin{cases} x \times 10, & x > 0 \\ -1, & x \leq 0 \end{cases}$$

该式正好符合条件表达式的运算规则。

【程序代码】

```
#include<stdio.h>
void main()
{
    int X;
    X=5;
    printf("X=%d\n",X);
    X=X>0? X*10:-1;
    printf("X=%d\n",X);
}
```

【程序运行结果】

程序运行结果如图 2–17 所示。

图 2–17   应用案例 2.10 程序运行结果

【程序说明】

（1）第一个输出语句输出原来 x 的值。

（2）因为 x>0，根据条件表达式的运算结果，第二条输出语句输出的 x 的值为原来值的 10 倍，即 50。

2.4.8   位运算符

C 语言提供了位运算符，可以对一个变量的每个二进制位进行操作。在编写系统软件，特别是驱动程序的时候，位运算符非常有用。

位运算符的操作对象只能是整型或字符型数据，不能是其他类型数据。

1. 整数在内存中的存放

我们知道，数据在计算机中都是以二进制的形式存储的，最基本的单位是二进制位（1bit，即 1 比特），8 个二进制位是 1 字节（1Byte，即 1 拜特）。

例如，一个整型变量在内存中占 2 个字节，即 16 位，以 10 为例，它在内存中的存放示意如图 2–18 所示。

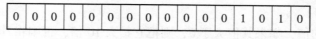

图 2–18   整数 10 在内存中的存放示意

实际上，整型数据在内存中是以补码表示的。

（1）正数的补码和原码相同；

（2）负数的补码是将该数的绝对值的二进制形式按位取反再加 1。

例如：

求 -10 的补码。

10 的原码在内存中的存放示意如图 2-19 所示。

0	0	0	0	0	0	0	0	0	0	0	0	1	0	1	0

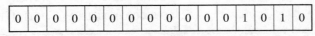

图 2-19　10 的原码在内存中的存放示意

按位取反，如图 2-20 所示。

1	1	1	1	1	1	1	1	1	1	1	1	0	1	0	1

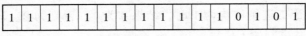

图 2-20　按位取反

将按位取反的结果加 1，得 -10 的补码，如图 2-21 所示。

1	1	1	1	1	1	1	1	1	1	1	1	0	1	1	0

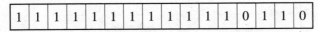

图 2-21　-10 的补码在内存中的存放示意

由此可知，左面的第一位是表示符号的。

2. 位运算符的分类

根据位操作的需要，C 语言提供了 6 种位运算符，见表 2-7。

表 2-7　位运算符及其含义

类别	运算符	含义	举例
单目运算符	~	按位取反	~a，对变量 a 按位取反
双目运算符	<<	左移位	a<<2，将变量 a 左移 2 位
	>>	右移位	a>>2，将变量 a 右移 2 位
	&	按位与	a&b，将变量 a 与 b 按位做与运算
	^	按位异或	a&b，将变量 a 与 b 按位做异或运算
	|	按位或	a|b，将变量 a 与 b 按位做或运算

位运算符的双目运算符具有左结合性，单目运算符具有右结合性，其优先级如下：

（~）>（<<，>>）>（&）>（^）>（|）

3. 二进制位的逻辑运算

在位运算符中，按位取反运算符（~）、按位与运算符（&）、按位异或运算符（^）、按位或运算符（|）都是对二进制位做逻辑运算，可以称之为位逻辑运算符。

1）按位取反运算符

按位取反运算符“~”为单目运算符，具有右结合性。其功能是对参与运算的数的各二进位按位求反。其运算规则见表 2-8（这里设 a 为二进制的 1 位）。

表 2 – 8　按位取反运算符的运算规则

a	~a	举例
1	0	假设变量 a = 9，则 ~ a 的运算如下：
0	1	~（0000000000001001）= 1111111111110110

2）按位与运算符

按位与运算符"&"是双目运算符。其功能是使参与运算的两操作数各对应的二进制位相与。只有对应的 2 个二进制位均为 1 时，结果才为 1，否则为 0。其运算规则见表 2 – 9（这里设 a，b 分别是二进制的 1 位）。

表 2 – 9　按位与运算符的运算规则

a	b	a&b	举例
1	0	0	假设变量 a = 9，b = 5，则 a&b 的运算如下：
0	1	0	a:　　　　　　0000000000001001
0	0	0	b:　　　　　　0000000000000101
1	1	1	结果（1）：0000000000000001

3）按位异或运算符

按位异或运算符"^"是双目运算符。其功能是使参与运算的两操作数各对应的二进制位相异或，当 2 对应的二进制位相异时，结果为 1。其运算规则见表 2 – 10（这里设 a，b 分别是二进制的 1 位）。

表 2 – 10　按位异或运算符的运算规则

a	b	a^b	举例
1	0	1	假设变量 a = 9，b = 5，则 a^b 的运算如下：
0	1	1	a:　　　　　　0000000000001001
0	0	0	b:　　　　　　0000000000000101
1	1	0	结果（12）：0000000000001100

4）按位或运算符

按位或运算符"|"是双目运算符。其功能是使参与运算的两操作数各对应的二进制位相或。只要对应的 2 个二进制位有一个为 1 时，结果位就为 1。其运算规则见表 2 – 11（这里设 a，b 分别是二进制的 1 位）。

表 2 – 11 按位或运算符的运算规则

a	b	a|b	举例
1	0	1	假设变量 a = 9，b = 5，则 a | b 的运算如下：
0	1	1	a:　　　　　　　0000000000001001
0	0	0	b:　　　　　　　0000000000000101
1	1	0	结果（13）　　　0000000000001101

4. 移位运算符

移位运算符用于实现二进制位的顺序向左或向右移位。

1）左移位运算符

左移位运算符 "<<" 是双目运算符。其功能是把 "<<" 左边的操作数的各二进制位全部左移若干位，由 "<<" 右边的数指定移动的位数，高位丢弃，低位补 0。

左移位运算符的格式如下：

a << n;

【格式说明】

（1）a 表示被移动的数据，可以是一个字符型或整型的变量；

（2）n 表示移动的位数，可以是一个整型的常量、变量或表达式。

例如，"a << 5;" 的功能是把 a 的各二进制位向左顺次移动 5 位。如 a = 00000011（十进制数 3），左移 5 位后为 01100000（十进制数 96，即扩大 32 倍）。

2）右移位运算符

右移位运算符 " >> " 是双目运算符。其功能是把 " >> " 左边的操作数的各二进制位全部右移若干位，由 " >> " 右边的数指定移动的位数。

对于有符号数，在右移时，符号位将随同移动。当为正数时，最高位补 0，而为负数时，符号位为 1，最高位是补 0 还是补 1 取决于编译系统的规定。

右移位运算符的格式如下：

a >> n;

【格式说明】

（1）a 表示被移动的数据，可以是一个字符型或整型的变量；

（2）n 表示移动的位数，可以是一个整型的常量、变量或表达式。

例如，"a >> 3;" 的功能是把 a 的各二进制位向向右顺次移动 3 位。如 a = 01100000（十进制数 96），右移 3 位后为 00001100（十进制数 12，即缩小为原值的 1/8）。

2.4.9 逗号运算符

逗号运算符 "," 是 C 语言提供的一种特殊运算符，用逗号运算符将表达式连接起来的式子称为逗号表达式。逗号表达式的一般格式如下：

表达式 1，表达式 2，…，表达式 n；

【格式说明】

（1）逗号运算符具有左结合性，因此逗号表达式将从左到右进行运算，即先计算表达式 1，最后计算表达式 n。最后一个表达式的值就是逗号表达式的值。如逗号表达式"i = 3，i ++，++i，i + 5"的值是 10，变量 i 的值为 5。

（2）在所有运算符中，逗号运算符的优先级最低。

【应用案例 2.11】

逗号表达式的使用。

【程序代码】

```
#include < stdio.h >
void main()
{
    int a = 2,b = 4,c = 6,y,z;
    y = a + b,b + c;
    z = (a + b,b + c);
    printf("y = % d,z = % d",y,z);
}
```

【程序运行结果】

程序运行结果如图 2 – 22 所示。

```
y=6,z=10请按任意键继续. . . .
```

图 2 – 22　应用案例 2.11 程序运行结果

【程序说明】

（1）由于逗号运算符的优先级最低，而且具有左结合性，因此表达式"y = a + b，b + c"的值是第二个表达式的值 10，而 y 的值是 6。

（2）"z = (a + b，b + c)；"语句将逗号表达式包含在括号内，因此，z 的值就是逗号表达式的值 10。

2.5　表达式中的类型转换

在进行数学运算时，我们经常会遇到整数、小数同时参与运算的情况。我们知道，在 C 语言中，整型和浮点型不属于同一种数据类型，那么不同类型的数据如何一起进行数学运算呢？有效的解决办法是进行类型转换。C 语言提供的类型转换方法有两种，一种是自动类型转换，一种是强制类型转换。

2.5.1　自动类型转换

通过以前的知识我们知道，在某个范围内整型数据可以和字符型数据通用，而整型是浮点型的一种特殊形式，因此，整型、浮点型和字符型数据可以混合运算。例如，"3.45 + 10 + 'a' - 2.5 'c'"是合法的。在混合运算时，编译系统首先会将不同类型的数据自动转换成同一类型，然后进行运算。

自动类型转换遵循以下规则。

（1）若参与运算的量的类型不同，则先将它们转换成同一类型，然后进行运算。

（2）转换按数据长度增加的方向进行，以保证精度不降低。如 int 型数据和 long 型数据进行运算时，先把 int 型转成 long 型后再进行运算。

（3）所有浮点运算都是以双精度型进行的，即使表达式仅含 float 型运算量，也要先将其转换成 double 型，再进行运算。

（4）char 型和 short 型数据参与运算时，必须先转换成 int 型。

（5）在赋值运算中，赋值运算符两边量的数据类型不同时，赋值运算符右边量的类型将转换为左边量的类型。如果右边量的数据类型长度比左边量长，将丢失一部分数据，这样会降低精度，丢失的部分按四舍五入向前舍入。

C 语言自动类型转换原则如图 2 - 23 所示。

图 2 - 23　C 语言自动
类型转换原则

【应用案例 2.12】

自动类型转换示例。

【程序代码】

```c
#include <stdio.h>
void main()
{
    int a;
    float b;
    a = 3.45 + 10 + 'a' - 2.5 * 'c';
    b = 3.45 + 10 + 'a' - 2.5 * 'c';
    printf("a = % d,b = % f \n",a,b);
}
```

【程序运行结果】

程序运行结果如图 2 - 24 所示。

```
a=-137,b=-137.050003
请按任意键继续. . .
```

图 2 - 24　应用案例 2.12 程序运行结果

【程序说明】

（1）根据 C 语言的自动类型转换原则，表达式"3.45 + 10 + 'a' - 2.5 * 'c'"的值为浮点型，字符'a'和字符'c'分别使用其 ASCII 码值参与运算。但是，变量 a 的数据类型为整型，因此，根据自动类型转换原则（5），小数部分将被截去，a 的最后结果为 - 137。

（2）因为变量 b 的数据类型为浮点型，因此，b 的值保留了小数部分，并按照规定的格式输出。

2.5.2 强制类型转换

除了自动类型转换之外，程序设计人员还可以根据运算的要求，在程序中强行对数据的类型进行转换，称为强制类型转换。强制类型转换是通过强制转换运算符实现的，其一般格式如下：

（类型说明符）（表达式）

【格式说明】

（1）强制转换运算符的功能是把表达式的运算结果强制转换成类型说明符所表示的类型。

（2）类型说明符和表达式都必须加括号（单个变量可以不加括号），如把"（int）（x + y)"写成"（int）x + y"，则变成把 x 转换成 int 型之后再与 y 相加。

（3）无论是强制类型转换还是自动类型转换，都只是为了满足本次运算的需要而对变量的数据长度进行的临时性转换，而不改变数据说明时对该变量定义的类型。

【应用案例 2.13】

强制类型转换示例。

【程序代码】

```c
#include < stdio.h >
void main( )
{
    int a;
    float b,f = 6.78, x = 7.8,y = 12.7;
    a = (int)(x +y);
    b = (int)x +y;
    printf("(int)f = % d,f = % f \n",(int)f,f);
    printf("a = % d \n",a);
    printf("b = % 5.2f \n",b);
}
```

【程序运行结果】

程序运行结果如图 2 – 25 所示。

【程序说明】

（1）"（int）f"是强制将 float 型变量 f 转换为 int 型参与运算，输出时舍去小数部分。虽然强制转换为 int 型，但只在运算中起作用，是临时的，而 f 本身的类型并不改变。因此，（int）f 的值为 6（删去了小数），而 f 的值仍为 6.78。

图 2 – 25 应用案例 2.13 程序运行结果

（2）"a = （int）（x + y);"是把 x + y 的值转换成 int 型，然后赋给变量 a，所以 a 的值为 20。

（3）"b = （int）x + y;"是把 x 的值强制转换成 int 型（舍去小数部分），然后与 y 相加，再把结果赋给变量 b，所以 b 的值为 19.7。

2.6　数据的输入和输出

2.6.1　C语言语句分类

计算机程序实际上是由一条条语句组成的，任何一种计算机语言，其语句的作用就是用来向计算机系统发出操作指令。一条语句经过编译后产生若干条机器指令，这些机器指令发送给计算机系统后，计算机系统就可以执行一定的工作，完成指定的功能。

C 语言语句都是用来完成一定操作任务的，根据语句执行功能的不同，基本上可以将 C 语言语句分为 5 类，见表 2 – 12。

表 2 – 12　C 语言语句分类

分类总称	基本构成	举例
表达式语句	表达式语句由表达式和分号";"组成。 其一般形式为： 表达式； 执行表达式语句就是计算表达式的值	例如： x = y + z;　　　（赋值语句） y + z;　　　（加法运算语句，但计算结果不能保留，无实际意义） i ++;　　　（自增1语句，i 值增1）
函数调用语句	函数调用语句由函数名、实际参数和分号";"组成。 其一般形式为： 函数名（实际参数表）; 执行函数调用语句就是调用函数体并把实际参数赋予函数定义中的形式参数，然后执行被调函数体中的语句，求函数值	例如： printf（"C Program"）;　　　（调用库函数，输出字符串）
控制语句	控制语句用于控制程序的流程，以实现程序的各种结构方式。它由特定的语句定义符组成。 C 语言有 9 种控制语句，可分成三类，见右侧的举例	（1）条件判断语句：if 语句、switch 语句； （2）循环执行语句：do while 语句、while 语句、for 语句； （3）转向语句：break 语句、goto 语句、continue 语句、return 语句

分类总称	基本构成	举例

复合语句	把多个语句用括号"{ }"括起来组成的一个语句称复合语句。
	在程序中应把复合语句看成单条语句，而不是多条语句。
	复合语句内的各条语句都必须以分号";"结尾，在括号"}"外不能加分号
		例如：
		{ x = y + z;
		    a = b + c;
		    printf ("%d%d", x, a);
		}
		是一条复合语句

空语句	只由分号";"组成的语句称为空语句。空语句是什么也不执行的语句。在程序中空语句可用来作空循环体	例如： while(getchar( ) ! = '\n') ; 该语句的功能是，只要从键盘输入的字符不是回车则重新输入。这里的循环体为空语句

2.6.2 输入/输出概述

一个有实际应用价值的程序，基本上都涉及数据的输入/输出功能。输入/输出是一个计算机程序的必要组成部分。

所谓输入/输出，就是以计算机为主体，提供输入界面，由用户进行数据的输入，并将处理结果显示给用户。从计算机向外部输出设备（如显示器、打印机、磁盘）等输出数据，即"输出"。从外部输入设备（如键盘、磁盘、扫描仪等）输入数据，即"输入"。

基本的输入/输出，也可称为标准输入/输出，主要是针对计算机的标准输入设备——键盘和标准输出设备——显示器而言的。C 语言本身没有提供基本的输入/输出语句，输入/输出操作是由库函数实现的，即函数语句。C 语言函数库中有若干个标准输入/输出函数，主要有以下三类。

1. 字符输入/输出函数

这类函数的功能是实现字符的输入/输出。主要有 putchar( ) 函数和 getchar( ) 函数。

2. 格式输入/输出函数

这类函数的功能是根据指定的格式进行输入/输出。有 printf( ) 函数和 scanf( ) 函数。

3. 字符串输入/输出函数

这类函数的功能是实现字符串的输入/输出。有 gets( ) 函数和 puts( ) 函数。

使用标准输入/输出库函数时要用到"stdio. h"（stdio 是 standard input &outupt 的意思）文件，因此源文件开头应有以下预编译命令：

#include < stdio. h > 或#include "stdio. h"

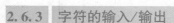

2.6.3 字符的输入/输出

1. 字符输出函数——putchar( )函数

如果要向显示设备输出一个字符，可以使用 C 语言提供的 putchar( )函数，其格式如下：

putchar(c) ;

【格式说明】

（1）该函数的功能是向显示设备输出一个字符；

（2）c 可以是字符变量或整型变量，也可以是一个字符型常量或整型常量；

（3）c 也可以是一个控制字符或转义字符。

（4）使用本函数前必须使用文件包含命令：#include < stdio. h > 。

例如：

putchar（'B'）;   （输出大写字母 B）

putchar（x）;   （输出字符变量 x 的值）

putchar（'\102'）;（输出字符 B）

putchar（'\n'）;   （换行）

对控制字符则执行控制功能，不在屏幕上显示。

2. 字符输入函数——getchar( )函数

与 putchar( )函数的功能相反，getchar( )函数的功能是从键盘输入一个字符，其格式如下：

getchar( ) ;

【格式说明】

（1）getchar( )函数只能接收一个字符，其返回值就是输入的字符；

（2）getchar( )函数得到的字符型可以赋给一个字符型变量或整型变量，也可以不赋给任何变量，作为表达式的一部分。

【应用案例 2.14】

从键盘输入一个字符并显示。

【程序代码】

```c
#include < stdio.h >
void main()
{
    char c;
    c = getchar();   /*接受输入字符*/
    putchar(c);     /*输出字符*/
    putchar('\n');  /*输出换行*/
}
```

【程序运行结果】

程序运行结果如图 2 - 26 所示。

2.6.4 格式输出函数——printf( )函数

1. printf( )函数的调用格式

在前面章节的例子中，已经使用过 printf( )函数，它是 C 语言中使用最频繁的函数，相对于 putchar( )函数而言，它的功能更加强大。printf( )函数的调用格式如下：

图 2 – 26　应用案例 2.14
程序运行结果

printf（"格式控制字符串"，输出表列）

【格式说明】

（1）printf( )函数的功能是按照"格式控制字符串"指定的格式，输出"输出表列"中的内容。

（2）"格式控制字符串"用于指定输出格式。"格式控制字符串"可由格式字符串或非格式字符串组成。格式字符串是以"%"开头的字符串，在"%"后面跟有各种格式字符，以说明输出数据的类型、形式、长度、小数位数等。例如："%d"表示按十进制整型输出；"%c"表示按字符型输出等。

非格式字符串原样输出，在显示中起提示作用。

（3）"输出表列"给出了各个输出项，要求格式字符串和各输出项在数量和类型上应该——对应。

对于语句"printf（"格式1…格式2…格式n"，参数1，参数2，…，参数n）;"，可以理解为将参数1 参数n 的数据按给定的格式输出。

2. 格式控制字符串

格式控制字符串是 printf( )函数的关键参数，用于描述数据输出的格式，由一些格式字符和非格式字符组成，其一般格式如图 2 – 27 所示。

$$［提示信息］［\%［标志］［输出最小宽度］［. 精度］［长度］类型符号］$$

　　　　↑　　　　　　　　　　　　　　　↑

　　非格式字符　　　　　　　　　　格式字符

图 2 – 27　格式控制字符串的一般格式

【格式说明】

（1）方括号"［ ］"中的项为可选项，表示在某些情况下可以不出现。

（2）格式字符前要以"%"开头。

（3）格式字符串的各项意义介绍如下。

①类型符号：类型符号用来表示输出数据的类型，其意义见表 2 – 13。

表 2 – 13　类型符号及其意义

类型符号	意义
d	以十进制形式输出带符号整数（正数不输出符号），如果是长整型数据则前面加上字符"1"

类型符号	意义
o	以八进制形式输出无符号整数（不输出前缀"0"）
x，X	以十六进制形式输出无符号整数（不输出前缀"0x"）
u	以十进制形式输出无符号整数
f	以小数形式输出单、双精度实数，如果不指定输入宽度，整数部分全部输出，输出 6 位小数（可能不是有效数据）
e，E	以指数形式输出单、双精度实数
g，G	以%f 或%e 中较短的输出宽度输出单、双精度实数
c	输出单个字符
s	输出字符串

②标志：标志有"－""＋""#"空格 4 种，其意义见表 2－14。

表 2－14　标志及其意义

标志	意义
－	结果左对齐，右边填空格
＋	输出符号（正号或负号）
空格	输出值为正时冠以空格，输出值为负时冠以负号
#	对 c，s，d，u 类无影响；对 o 类，在输出时加前缀"o"；对 x 类，在输出时加前缀"0x"；对 e，g，f 类，当结果有小数时才给出小数点

③输出最小宽度：用十进制整数表示输出的最少位数。若实际位数多于定义的宽度，则按实际位数输出；若实际位数少于定义的宽度，则补以空格或 0。

④精度：精度格式符以"."开头，后跟十进制整数。该项的意义是：如果输出数字，则表示小数的位数；如果输出字符，则表示输出字符的个数；若实际位数大于所定义的精度，则截去超过的部分。

⑤长度：长度格式符为 h，l 两种，h 表示按短整型量输出，l 表示按长整型量输出。例如，"printf（"%4d,%4d"，x，y）；"表示以整数的形式输出 x，y 的值，每个值输出的最小宽度为 4。如果 x＝123，y＝12345，则该语句的输出结果是：□123，12345。这里"□"表示空格，以下的例子相同，不再说明。

long a＝1234567；

printf（"%ld"，a）；

以上语句表示将变量 a 的值按长整型的格式输出。因为变量 a 的值超出了整数的范围，所以在输出时必须按照长整型的格式输出。

【应用案例 2. 15】

数字数据的格式输出。

【程序代码】

```c
#include <stdio.h>
void main()
{
    int a = 15;
    double b = 123.1234567;
    double c = 12345678.1234567;
    printf("a = %d,%5d,%o,%x\n",a,a,a,a);
    printf("b = %f,%lf,%5.4lf,%e\n",b,b,b,b);
    printf("c = %lf,%f,%8.4lf\n",c,c,c);
}
```

【程序运行结果】

程序运行结果如图 2 - 28 所示。

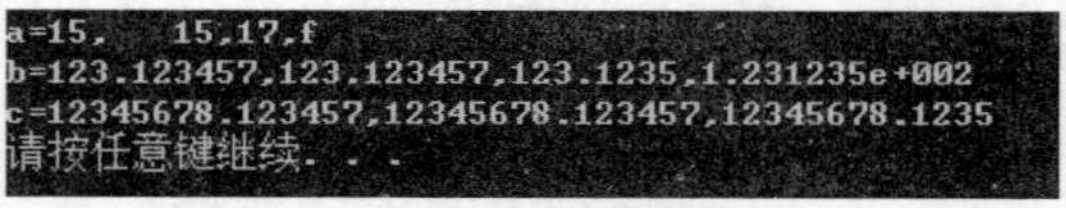

```
a=15,   15,17,f
b=123.123457,123.123457,123.1235,1.231235e+002
c=12345678.123457,12345678.123457,12345678.1235
请按任意键继续. . .
```

图 2 - 28 应用案例 2. 15 程序运行结果

【程序说明】

（1）第一条输出语句以 4 种格式输出整型变量 a 的值，其中"%5d"要求输出宽度为 5，而 a 的值为 15，只有 2 位，故前补 3 个空格。"17"是变量 a 数值的八进制表示，而"f"是 15 的十六进制表示。

（2）第二条输出语句以 4 种格式输出实型变量 b 的值。其中"%f"和"%lf"格式的输出相同，说明格式符 l 对 f 类无影响。另外，由于"%f,%lf"未指定输出宽度和精度，前两个 b 值的输出只有 6 位小数，而且最后一位小数无实际意义。"%5.4lf"指定输出宽度为 5，精度为 4，由于实际长度超过 5，故应该按实际小数位数输出，小数位数超过 4 位部分被截去。"%e"表示按照指数格式输出变量 b 的值。

（3）第三条输出语句输出双精度实数，"%8.4lf"由于指定精度为 4 位，故截去了超过 4 位的部分，最后一位小数按照"四舍五入"的方式保留。

【应用案例 2. 16】

字符串数据的输出。

【程序代码】

```c
#include <stdio.h>
void main()
{
    printf("%3s,%7.2s,%.4s,%-5.3s\n","CHINA","CHINA","CHINA","CHINA");
}
```

【程序运行结果】

程序运行结果如图 2 - 29 所示。

图 2 - 29　应用案例 2.16
　　　　　程序运行结果

【程序说明】

（1）以"%3s"的格式输出字符串"CHINA"时，因为指定的宽度小于字符串的实际宽度，此时将按照字符串的实际宽度输出。

（2）类似"%m.ns"的格式，表示输出占 m 列，但只取字符串中左端的 n 个字符，如果 m < n，则取 m = n，以保证 n 个字符的正常输出。因此以"%7.2s"的格式输出字符串"CHINA"时，只输出"CH"，左补空格；以"%.4s"的格式输出字符串"CHINA"时，取字符串的左边 4 个字符输出。

（3）以"% - 5.3s"的格式输出字符串"CHINA"时，取字符串左边 3 个字符，且右补空格。

2.6.5　格式输入函数——scanf( ) 函数

前面已经介绍了字符输入函数 getchar( )，它一次只能接受一个字符。如果要输入整数、实数等复杂的数据，就需要使用 C 语言提供的格式输入函数——scanf( ) 函数。

1. scanf( ) 函数的调用格式

scanf( ) 函数是一个标准库函数，它的函数原型在头文件"stdio.h"中，在 Visual C ++ 6.0 中，如果使用该函数，要包含"stdio.h"文件。scanf( ) 函数的一般格式为：

scanf ("格式控制字符串"，地址表列)；

【格式说明】

（1）scanf( ) 函数的功能是按用户指定的格式从键盘上把数据输入指定的变量。

（2）"格式控制字符串"的作用与 printf( ) 函数相同，但不能显示非格式字符串，也就是不能显示提示字符串。

（3）"地址表列"中给出各变量的地址。地址是由地址运算符"&"后跟变量名组成的。例如，&a，&b 分别表示变量 a 和变量 b 的地址。这个地址就是 C 编译系统在内存中给 a，b 变量分配的地址。C 语言使用了地址这个概念，这是与其他语言不同的。应该把变量的值和变量的地址这两个不同的概念区别开来。变量的地址是 C 编译系统分配的，用户不必关心具体的地址是多少。

例如，从键盘输入两个整数给两个变量 a，b 的语句为：

scanf ("%d%d"，&a，&b)；

（1）在使用 scanf( ) 函数输入数据时，遇到下面的情况时认为该数据结束。

①遇空格，或按 Enter 键或 Tab 键。

②按指定的宽度结束，如"%d"，只取 3 列。

③遇到非法输入。

【应用案例 2.17】

用 scanf( ) 函数接收从键盘输入的数据。

【程序代码】

```
#include < stdio.h >
void main()
{
    int x,y,z,a,b,c;
    printf("请输入 x,y,z \n");
    scanf("%d %d %d",&x,&y,&z);
    printf("请输入 a,b,c \n");
    scanf("%d %d %d",&a,&b,&c);
    printf("你输入的数据如下：\n");
printf("x = %d y = %d z = %d \n",x,y,z);
printf("a = %d b = %d c = %d \n",a,b,c);
}
```

【程序运行结果】

程序运行结果如图 2 – 30 所示。

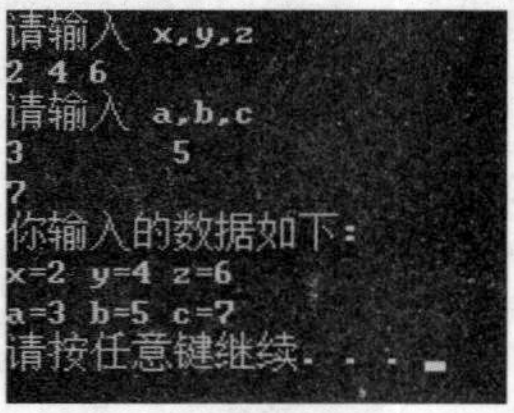

【程序说明】

（1）该程序用两个 scanf( ) 函数来接收变量 x，y，z 和 a，b，c 的值。

（2）输入数据时，在两个数据之间以一个或多个空格间隔，也可以用 Enter 键或 Tab 键。C 语言系统在编译时，如果遇到空格、Tab 键、Enter 键或非法数据（如对"％d"输入"12A"时，A 即非法数据）即认为该数据结束。

（3）scanf( ) 函数要求给出变量地址，如给出变量名则会出错。

2. 格式控制字符串

格式控制字符串的一般形式如下：

％ ［ ＊ ］［数据宽度］［长度］类型符号

【格式说明】

（1）有方括号"［ ］"的项为任选项。

（2）各项的意义如下。

①类型符号：表示输入数据的类型，其意义见表 2 – 15。

图 2 – 30　应用案例 2.17
程序运行结果

表 2 – 15　类型符号及其意义

类型符号	意义
d	输入十进制整数
o	输入八进制整数
x	输入十六进制整数
u	输入无符号十进制整数

续表

类型符号	意义
f 或 e	输入实型数（用小数形式或指数形式）
c	输入单个字符
s	输入字符串

②"＊"项：用来表示该输入项，读入后不赋给相应的变量，即跳过该输入值。

例如：scanf("％d％＊d％d", &a, &b);

输入：1□2□3

则把 1 赋给 a，2 被跳过，把 3 赋给 b。

③数据宽度：用十进制整数指定输入的宽度（即字符数）。

例如：scanf("％5d", &a);

输入：12345678

则只把 12345 赋给变量 a，其余部分被截去。

又如：scanf("％4d％4d", &a, &b);

输入：12345678

则只把 1234 赋给变量 a，而把 5678 赋给 b。

④长度：长度格式符为 l 和 h。l 表示输入长整型数据（如％ld）和双精度浮点型数据（如％lf）；h 表示输入短整型数据。

【应用案例 2.18】

用 scanf( )函数实现格式数据的输入。

【程序代码】

```
#include <stdio.h>
void main()
{
    int x,y,z;
    float a,b;
    printf("请输入 x,y,z \n");
    scanf("x=%d,y=%3d,z=%d",&x,&y,&z);
    printf("请输入 a,b\n");
    scanf("%f%f",&a,&b);
    printf("你输入的数据如下:\n");
    printf("x=%d y=%d z=%d\n",x,y,z);
printf("a=%f \tb=%f\n",a,b);
}
```

【程序运行结果】

程序运行结果如图 2-31 所示。

图2-31　应用案例2.18程序运行结果

【程序说明】

（1）第一条输入语句要求按照"x=%d，y=%3d，z=%d"的格式输入x，y，z三个整型变量的值。对于格式控制字符串中含有非格式符的情况，在数据输入的时候，一定要原样输入非格式符，否则会出错。

（2）第二条输入语句要求按照"%f%f"的格式输入a，b两个实数型变量的值。这里必须注意：scanf()函数中没有精度控制，如"scanf("%5.2f"，&a);"是非法的。不能企图用此语句输入小数部分为2位的实数。

【应用案例2.19】

用scanf()函数实现字符数据的输入。

【程序代码】

```
#include<stdio.h>
void main()
{
    int ch1,ch2,ch3;
    printf("请输入三个字符:\n");
    scanf("%c%c%c",&ch1,&ch2,&ch3);
    printf("ch1=%c,ch2=%c,ch3=%c",ch1,ch2,ch3);
}
```

【程序运行结果】

程序运行结果如图2-32所示。

图2-32　应用案例2.19程序运行结果

【程序说明】

（1）"scanf("%c%c%c"，&ch1，&ch2，&ch3);"是要求输入3个字符型变量的值。

（2）在输入字符型数据时，若格式控制字符串中无非格式字符，则认为所有输入的字符均为有效字符。

例如：scanf("%c%c%c"，&ch1，&ch2，&ch3);

输入：A□B□C

则把'A'赋给ch1，把空格赋给ch2，把'B'赋给ch3。

只有当输入为 "ABC" 时，才能把' A '赋给 ch1，把' B '赋给 ch2，把' C '赋给 ch3。

如果在格式控制字符串中加入空格作为间隔，如 "scanf("％ c ％ c ％ c"，&ch1，&ch2，&ch3)；"，则输入时各数据之间可加空格。

2.7　先导案例的设计与实现

2.7.1　问题分析

1. 界面分析

由于事先指定了学生姓名和科目名称，在本案例的界面设计中，首先需要显示学生姓名，然后接收该学生的科目成绩，最后输出学生姓名、科目成绩、总分和平均分。为了更好地体现交互性，需要交替显示学生姓名和输入成绩。由于是控制台应用程序，因此，本界面可以使用 printf( ) 函数输出相应的提示和输出结果。

2. 功能分析

根据本案例的要求，本程序的主要功能是提供学生信息，接收用户输入的成绩信息，计算总分和平均分，并将结果显示在屏幕上。

3. 数据分析

本案例需要的数据比较简单，只需要处理用户输入的科目成绩（浮点型）即可，1 名学生需要 3 个变量存储成绩信息。

2.7.2　设计思路

1. 界面设计

程序与用户的交互比较简单，只需要使用 printf( ) 函数输出提示，然后使用 scanf( ) 函数接收数据即可。在输出结果的时候，需要使用 printf( ) 函数输出表头，然后再输出 3 名学生的信息。在控制台模式下，输出结果在屏幕中央位置比较合理，因此，在输出结果的时候，前端要留有一定空格，如果直接输出空格较为冗长，则使用 "\t" 控制符来控制比较合理。

2. 数据设计

由于本章还未介绍字符串的输入和使用，因此，对于学生姓名和科目名称，这里用符号常量表示，成绩信息需要输入，则使用变量存储，1 名学生对应 3 个变量。

2.7.3　程序实现

【说明】

（1）为了使表示成绩的变量更为明确，对应学生的成绩的变量使用数字序列来命名，如第一个学生的三科成绩变量分别为 sc11，sc12，sc13，第二个学生的三科成绩变量分别为 sc21，sc22，sc23，依此类推。

（2）根据本案例的要求，学生姓名用符号常量表示。

【程序代码】

```c
#include < stdio.h >
#define stname1 "张蒙恬"
#define stname2 "李思思"
#define stname3 "王国庆"
#define cname1 "C 语言"
#define cname2 "网络原理"
#define cname3 "外语"
void main()
{
    float sc11,sc12,sc13,sc21,sc22,sc23,sc31,sc32,sc33;   //定义成绩变量
    float zf1,pjf1,zf2,pjf2,zf3,pjf3;    //定义总分和平均分
    printf("请输入%s 的%s,%s,%s 成绩 \n",stname1,cname1,cname2,cname3);
    scanf("%f%f%f",&sc11,&sc12,&sc13);    //输入成绩
    printf("请输入%s 的%s,%s,%s 成绩 \n",stname2,cname1,cname2,cname3);
    scanf("%f% f% f",&sc21,&sc22,&sc23);
    printf("请输入%s 的%s,%s,%s 成绩 \n",stname3,cname1,cname2,cname3);
    scanf("%f%f%f",&sc31,&sc32,&sc33);
    zf1 = sc11 + sc12 + sc13;    //计算总分
    pjf1 = zf1 /3;              //计算平均分
    zf2 = sc21 + sc22 + sc23;
    pjf2 = zf2 /3;
    zf3 = sc31 + sc32 + sc33;
    pjf3 = zf3 /3;
    printf("\t 姓名 \tC 语言 \t 网络原理 \t 外语 \t 总分 \t 平均分 \n");
    printf("\t%s \t%5.1f \t%5.1f \t \t%5.1f \t%5.1f \t%5.1f \n",stname1,sc11,
sc12,sc13,zf1,pjf1);
    printf("\t%s \t%5.1f \t%5.1f \t \t%5.1f \t%5.1f \t%5.1f \n",stname2,sc21,
sc22,sc23,zf2,pjf2);
    printf("\t%s \t%5.1f \t%5.1f \t \t%5.1f \t%5.1f \t%5.1f \n",stname3,sc31,
sc32,sc33,zf3,pjf3);
}
```

2.8 综合应用案例

2.8.1 交换两个变量值的问题

1. 案例描述

设有两个变量，要求交换两个变量的值。

2. 案例分析

1) 功能分析

根据案例描述，本案例实现的功能是给定两个变量的值，将这两个变量的值交换。

2) 数据分析

根据功能要求，需要两个存储数据的变量，要交换变量的值，还需要定义一个临时变量，用于交换中间数据。为了简单起见，设这三个变量的类型为整型。

3. 设计思想

（1）定义变量。将两个变量命名为 a，b，将临时变量命名为 tmp。

（2）输出交换前的数据。

（3）将 a 的值赋给 tmp，将 b 的值赋给 a，将 tmp 的值赋给 b。

（4）输出交换后 a，b 的值。

4. 程序实现

```c
#include < stdio.h >
void main()
{
    int a = 8,b = 12,tmp;
    printf("交换前 \n");          /* 输出交换之前的数据 */
    printf("a = %d,b = %d \n",a,b);
    tmp = a;                      /* 交换 */
    a = b;
    b = tmp;
    printf("交换后 \n");          /* 输出交换后的数据 */
    printf("a = %d,b = %d \n",a,b);
}
```

5. 程序运行

程序运动结果如图 2-33 所示。

图 2-33　"交换两个变量值的问题" 程序运行结果

2.8.2　最大值和最小值问题

1. 案例描述

给定三个数，求其中的最大值和最小值。

2. 案例分析

1) 功能分析

根据案例描述，本案例实现的功能是将三个有固定值的变量中的最大值和最小值找出来。

由于还未介绍选择语句，根据已经介绍的知识，只能用条件表达式来求最大值和最小值。

2）数据分析

本案例程序需要三个存储值的变量，另外，还需要定义两个变量用于存储最大值和最小值。

3. 设计思想

（1）定义变量。三个变量为 a，b，c，最大值变量为 max，最小值变量为 min。

（2）求最大值。可考虑先用条件表达式"max = (a > b)? a:b"求出 a，b 中的较大数，然后再用条件表达式"max = (max > c)? max:c"求出较大数与 c 中的较大数，得到的结果就是最大值。

（3）求最小值。仿照求最大值的方法。

（4）输出 a，b，c 的值。

（5）输出最大值和最小值。

4. 程序实现

```
#include < stdio.h >
void main()
{
int a = 8,b = 11,c = 99, max,min;
    max = a > b? a:b;          /* 求较大数 */
    max = max > c? max:c;      /* 求最大值 */
    min = a < b? a:b;          /* 求较小数 */
    min = min < c? min:c;      /* 求最小值 */
    printf("a = %d,b = %d,c = %d\n",a,b,c);   /* 输出 a,b,c 的值 */
    printf("max = %d,min = %d\n",max,min); /* 输出最大值和最小值 */
}
```

5. 程序运行

程序运行结果如图 2 - 34 所示。

图 2 - 34 "最大值和最小值问题"程序运行结果

2.8.3 求一元二次方程根的问题

1. 案例描述

求一元二次方程 $ax^2 + bx + c = 0$ 的根，a，b，c 由键盘输入，这里设 $b^2 - 4ac > 0$。

2. 案例分析

1）功能分析

根据案例描述，本案例所实现的功能是根据用户输入的一元二次方程，求它的两个实数根。

2）数据分析

若想求解这个问题，必须知道方程求根的方法。

$$x_1, \ x_2 = \frac{-b \pm \sqrt{b^2 - 4ac}}{2a}$$，这里可以设 $p = -\frac{b}{2a}$，$q = \sqrt{b^2 - 4ac}$，那么，可以得到：$x_1 = p + q$，$x_2 = p - q$。

因此，需要用户输入三个变量（a，b，c）的值，输出方程的两个根。

3. 设计思想

（1）定义变量。定义五个变量，分别表示方程的系数 a，b 和 c，以及方程的两个根 x_1，x_2。

（2）输入三个系数。

（3）根据公式，求出方程的两个根。

（4）输出方程的两个根。

4. 程序实现

```c
#include <math.h>
#include <stdio.h>
void main()
{
    float a,b,c,x1,x2,p,q;
    printf("请输入方程的系数:\n");
    scanf("a=%f,b=%f,c=%f",&a,&b,&c);
    p=-b/(2*a);
    q=sqrt(b*b-4*a*c)/(2*a);    /*sqrt()是求平方根的函数*/
    x1=p+q;x2=p-q;
    printf("求得的方程的根如下:\n");
    printf("x1=%5.2f \nx2=%5.2f \n",x1,x2);
}
```

5. 程序运行

程序运行结果如图 2 – 35 所示。

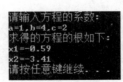

图 2 – 35　"求一元二次方程根的问题"程序运行结果

6. 程序说明

（1）"math. h"是常用数学计算的库函数集，因为该程序用到求平方根函数 sqrt( )，所以此程序将这个库函数集包含进来。

（2）在运行程序，进行输入时一定要按照 scanf( ) 函数的格式要求进行输入，否则会出现错误。

本章小结

数据类型、运算符和表达式是构成程序的最基本部分，是学习任何一种编程语言的基础。本章介绍了 C 语言中数据类型、变量、常量、运算符和表达式等关于程序设计的基本内容以及使用基本输入/输出函数编写简单程序的方法。

下面对本章介绍的知识进行总结，以便更好地掌握本章内容。

（1）在 C 程序中，每个变量、常量和表达式都有一个它所属的特定数据类型。数据类型明显或隐含地规定了在程序执行期间变量或表达式所有可能取值的范围，以及对这些值允许进行的操作。C 语言提供的主要数据类型有：基本数据类型、构造数据类型、指针类型、空类型四大类。

（2）C 语言提供了丰富的运算符来实现复杂的表达式运算。一般而言，单目运算符优先级较高，赋值运算符优先级较低。算术运算符优先级较高，关系和逻辑运算符优先级较低。多数运算符具有左结合性，单目运算符、三目运算符、赋值运算符具有右结合性。

（3）表达式是由运算符连接常量、变量、函数所组成的式子。每个表达式都有一个值和数据类型。表达式求值按运算符的优先级和结合性所规定的顺序进行。

（4）C 语言提供的类型转换方法有两种，一种是自动类型转换，一种是强制类型转换。自动类型转换：在不同类型数据的混合运算中，由系统自动实现类型转换，由少字节类型向多字节类型转换。不同类型的量相互赋值时也由系统自动进行类型转换，把赋值运算符右边的类型转换为赋值运算符左边的类型。强制类型转换：由强制转换运算符完成类型转换。

（5）所谓标准输入/输出是以计算机为主体，通过键盘实现输入，通过显示屏实现输出。C 语言的标准输入/输出函数包含在库函数 "stdio. h" 中。getchar( ) 函数和 putchar( ) 函数是字符输入/输出函数，每次只能接收或输出一个字符。scanf( ) 函数和 printf( ) 函数是格式输入/输出函数，用于接收和输出各种类型和样式的数据。"格式控制字符串" 是格式输入输出函数中的重要内容，是决定数据能否正确接收和显示的关键。

习　　题

程序设计题：

（1）已知梯形的上底 a = 2，下底 b = 6，高 h = 3.6，求梯形的面积。

（2）输入秒数，将它按小时、分钟、秒的形式输出。例如输入 24680 秒，则输出 6 小时 51 分 20 秒。

（3）编写程序，从键盘输入一个字符，求出与该字符前后相邻的两个字符，按从小到大的顺序输出这三个字符的 ASCII 码值。

提示：getchar( ) 函数的返回值实际是接收字符的 ASCII 码值，该值 - 1 和该值 + 1，就可得到该字符的相邻字符。

（4）编写程序，从键盘输入某学生的四科成绩，求出总分和平均分。

第3章

C程序结构

—系统菜单功能的设计与实现—

【内容简介】

  C语言作为一种结构化的程序设计语言，它将程序代码与数据进行有效的分离，使二者彼此独立。这种处理方式使程序的结构更加清晰，同时程序的可读性以及可维护性也变得更高。

  在结构化的程序设计中主要采用三种基本结构，分别是顺序结构、选择结构以及循环结构。本章主要介绍这三种基本结构的语法形式、应用思路以及设计原则。

【知识目标】

  理解C程序的三种基本结构、表现形式和控制流程，掌握C语言的相关语句并熟练使用C语言编写三种基本结构的程序。

【能力目标】

  培养分析问题并应用三种基本程序结构解决实际问题的能力；培养控制结构程序的调试能力。

【素质目标】

  培养严谨、认真思考的从事编程岗位工作的职业素质；培养交流沟通和协作意识。

【先导案例】

  应用程序的主要功能之一是提供人机交互界面，让用户通过操作实现工作要求。菜单界面是应用程序人机交互的主要界面，用户通过选择菜单选项使用相关功能。在学生管理系统中，菜单界面是用户首先面对的界面，在菜单界面上显示各项功能（如信息的增加、修改、删除和查询）的对应选项，用户通过选择菜单选项使用相关功能。通过本章内容的学习，要设计和实现学生管理系统的菜单界面，利用三种基本程序结构解决实际的问题。

  学生管理系统提供了数据查询模块。在数据查询模块中，用户可以进行"按姓名查询"和"按班级查询"两个操作，也可以进行返回上级界面的操作，如图3-1所示。

  学生管理系统的使用操作的具体要求如下。

图3-1　数据查询模块界面

（1）根据用户输入的数字，执行不同操作，如用户输入"1"，则进入"按姓名查询"界面，进行按姓名查询数据的操作；如用户输入"0"，则返回上级界面。

（2）用户在进行具体的操作之后，还要返回图 3 – 1 所示的界面，等待用户的其他操作。

3.1 三种基本程序结构

用户在编写程序解决实际问题之前，首先设计解决问题的算法，然后采用符合 C 语言语法要求的语句对算法加以描述，最后得到所要设计的程序。在使用 C 语言编写程序解决问题的时候，应该严格遵循结构化程序的设计思想。

结构化程序设计思想主要是遵循以下三个原则，即自顶向下、逐步细化、模块化。在 C 语言中，模块化主要是通过函数实现的。实践表明，在结构化程序设计中，应用三种基本程序结构可以有效地求解问题。三种基本程序结构为顺序结构、选择结构（也叫分支结构）以及循环结构。

1. 顺序结构

在三种基本程序结构中，顺序结构是最简单，也是最基本的流程控制结构，它控制程序按照从上到下的顺序执行。顺序结构执行过程示意如图 3 – 2 所示。程序模块是由模块 1 和模块 2 组成的，执行的时候首先执行模块 1，模块 1 执行结束以后再执行模块 2。整个程序模块是从上面进入，从下面退出。在这个模块中，模块 1 和模块 2 可以是一条简单语句，也可以是多条语句（包括复杂的结构）。在结构化程序设计中，顺序结构是最常见的流程控制结构，一个完整的 C 程序可以看作一个顺序结构，它是由数据输入、数据处理以及数据输出三部分的顺序执行组成。

2. 选择结构

顾名思义，选择结构指的是从多个可能当中选择一个来执行的一种结构。到底选择哪一个来执行由条件决定。在 C 语言中，用于实现选择的控制语句有两种，分别是 if 语句和 switch 语句。选择结构执行过程示意如图 3 – 3 所示。首先判定条件是否成立，若条件成立，选择语句 1 执行，然后退出。若条件不成立，选择语句 2 执行，执行结束后退出。

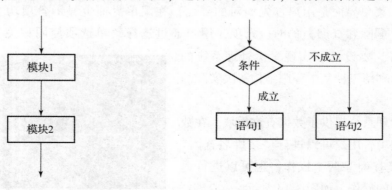

图 3 – 2　顺序结构执行过程示意　　　图 3 – 3　选择结构执行过程示意

3. 循环结构

循环结构指的是程序中某个部分被反复执行的一种控制结构，它在结构化程序设计中非常重要。在循环结构中，是否重复执行主要由条件决定，这个条件称为循环的终止条件。根据条件判断的先后顺序，循环结构又分为当型循环和直到型循环两种。循环结构执行过程示意如图 3 - 4 所示。

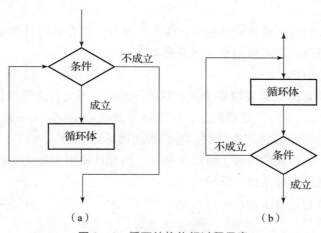

图 3 - 4　循环结构执行过程示意

(a) 当型循环；(b) 直到型循环

在图 3 - 4（a）中，首先判定条件是否成立，若成立则执行循环体，然后转到条件处接着判定条件。若条件不成立则跳出循环往下执行。在图 3 - 4（b）中，首先执行循环体，接着判定条件是否成立，若不成立则返回继续执行循环体，若成立，则跳出循环往下执行。当型循环的循环体可以一次也不执行，而直到型循环的循环体至少要执行一次。

使用三种基本程序结构来实现结构化程序设计，几乎可以解决任何问题。不管问题有多复杂，都可以采用一种或几种控制结构进行求解。另外，采用三种基本程序结构编写程序也可以提高程序的可读性，有利于程序的修改。

3.2　赋值语句

在一个程序中，使用比较频繁的是赋值语句，通常采用此语句对变量进行初始化。赋值语句实际上就是在赋值表达式的末尾加上一个语句结束标志 "；"，具体形式如下：

变量 = 表达式；

【说明】

执行赋值语句的时候，首先计算赋值运算符右侧的表达式，然后将计算结果保存到赋值运算符左侧的变量所对应的存储空间中。

【特别提示】

（1）在程序的执行部分，可以使用连续赋值的方式实现嵌套赋值，形如：

变量 1 = 变量 2 = … = 表达式；

例如：a = b = c = d = 5；

赋值运算符的结合方向是从右向左，因此上述语句相当于四条语句，具体如下：

d = 5；c = d；b = c；a = b；

最后的结果是四个变量的初值都为5。

（2）程序执行部分中的赋值语句与程序开始处变量声明部分的变量赋初值有着本质的区别。

在变量声明部分的变量赋初值是变量声明的一部分，要在其与其他变量名称之间用逗号进行分隔，而执行部分的赋值语句要采用分号来结束。

例如：int a = 5，b，c；

（3）在变量声明部分，若要给多个变量赋相同的值，不允许连续赋值，应该分别赋值。

例如："int a = b = c = 5；"是错误的，应该修改为"int a = 5，b = 5，c = 5；"。

（4）赋值语句与赋值表达式有区别，它们的适用场合不同。

赋值表达式作为表达式的一种，可以出现在任何允许使用表达式的地方，而赋值语句只能作为一条语句出现在程序的执行部分。

例如，下面的语句是合法的：

```
printf("max = %d\n",max = x > y? x:y);
```

该语句的作用是首先求出条件表达式的值，然后再求出赋值表达式的结果，最后输出。

下面的语句是非法的：

```
printf("max = %d\n",max = x > y? x:y;);
```

【注意】

该条语句中的"max = x > y? x:y；"是一条语句，不应该出现在输出项的位置。

3.3　选择结构程序设计

选择结构也称为分支结构，它作为三种基本程序结构的重要组成部分，不可或缺。在设计程序解决实际问题时经常要选用选择结构。选择结构在执行的时候根据条件成立与否从不同的分支当中选择一个分支来执行。

选择结构主要包括三种形式，分别为单分支选择、双分支选择以及多分支选择。C语言提供了if语句和switch语句来实现选择结构。if语句又包括单分支选择、双分支选择以及多分支选择三种使用形式。另外根据问题的复杂程度，也可以使用嵌套的if语句来实现选择结构。switch语句也称为开关语句，主要用来实现多分支选择结构。

3.3.1　if语句

if语句是实现选择结构时使用较多的控制语句。执行的时候，首先判定条件是否成立，进而根据结果选择不同的分支执行。下面介绍C语言中if语句的三种使用形式。

1. 单分支选择结构

单分支选择结构指的是只有一个执行路径，程序在执行到该结构的时候，根据条件成立与否决定是否执行该路径。

语法格式如下：

if（条件表达式）语句（或语句块）；

【说明】

在执行该结构的时候，首先判断 if 后括号内条件表达式的结果，若条件表达式的结果为真（即非0）则执行后面的语句，若条件表达式的结果为假（即0），则什么也不执行，跳出该结构往下执行。

【特别提示】

（1）if 是 C 语言中的关键字，只能用于选择结构中条件的判断。

（2）if 后面的小括号内应该是一个表达式，用来表示条件，一般来说可以是关系表达式或者逻辑表达式。由于在 C 语言中采用1和0来表示"真"和"假"，因此算术表达式也可以放在这个括号内来表示条件。另外在小括号的后面不能加分号。

（3）语法结构中的语句可以是一条语句，也可以是由多条语句构成的语句块，这时应该采用一对大括号将多条语句括起来构成复合语句，在大括号的末尾不需要再加分号。

例如：

```
if(i%2 ==0)  printf("%d是一个偶数!",i) ;
```

该语句用来判断变量 i 是否是偶数，如果是，则输出该偶数。这是一个典型的单分支选择结构。

单分支选择结构的执行流程如图3-5所示。

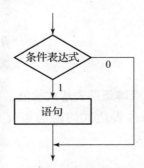

图3-5　单分支选择结构的执行流程

【应用案例3.1】从键盘输入两个整数 a，b，输出其中的最大值。

【分析】

利用键盘输入两个整数存放到两个变量 a 和 b 中，最大数有可能是 a 中的数，也有可能是 b 中的数。先假设 a 中存放的数是最大数，然后将其与 b 中存放的数进行比较，若 b 中存放的数比这个数大，则 b 中存放的数最大。

【程序代码】

```
#include <stdio.h>
void main()
{
    int a,b,max;
    printf("\n 请输入两个整数: ");
    scanf("%d%d",&a,&b);
    max = a;
    if (max < b)
        max = b;
    printf("最大数 = %d\n",max);
}
```

【程序运行结果】

程序运行结果如图 3 – 6 所示。

图 3 – 6　应用案例 3.1 程序运行结果

2. 双分支选择结构

双分支选择结构含有两个分支，对条件进行判定后，根据条件成立与否，从两个分支中选择一个分支来执行。在 C 语言中，采用 if…else 语句实现双分支选择结构。双分支选择结构与单分支选择结构有比较大的区别。单分支选择结构只在条件成立时执行语句，而双分支选择结构不管条件成立与否，都有对应的执行语句存在。

语法格式如下：

if（表达式）　　**语句 1；**

　　else　　**语句 2；**

【说明】

上述语句在执行的时候，首先求解条件表达式的值，若条件表达式的值为真（即非 0），执行语句 1，然后向下执行；若条件表达式的值为假（即 0），则执行语句 2，然后向下执行。

【特别提示】

（1）if 和 else 都是 C 语言中的关键字，相当于"如果…则…否则…"。

（2）if 后面小括号内的条件表达式可以是关系表达式、逻辑表达式或者算术表达式中的一种，小括号外不能有分号。另外 else 后不需要再书写条件，表示条件不满足时的动作。

（3）双分支选择结构中的语句 1 以及语句 2 既可以是一条简单语句，也可以是由多条语句构成的复合语句。

（4）else 不能单独使用，必须结合 if 一起使用。

双分支选择结构的执行流程如图 3 – 7 所示。

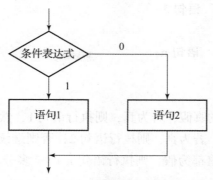

图 3 - 7　双分支选择结构的执行流程

【应用案例 3.2】输入两个整数，输出其中的最大数。

【分析】

利用键盘将两个整数存入两个变量 a，b 中，对 a 和 b 进行比较，如果 a 比 b 大，则输出 a 的值，否则 a 小于等于 b，则输出 b 的值。

【程序代码】

```c
#include < stdio.h >
void main()
{
    int a,b;
    printf("请输入两个整数:");
    scanf("%d%d",&a,&b);
    if(a > b)
        printf("最大值 = %d\n",a);
    else
        printf("最大值 = %d\n",b);
}
```

【程序运行结果】

程序运行结果如图 3 - 8 所示。

3. 多分支选择结构

在使用选择结构进行程序设计的时候，经常会遇到使用单分支选择结构和双分支选择结构无法解决的问题（如解决多条件

图 3 - 8　应用案例 3.2
程序运行结果

应用问题），这时就需要使用多分支选择结构。在多分支选择结构中，根据对多个条件的判定结果来决定选择哪一个分支来执行。在 C 语言中，一般采用 if else if 语句实现多分支选择结构。

语法格式如下：

if(条件表达式 1)　　**语句 1**;

　else if(条件表达式 2)　　**语句 2**;

else if(条件表达式 3) 语句 3;

…

else if(条件表达式 n) 语句 n;

else 语句 n+1;

【说明】

首先判断条件表达式 1 的真假, 若为真, 则执行语句 1, 然后跳出结构; 若为假, 则继续判断条件表达式 2 的真假, 若为真, 则执行语句 2, 否则继续判断条件表达式 3, 依此类推。若前 n 个条件表达式的值都为假, 则执行语句 n+1。多分支选择结构的执行流程如图 3-9 所示。

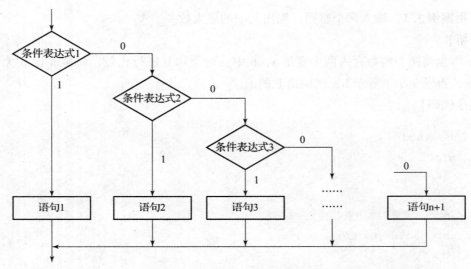

图 3-9 多分支选择结构的执行流程

【应用案例 3.3】从键盘输入一个字符, 判断其是空格、数字字符, 还是大写字母、小写字母或其他字符。

【分析】

本案例是一个多分支选择的应用问题, 要求判别从键盘输入字符的类型。在 C 语言中, 字符类型是通过输入字符的 ASCII 码值来判别的。由 ASCII 码表可知 ASCII 码值小于 32 的为控制字符。在'0'和'9'之间的为数字, 在'A'和'Z'之间的为大写字母, 在'a'和'z'之间的为小写字母, 其余则为其他字符。由于该案例要求的条件较多, 采用多分支选择结构编程比较合适, 设定不同条件, 判断输入字符 ASCII 码值所在的范围, 分别给出不同的输出。例如输入字符 "g", 输出显示它为小写字符。

【程序代码】

```
#include <stdio.h>
void main()
{
```

```
char c;
printf("请输入字符: ");
c = getchar();
if(c < 32)
    printf("输入字符为空值字符\n");
  else if(c >= '0'&&c <= '9')
    printf("输入字符为数字\n");
  else if(c >= 'A'&&c <= 'Z')
    printf("输入字符为大写字母\n");
  else if(c >= 'a'&&c <= 'z')
    printf("输入字符为小写字母\n");
  else
    printf("输入的字符是其他字符\n");
}
```

【程序运行结果】

程序运行结果如图 3 – 10 所示。

4. 使用 if 语句应注意的问题

（1）在三种形式的 if 语句中，在 if 关键字之后均为条件表达式。条件表达式通常是逻辑表达式或关系表达式，但也可以是其他表达式，如赋值表达式等，甚至也可以是一个变量。

图 3 – 10　应用案例 3.3　程序运行结果

例如：

　　　　if(a = 5) 语句；

　　　　if(b) 语句；

都是允许的。语句的执行只需条件表达式的值为非 0，即 "真"。

又如在

　　　　if(a = 5) …；

中表达式的值永远为非 0，所以其后的语句总是要执行的，当然这种情况在程序中不一定出现，但在语法上是合法的。

又如以下程序段：

```
if(a = b)
        printf("%d",a);
    else
        printf("a = 0");
```

本语句的语义是，把 b 的值赋给 a，如为非 0 则输出该值，否则输出 "a = 0" 字符串。这种用法在程序中是经常出现的。

（2）在 if 语句中，if 后的条件表达式必须用括号括起来，在语句之后必须加分号。

（3）在 if 语句的三种形式中，所有语句应为单个语句，若想在满足条件时执行一组（多个）语句，则必须把这一组语句用大括号"{}"括起来构成一个复合语句。但要注意的是在"}"之后不能再加分号。

例如：

```
if(a > b)
  {a ++ ; b ++ ;}
else
  {a = 0;  b = 10;}
```

3.3.2 if 语句的嵌套

当 if 语句中的执行语句又包括 if 语句时，则构成了 if 语句的嵌套。

其一般形式可表示如下：

     if(表达式)　 if 语句;

或者

     if(表达式)　 if 语句 1;

             else　 if 语句 2;

在嵌套内的 if 语句可能又是 if else if 型的，这将出现多个 if 和多个 else 重叠的情况，这时要特别注意 if 和 else 的配对问题。

例如：

     if(条件表达式 1)

         if(条件表达式 2)

            语句 1;

       else

         语句 2;

其中的 else 究竟与哪一个 if 配对呢？

是应该理解为：

     if(表达式 1)

         if(表达式 2)

            语句 1;

       else

         语句 2;

还是应理解为：

     if(表达式 1)

         if(表达式 2)

            语句 1;

     else

语句 2；

　　为了避免这种二义性，C 语言规定，else 总是与它前面最近的 if 配对，因此对于上述例子应按前一种情况理解。

　　【应用案例3.4】 比较两个整数的大小关系。

　　【分析】

　　两个整数的大小关系包括相等、大于和小于三种，针对此情况，可以设定一个 if 语句的嵌套结构，首先判断是否相等，如相等，则显示相等关系，否则，判断其大小关系。

　　【程序代码】

```
#include <stdio.h>
void main()
{
    int a,b;
    printf("请输入两个整数 A,B: ");
    scanf("%d%d",&a,&b);
    if(a!=b)
      if(a>b)  printf("A>B\n");
      else  printf("A<B\n");
    else  printf("A=B\n");
}
```

　　【程序运行结果】

　　程序运行结果如图 3-11 所示。

　　【特别提示】

　　本例用 if…else if 语句也可以完成，而且程序更加清晰。因此，在一般情况下较少使用 if 语句的嵌套结构，以使程序更便于阅读理解。

图 3-11　应用案例 3.4
程序运行结果

　　使用多分支选择结构形式，应用案例 3.4 程序可改为：

```
#include <stdio.h>
void main()
{
    int a,b;
    printf("请输入两个整数 A,B: ");
    scanf("%d%d",&a,&b);
    if(a==b) printf("A=B\n");
      else if(a>b)  printf("A>B\n");
        else  printf("A<B\n");
}
```

【应用案例 3.5】有一个函数：

$$y = \begin{cases} x-1, & (x<0) \\ 0, & (x=0) \\ x+1, & (x>0) \end{cases}$$

编写一个程序，输入一个 x 值，输出 y 值。

【分析】

本案例对应三个条件，分别是 x 等于 0、x 大于 0 和 x 小于 0 的情况，使用多分支选择结构实现，结构较为清晰。

【程序代码】

```c
#include <stdio.h>
void main()
{
    int x,y;
    printf("请输入 x 的值:");
    scanf("%d",&x);
    if(x<0) y=x-1;
    else if(x==0) y=0;
        else  y=x+1;
    printf("x=%d,y=%d\n",x,y);
}
```

【程序运行结果】

程序运行结果如图 3-12 所示。

图 3-12　应用案例 3.5 程序运行结果

3.3.3　switch 语句

在 C 语言中，针对多分支选择问题的求解除了可以使用 if else if 语句以外，还可以使用一种专用的多分支选择结构控制语句，即 switch 语句。利用 switch 语句进行多分支选择问题的求解，可以使问题的求解变得更加清晰。

switch 语句的语法格式如下：

```
switch (表达式)
{
    case 常量表达式 1:    语句 1;[break;]
    case 常量表达式 2:    语句 2;[break;]
        …
```

```
    case 常量表达式 n:   语句 n; [break;]
    default:   语句 n + 1;
}
```

【说明】

switch 语句的执行过程是：首先求解括号内表达式的值，然后判断这个值与下面哪一个 case 后的常量表达式相同，执行该常量表达式后面对应的语句，若没有与之相同的常量表达式，则执行 default 后面对应的语句。每一条要执行的语句之后的 break 是可选项，break 语句在 switch 语句之后起到跳出本结构的作用，如果没有 break，则执行完某一条语句之后接着执行下面的语句。在 switch 语句中每一个 case 实际上只是起到一个执行入口的作用，跳出 switch 语句主要利用 break 实现。switch 语句的执行流程如图 3 – 13 所示。

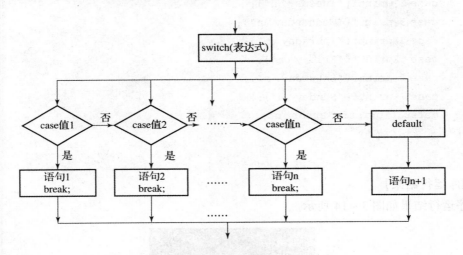

图 3 – 13   switch 语句的执行流程

【特别提示】

（1）switch 后括号内表达式的值只能是整型数据或者字符型数据，不可以是浮点型数据。

（2）每一个 case 后的常量表达式只能是整型常量或者字符型常量。

（3）书写程序的时候，case 和它后面的常量表达式之间要保留一个或一个以上的空格。

（4）在 switch 语句中，不可以有相同的常量表达式出现，否则会造成程序执行混乱。

（5）在 switch 语句中，所有的 case 都包含在一对大括号"｛｝"中。

（6）如果在 case 后面对应的执行部分包含多条语句，不需要再使用大括号"｛｝"括起来，因为前后两个 case 就起到了分隔的作用。

【应用案例 3.6】 输入 1 ~ 7 中的一个数字，将其对应的星期几的英文单词输出。

【分析】

本案例中对应输入的数字情况，输出对应的英文单词，如输入"1"，则输出"Monday"，输入"2"，则输出"Tuesday"，等等。因为只需要对多个整型数据进行判断，所以使用 switch 语句实现效果较好，而且程序结构更加清晰。

【程序代码】

```
#include <stdio.h>
void main()
{
    int d;
    printf("请输入一个1到7之间的数字：");
    scanf("%d",&d);
    switch (d)
    {
        case 1:printf("Monday \n");
        case 2:printf("Tuesday \n");
        case 3:printf("Wednesday \n");
        case 4:printf("Thursday \n");
        case 5:printf("Friday \n");
        case 6:printf("Saturday \n");
        case 7:printf("Sunday \n");
        default:printf("error \n");
    }
}
```

【程序运行结果】

程序运行结果如图 3 - 14 所示。

图 3 - 14　应用案例 3.6 程序运行结果

【结果剖析】

本案例要求输入一个数字，对应输出一个英文单词，但是当输入"3"之后，本来希望只输出 Wednesday 之后就结束程序，但是却执行了 case 4 之后的所有语句，这并不是设计程序想要的结果。

之所以出现这种情况，是因为在 switch 语句中每个 case 都只是一个执行的入口，并不能代替跳出，要实现跳出操作，必须在执行语句后再加上一个 break 语句。可以修改上述程序，在每个 case 后的执行语句之后增加一个 break 语句，以使每次执行之后均可跳出 switch 语句，从而避免输出不应有的结果。具体修改代码如下：

```
#include <stdio.h>
void main()
```

```
{
    int d;
    printf("请输入一个 1 到 7 之间的数字: ");
    scanf("%d",&d);
    switch(d)
    {
        case 1:printf("Monday\n");break;
        case 2:printf("Tuesday\n");break;
        case 3:printf("Wednesday\n");break;
        case 4:printf("Thursday\n");break;
        case 5:printf("Friday\n");break;
        case 6:printf("Saturday\n");break;
        case 7:printf("Sunday\n");break;
        default:printf("error\n");
    }
}
```

运行程序，可以看到图 3 – 15 所示的结果。

图 3 – 15　应用案例 3.6 程序修改后的运行结果

这才是我们想要的正确结果。一般情况下，如果没有特殊的要求，每个 case 后面的执行语句中，最后一条语句都是 break 语句。

3.4　循环结构程序设计

在三种基本程序结构中，循环结构是非常重要的一种控制结构，在解决实际问题时经常会用到这种结构。循环结构的程序在执行的时候，根据给定的条件成立与否来决定某些程序段是否被反复执行。若条件成立，则执行，然后再判定条件；若条件不成立，则退出循环，向下执行。C 语言提供了多种循环控制语句来实现循环结构。

3.4.1　循环结构的作用

在现实生活中，循环反复的问题无处不在。比如一年四季的交替、汽车发动机的工作过程、数列的求和等。这些问题的实质都是有规律的反复操作，因此要找出这些问题所蕴含的规律，针对那些重复率较高的操作进行特殊处理，进而提高处理效率。

循环结构设计的任务就是设计一种能够让计算机重复执行某些相同代码的程序。也就是说，编写程序时只要将相同的语句书写一次即可让计算机反复执行它。这样可以将程序设计人员的精力从大量重复代码的编写中解脱出来，同时问题也能够顺利求解。

循环结构的应用优势比较明显，不但可以节省编写程序的时间，减少程序代码对存储空间的占用，还可以有效地降低代码的错误率，提高代码质量。

3.4.2　几种循环语句及其比较

C语言提供了几种控制语句用于实现循环结构，下面分别介绍。

1. while 循环语句

while 循环语句是 C 语言所提供的用于实现当型循环的控制语句，其语法格式如下：

```
while(表达式)
{
  循环体语句；
}
```

【说明】

while 循环语句的执行流程如下：

（1）计算 while 后括号内表达式的值；

（2）判断表达式的值，若值为真（非 0），则执行步骤（3），若值为假（0），执行步骤（5）；

（3）执行循环体语句；

（4）转到步骤（1）；

（5）退出 while 循环。

while 循环语句的执行流程如图 3 – 16 所示。

【特别提示】

（1）while 循环为当型循环，是先判定条件，后执行循环体，因此在 while 循环语句中循环体有可能一次也不执行（进入循环结构的时候条件就不成立）。

（2）while 后括号内的表达式不仅可以是关系表达式、逻辑表达式，还可以是算数表达式或字符表达式。

（3）while 循环的循环体可以是一条语句，也可以是多条语句。当循环体为一条语句时，可以将两端的大括号去掉。

（4）while 后括号内的表达式起到标志循环结束条件的作用，而循环体还应该包括一种处理，该处理能够使循环趋于结束，不能让循环处于无休止的死循环状态。

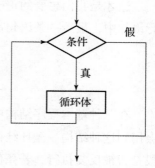

图 3 – 16　while 循环语句
的执行流程

例如：

```
i = 1;
while(i < = 5)
{
  printf("%d\n",i + +);
}
```

就是一个典型的 while 循环结构，该结构实现了输出 1~5 的所有整数和的功能。

【应用案例3.7】用 while 语句求 $\sum\limits_{n=1}^{100} n$。

【分析】

（1）定义两个变量，分别存放累加数及和。

（2）给累加变量赋初值1，表示从1开始累加，给和变量赋初值0。

（3）利用循环实现反复取值，然后累加，将新值累加到和的上面。

（4）每次累加结束再取值以后，都要判断新值是否已经越界，若越界停止累加，则退出循环。

（5）输出和的值。

【程序代码】

```c
#include <stdio.h>
void main()
{
    int n,sum = 0;    //n是累加变量,sum是和变量
    n = 1;
    while(n <= 100)
        {
            sum = sum + n;
            n ++;
        }
    printf("sum = %d \n",sum);
}
```

【程序运行结果】

程序运行结果如图 3-17 所示。

图 3-17　应用案例 3.7 程序运行结果

2. do - while 循环语句

do - while 循环语句是 C 语言所提供的用于实现直到型循环的控制语句，其语法格式如下：

```c
do
    循环体语句;
while(表达式);
```

【说明】

do - while 循环语句的执行流程如下：

（1）执行 do 后面的循环体语句。

（2）计算 while 后括号内表达式的值。

（3）判断表达式的值，若为真，则转到步骤（1），若为假，则执行步骤（4）。

（4）退出 do – while 循环。

do – while 循环语句的执行流程如图 3 – 18 所示。

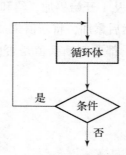

图 3 – 18　do – while 循环语句的执行流程

【特别提示】

（1）do – while 循环语句的特点是先执行后判断，因此不管进入时的条件成立与否，循环体语句都至少执行一次。这点与 while 循环语句不同，while 循环语句的循环体语句可以一次也不执行。

（2）do – while 循环语句的循环体可以是一条语句，也可以是多条语句。若为多条语句，应该在两端加上一对大括号"{}"。

（3）do – while 循环体应该包含使循环趋于结束的标志语句，以防止进入死循环。

（4）在 do – while 循环语句的最后一定要加上一个分号，这意味着整个 do – while 循环语句结束，不能将其省略。

例如，前面求 1~5 的整数和的程序段改用 do – while 循环语句的代码如下：

```
i =1;
do
  printf("%d",i ++);
while(i <=5);
```

【应用案例3.8】 用 do – while 循环语句求 $\sum_{n=1}^{100} n$。

【程序代码】

```
#include <stdio.h>
void main()
{
  int n,sum = 0;
  n =1;
```

```
  do
    {
      sum = sum + n;
      n + + ;
    }while(n < = 100);
  printf("sum = %d\n",sum);
}
```

通过运行以上程序，可以得到与应用案例 3.7 相同的运行结果。同一个问题，既可以用 while 循环语句求解，也可以用 do – while 循环语句求解。这时要注意循环条件的选择，由于 do – while 循环语句的循环体至少循环一次，因此使用 do – while 循环语句有可能使循环体多执行一次。下面，通过两段程序对 while 循环语句和 do – while 循环语句进行比较。

（1）使用 while 循环语句的程序代码如下：

```
#include < stdio.h >
void main()
{
  int n;
  printf("请输入一个整数:");
  scanf("%d",&n);
  while(n < = 5)
    {
      printf("*");
      n + + ;
    }
}
```

程序运行结果如下：

请输入一个整数：1

＊＊＊＊＊

再运行一次：

请输入一个整数：6

□

【特别提示】

此处的"□"代表空白。

（2）使用 do – while 循环语句的程序代码如下：

```
#include < stdio.h >
void main()
{
```

```
    int n;
    printf("请输入一个整数:");
    scanf("%d",&n);
    do
      {
        printf("*");
        n++;
      } while(n<=5)
}
```

程序运行结果如下：

请输入一个整数：1

*****

再运行一次：

请输入一个整数：6

*

从上面两段代码可以看出，当输入的整数小于 5 的时候，运行结果完全一样，都是输出 5 个星号。当输入的整数大于 5 的时候，结果有所不同，使用 while 循环语句时，结果是空的，使用 do – while 循环语句时，输出一个星号。这是因为，如果进入循环的时候条件不成立，对于 while 循环语句来说，循环体语句一次也不执行，因此输出结果是空的。而使用 do – while 循环语句的时候，循环体语句被执行了一次，所以看到结果只有一个星号。由此可以看出两种循环语句的不同：while 循环语句中条件的判断次数比循环体语句的执行次数多一次，而 do – while 循环语句中条件的判断次数与循环体语句的执行次数相同。

3. for 语句

在 C 语言中，for 语句是使用最灵活的一种用于实现循环的控制语句，它不但能用于那些循环次数已知的问题的求解，也可以实现循环次数不确定，但结束条件已经给定的循环。使用 for 语句完全可以替代 while 循环语句。

for 语句的语法格式如下：

```
for(表达式1;表达式2;表达式3)
    循环体;
```

【说明】

（1）for 语句的执行流程如下：

①计算表达式 1。

②计算表达式 2，判断其值，若值为真（非 0），则转到步骤③，若值为假（0），则转到步骤⑥。

③执行循环体语句。

④计算表达式 3。

⑤转到步骤②。

⑥退出循环。

for 语句的执行流程如图 3 - 19 所示。

（2）格式说明。

表达式 1 用于给循环变量赋初值，若同时给多个循环变量赋初值，可以使用一个逗号表达式。循环变量用于控制整个循环。在具体使用 for 语句的时候，可以将表达式 1 省略，但是其赋初值的作用不能省略，应该在进入 for 语句之前完成。另外表达式 1 后面的分号不能省略。

表达式 2 作为循环的结束条件存在，它的值的真假决定循环继续执行还是结束，通常使用关系表达式或者逻辑表达式。

循环体语句是需要反复执行的操作语句。

表达式 3 通常使用改变循环变量的表达式，作用是使循环逐渐接近结束。在具体使用时可以将表达式 3 省略，但是其作用不能省略，可以将其包含在循环体中。

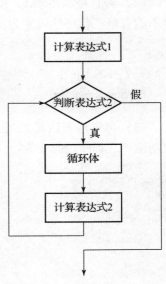

图 3 - 19　for 语的句执行流程

例如，前面提到的求 1~5 的所有整数和的实例，用 for 语句实现如下：

```c
for( i =1;i <=5;i ++)
    printf("%2d",i);
```

这个程序段相对于前面的使用 while 循环语句的程序段更加简洁。

【应用案例3.9】用 for 语句求 $\sum\limits_{n=1}^{100} n$。

【程序代码】

```c
#include <stdio.h>
void main()
{
    int n,sum =0;
    for(n =1;n <=100;n ++)
        sum = sum +n;
    printf("sum =%d\n",sum);
}
```

运行该程序，也会得到"sum =5050"的运行结果，通过对比 while 循环和 for 循环，for 循环可以说是 while 循环的一种集成，使程序结构更加简洁。

【特别提示】

（1）可以将 for 语句中的各个表达式省略，for 语句后面的括号内不含表达式也是合乎语法要求的，省略不同的表达式，可使 for 语句具有不同的作用。

（2）若省略表达式 1，则可以在进入 for 语句之前对 n 进行初始化，但表达式 2 前的分号不能省略。程序代码变为：

```
n =1;
for(;n <=100;n ++)
    sum = sum +n;
```

（3）可省略表达式 2，但表达式 2 的作用不能省略，可以将条件的限定放在循环体中来控制循环。程序代码变为：

```
for(n =1;;n ++)
{
  if(n <=100)  break;
  sum = sum +n;
}
```

其中 break 的作用是跳出循环，它的作用后面详细介绍。

（4）表达式 3 的作用是使循环趋于结束，若将表达式 3 省略，可以将其放在原循环体的末尾，最为循环体的一部分来处理。程序代码变为：

```
for(n =1;n <=100;)
{
  sum = sum +n;
  n ++;
}
```

（5）若将表达式 1、表达式 2、表达式 3 同时省略，这相当于条件为真进入循环，然后在循环体中实现循环结束条件的判定以及循环变量的改变。程序代码变为：

```
n =1;
for(;;)
{
  if(n <=100)  break;
  sum = sum +n;
  n ++;
}
```

（6）若省略循环体，则这时循环体是一条空语句，相当于每次循环什么也不执行。程序代码变为：

```
for(n =1;n <=100;n ++)
  ;
```

由此可见，for 语句的使用非常灵活，功能也非常强大。为了提高程序的可读性，应该按照语法要求书写 for 语句，以使所编写的程序更加规范。

3.4.3　循环的嵌套

在一个循环语句的循环体中又包含循环语句，称为循环的嵌套。内嵌的循环语句还可以包含循环语句，称为多层循环。前面介绍的三种循环控制语句可以自身嵌套，也可以互相嵌套。

不但循环语句可以互相嵌套使用，循环结构和选择结构也可以嵌套使用。例如在 for 语句中使用 if 语句，在 if 语句中使用 do – while 循环语句。

【应用案例 3.10】编写程序输出图 3 – 20 所示图形。

```
        *
      * * *
    * * * * *
  * * * * * * *
```

图 3 – 20　应用案例 3.10 程序输出图形

【分析】

（1）对于这种平面图形，可以用两层循环的嵌套来实现，用外层循环变量控制图形的行，用内层循环变量控制图形的列。

（2）图中每一行都是变化的。首先，每一行星号的个数是变化的，但是有规律（奇数）；其次，每一行星号的起始位置是变化的，仍然有规律（递减）。第一行先输出 3 个空格，再输出 1 个星号；第二行先输出 2 个空格，再输出 3 个星号；第三行先输出 1 个空格，再输出 5 个星号；第四行直接输出 7 个星号。

【程序代码】

```c
#include <stdio.h>
void main()
{
  int i,j;
  for(i =1;i <=4;i ++)        //控制行数
  {
    for(j =1;j <=4 - i;j ++)      //控制起始位置
      printf(" ");
    for(j =1;j <=2 * i -1;j ++)    //输出每行的星号
      printf("*");
    printf("\n");
  }
}
```

【程序运行结果】

程序运行结果如图 3 – 21 所示。

图 3 – 21　应用案例 3.10 程序运行结果

【应用案例 3.11】 利用循环的嵌套求 $1! + 2! + 3! + 4! + \cdots + 10!$。

【分析】

（1）如果用嵌套的循环求解这个问题，则用外层循环变量取 1~10 这 10 个整数，用内层循环计算每个整数的阶乘。

（2）阶乘结果是一个很大的整数，不能定义为基本整型数据，可以定义为长整型数据或浮点型数据。

【程序代码】

```c
#include <stdio.h>
void main()
{
  int i;
  long jc,sum = 0;
  for(i =1;i <=10;i ++)
  {
    jc =1;
    for(int j =1;j <=i;j ++)
      jc = jc * j;
    sum = sum + jc;
  }
  printf("sum = %ld\n",sum);
}
```

【程序运行结果】

程序运行结果如图 3 – 22 所示。

sum=4037913
请按任意键继续. . .

图 3 – 22　应用案例 3.11 程序运行结果

3.5　改变程序流程的几种语句

C 语言提供了几种控制语句，它们的作用是改变程序的执行流程，下面具体介绍。

3.5.1　goto 语句

goto 语句称为无条件转向语句，它的语法格式如下：

goto 语句标号；

例如：goto　loop；

【说明】

（1）程序执行到 goto 语句的时候，会自动跳转到语句标号所在处继续执行。

（2）语句标号由用户定义标识符定义，其命名规则与用户定义标识符完全一致，也是由字母、数字和下划线组成的，首字符必须是字母或者下划线。

（3）语句标号应该与 goto 处在同一个函数内。

（4）goto 和语句标号可以不在同一层下，这可能造成程序的可读性差，因此在结构化程序设计方法下，应该尽量避免使用 goto 语句。

【特别提示】

一般来说，goto 语句主要用于两种场合。

（1）与 if 语句联用来实现循环，将语句标号放在 goto 之前，这样就可以构成循环。

（2）利用 goto 语句从循环中跳出。

【应用案例 3.12】将 goto 语句与 if 语句联用，求 1~100 的奇数之和。

【分析】

在不使用循环语句的情况下，联用 if 语句和 goto 语句，可以构成条件循环；利用 % 运算符可以进行奇/偶数的判断。

【程序代码】

```c
#include <stdio.h>
void main()
{
  int i,sum = 0;
  i = 1;
  loop:if(i%2 == 1)
        sum = sum + i;
    i ++;
    if(i <= 100)
        goto  loop;
  printf("sum = %d\n",sum);
}
```

【程序运行结果】

程序运行结果，如图 3 - 23 所示。

图 3 - 23　应用案例 3.12 程序运行结果

此程序联用 goto 语句与 if 语句实现了直到型循环的功能。

3.5.2　break 语句和 continue 语句

C 语言提供了两种结束循环的控制语句，分别是 break 语句和 continue 语句。

1. break 语句

break 语句的语法格式如下：

break;

【说明】

break 语句可以用在 switch 语句以及循环语句中，可以使用 break 语句实现结束循环（或多分支判断）并且跳出循环（或多分支判断）的作用。在一般情况下，break 语句主要用来结束本层循环。

【特别提示】

（1）在 break 的后面不能加参数。

（2）break 语句可以单独作为一条语句用在 switch 语句或者循环语句中。由于 break 语句起到了结束并跳出的作用，与它同一层处在后面位置的语句没有了执行的机会，因此应该根据实际情况限制 break 语句的执行。

【应用案例 3.13】 编写程序输出 1 000 以内的素数。

【分析】

（1）素数指的是数学中的质数，也就是除了 1 和它本身，没有其他因子的数。

（2）1 000 以内的素数很多，需要用一层循环来取这些整数。另外，每一个整数都要进行测试，在测试的时候利用一层循环来取不同的测试因子。因此，需要用两层嵌套的循环解决这个问题。

（3）在对某一整数 n 进行测试的时候，如果经过测试某一个小于 n 的整数 i 能够将 n 除开，那么 i 之后的因子就不需要再进行反复测试了，这时利用 break 语句结束并跳出测试。

（4）最小的两个素数是 2 和 3，不用对它们进行测试，要先进行输出。

【程序代码】

```c
#include <stdio.h>
void main()
{
  int i,j,flag;
  printf("%4d%d",2,3);
  for(i =4;i <=1000;i ++)
  {
    flag =1;
    for(j =2;j <i;j ++)
      if(i%j ==0)
```

```
    │   flag = 0;
        break;  │
    if(flag)
      printf("%4d",i);
  │
}
```

【程序运行结果】

程序运行结果如图 3 - 24 所示。

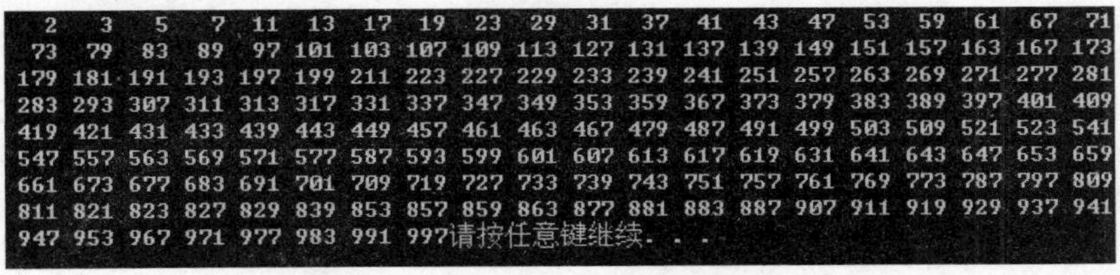

图 3 - 24　应用案例 3.13 程序运行结果

【程序技巧】

在上述代码中，也可以将 "j < i" 修改为 "j <= i/2" 或者 "j <= sqrt(i)"，这样可以大大减少循环次数，在求较大范围内的素数的时候可以有效提升程序执行效率。在使用后者的时候，程序前面要加上 "#include < math. h >"。

2. continue 语句

continue 语句也用于结束循环，它的语法格式如下：

continue;

【说明】

执行程序时，如果在一个循环的循环体中遇到 continue 语句，该次循环将被结束，循环体内后面的语句将不执行，返回循环条件判定处，进而决定下一次循环是否继续执行。

【特别提示】

（1） continue 语句与 break 语句有根本的区别，break 语句用于结束本层循环，意味着跳到所在层循环的外面，不管接下来条件是否还成立。而 continue 语句用于结束本次循环，如果接下来条件已经不成立则跳出循环，若条件还成立，则进入下一次循环。

（2） continue 语句主要用在一个循环的循环体内，在使用 continue 语句时经常在前面用 if 语句进行条件限制。

【应用案例 3. 14】编写程序，求 1 ~ 100 的奇数之和。

【程序代码】

```
#include <stdio.h>
void main()
{
```

```
int i,sum = 0;
for(i = 1;i < =100;i ++)
{
  if(i%2 == 0)
    continue;
  sum = sum + i;
}
printf("sum = %d\n",sum);
}
```

本案例的程序在循环体中判断 i 是否是偶数，如果是，则不进行累加操作，而进行下一次操作，从而达到计算奇数累加和的效果，本案例程序运行结果与应用案例3.12是相同的。

3.6 先导案例的设计与实现

3.6.1 问题分析

1. 界面分析

一个应用程序与用户之间的交互操作主要是通过用户界面来实现的。本案例的界面是一个典型的用户操作菜单界面，用户通过选择功能选项，实现不同的操作功能。由于本案例程序是控制台应用程序，因此，本界面可以使用 printf( )函数输出相应的提示和操作界面。

2. 功能分析

菜单界面的主要功能是提供醒目的操作提示，并根据用户不同的操作实现不同的程序（函数），因此，菜单界面应该具备判断用户选择选项的功能，如判断用户是选择了 1，2，0，还是输入了一些其他字符。

另外，用户在通过菜单界面完成某个功能的操作之后，需要回到原来的菜单界面，进行其他操作，或者返回上一级菜单，或者退出，因此菜单界面还需要返回处理程序，即处理用户返回的操作。

3. 数据分析

本案例所需要的数据非常简单，因为只需要处理用户输入的选项数据（数字），所以设置一个变量存储用户输入的数据即可。

3.6.2 设计思路

1. 界面设计

根据先导案例的要求，菜单界面四周用"＊"包围，而且在一般情况下（在控制台模式下），菜单界面在屏幕中央位置比较合理，因此，输出边框的时候，前端要留有一定空格，如果直接输出空格较为冗长，则使用"\t"控制符来控制比较合理。

2. 判断功能设计

在一般情况下，在菜单界面中往往有多个菜单选项，进行判断时，需要使用多分支选择结构实现。另外，由于用户输入的选项（数字选项）是通过按键实现的，因此，使用 switch 语句实现多分支选择结构比较合适。

3. 用户返回处理

每次用户执行返回功能的时候，都需要重新显示菜单界面，等待用户下一步操作，而根据控制台应用程序的运行效果，每次返回都会在原有菜单界面的基础上再次显示菜单界面，这样当用户多次操作之后，菜单界面就会变得非常凌乱。解决的方法就是每次返回都执行清屏操作，使菜单界面初始化。这对于顺序程序结构来说是无法实现的，解决的办法就是将清屏和判断操作放到一个无限循环中，在用户输入对应返回操作的数字后跳出循环，返回上级界面。

3.6.3　程序实现

【说明】

（1）清屏操作可以使用系统提供的 system( ) 函数来实现，具体格式是：system("cls")。

（2）由于目前还未涉及函数的具体知识，通过菜单调用函数的功能在本案例中采用输出语句替代。

（3）由于涉及每次返回的清屏操作，所以需要在清屏之前暂停，等用户按任意键后再进行清屏操作，否则用户看不到操作的结果。暂停操作可以使用 system("pause") 函数来实现。

【特别提示】

清屏操作和暂停操作都使用系统提供的 system( ) 函数来实现，如 system("cls")，使用此函数时，需要在程序中包含"stdlib. h"库。

【程序代码】

```c
#include <stdio.h>
#include <stdlib.h>
void main()
{
    int choice;
    while(1)    //无限循环
    {
    system("cls");
    printf("\t\t***************** 数据查询 ***************** \n");
    printf("\t\t*                                         * \n");
    printf("\t\t*               1.按姓名查询              * \n");
    printf("\t\t*                                         * \n");
    printf("\t\t*               2.按班级查询              * \n");
    printf("\t\t*                                         * \n");
    printf("\t\t*               0.返      回              * \n");
```

```
printf("\t\t*                                    * \n");
printf("\t\t******************************************* \n");
printf("\t\t 请选择 0 - 2 \n");
scanf("%d",&choice);
switch(choice)
{
    case 1:
        printf("你选择按姓名查询\n");
        system("pause");
        break;
    case 2:
        printf("你选择按班级查询\n");
        system("pause");
        break;
    default:
        printf("你选择返回\n");
        return;
}
}
}
```

【程序运行结果】

（1）输入"1"时程序运行结果如图 3 - 25 所示。

图 3 - 25   先导案例程序运行结果（1）

（2）输入"0"时程序运行结果如图 3 - 26 所示。

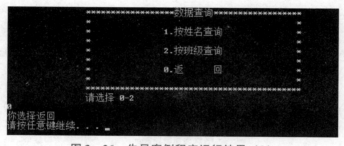

图 3 - 26   先导案例程序运行结果（2）

3.7　综合应用案例

3.7.1　三角形判定问题

1. 案例描述

任意输入三个数值，判断以这三个数值为边是否能够构成三角形，若能够构成三角形，将三角形的种类（直角三角形、等腰三角形、等边三角形、普通三角形）判断出来。

2. 案例分析

（1）功能分析。根据案例描述，从键盘输入任意三个整数，程序都能够对其进行处理，得到所需要的结果。

（2）数据分析。三个整数需要三个变量进行存储，可以将变量定义为基本整型，也可以定义为浮点型，然后在程序中对这三个变量的关系进行判断。

3. 设计思想

（1）定义变量，接收从键盘输入的整数。

（2）根据三角形成立的条件判断三角形是否成立，然后根据三角形的特性判断三角形的种类。

（3）输出判断结果。

4. 程序实现

```c
#include <stdio.h>
#include <stdlib.h>
void main()
{
  float  a,b,c;
  printf("请输入三个数值:\n");
  scanf("%f%f%f",&a,&b,&c);
  if(a<=0||b<=0||c<=0)
  {
    printf("这三个数值不能构成三角形! \n");
    exit(0);
  }
  if(a+b>c&&a+c>b&&b+c>a)
    if(a==b&&a==c&&b==c)
          printf("这是等边三角形! \n");
      else if(a==b||b==c||a==c)
          printf("这是等腰三角形! \n");
      else if(a*a+b*b==c*c||b*b+c*c==a*a||a*a+b*b==c*c)
```

```
            printf("这是直角三角形! \n");
        else
            printf("这是普通三角形! \n");
    else
        printf("这三个数值不能构成三角形! \n");
}
```

5. 程序运行

（1）输入非正常数据时的程序运行结果如图 3 – 27 所示。

图 3 – 27 "三角形判定问题" 程序运行结果（1）

（2）输入正常数据时的程序运行结果如图 3 – 28 所示。

图 3 – 28 "三角形判定问题" 程序运行结果（2）

3.7.2 成绩分级问题

1. 案例描述

编写程序，根据输入的分数，判断出成绩等级，其中 90～100 分为优，80～89 分为良，70～79 分为中等，60～69 分为及格，60 分以下为不及格。

2. 案例分析

（1）功能分析。根据案例描述，程序具有自动对分数进行判断的功能。

（2）数据分析。需要定义一个浮点型变量，用来存储输入的分数，再定义一个变量，用来存储分数取整的结果。

3. 设计思想

（1）利用 switch 语句来实现。

（2）成绩值范围较大，无法一一列出，可以对分数进行预处理，此处将成绩值除以 10 取整，这样可以将成绩值的范围控制为 0～10，有利于 switch 语句进行判断。

【特别提示】

使用 if 多分支结构也可以完成本案例，读者可自行尝试。

4. 程序实现

```
#include <stdio.h>
#include <stdlib.h>
void main()
```

```
{
  float score;
  int g;
  printf("请输入一个成绩分数:\n");
  scanf("%f",&score);
  if(score<0 ||score >100)
  {
    printf("输入的数值不符合要求! \n");
    exit(0);   //退出
  }
  g = (int)score/10;      //成绩整除 10
  switch(g)
  {
    case 10: case 9:printf("等级为优 \n");break;
    case  8:printf("等级为良 \n");break;
    case  7:printf("等级为中等 \n");break;
    case  6:printf("等级为及格 \n");break;
    case  5:case  4:case  3:
    case  2:case  1:case  0:printf("等级为不及格 \n");
  }
}
```

5. 程序运行

（1）输入一个非正常范围的成绩值时的程序运行结果如图 3 – 29 所示。

图 3 – 29　"成绩分级问题" 程序运行结果（1）

（2）输入一个等级为优的成绩值时的程序运行结果如图 3 – 30 所示。

图 3 – 30　"成绩分级问题" 程序运行结果（2）

3.7.3　最大公约数和最小公倍数问题

1. 案例描述

将输入的两个整数的最大公约数和最小公倍数输出。

2. 案例分析

（1）功能分析。根据案例描述，任意输入两个整数，将该整数的最大公约数和最小公倍数输出。

（2）数据分析。需要定义4个变量，2个变量用来存储输入的两个整数，另外2个变量用来存储求得的最大公约数和最小公倍数。

3. 设计思想

利用辗转相除法求最大公约数；可以将两个整数相乘，再除以最大公约数，得到最小公倍数。

辗转相除法，又称为欧几里得算法，是求最大公约数的一种方法。它的具体做法是：用较小数除较大数，再用出现的余数（第一余数）去除除数，再用出现的余数（第二余数）去除第一余数，如此反复，直到最后余数是0为止。如果求两个整数的最大公约数，那么最后的除数就是这两个整数的最大公约数。

4. 程序实现

```c
#include <stdio.h>
void main()
{
  int a,b,num1,num2,temp;
  printf("请输入两个整数:\n");
  scanf("%d,%d",&num1,&num2);
  if(num1 < num2)    /* 先判断较大数和较小数 */
  {
    temp = num1;
    num1 = num2;
    num2 = temp;
  }
  a = num1;b = num2;
  while(b! =0)    /* 利用辗转相除法,直到 b 为 0 为止 */
  {
    temp = a%b;
    a = b;          //将除数赋给 a
    b = temp;        //将余数赋给 b
  }
  printf("最大公约数:%d\n",b);
  printf("最小公倍数:%d\n",num1 * num2 /b);
}
```

5. 程序运行

（1）输入非互质数时的程序运行结果如图3-31所示。

图3-31 "最大公约数和最小公倍数问题"程序运行结果（1）

（2）输入互质数时的程序运行结果如图 3 – 32 所示。

图 3 – 32　"最大公约数和最小公倍数问题"程序运行结果（2）

本章小结

本章主要介绍了结构化程序设计方法中所应用的三种基本程序结构：顺序结构、选择结构以及循环结构。利用这三种基本程序结构几乎可以求解任何复杂的问题。合理地应用三种基本程序结构可以有效地提高所设计程序的可读性。

对于顺序结构来说，程序的执行是按照语句的书写顺序进行的。不管一个 C 程序有多复杂、包含的语句有多少，整个程序总体来看仍然是一种顺序结构。C 程序从 main() 函数的第一条语句开始执行，一直执行到 main() 函数的最后一条语句结束，因此 main() 函数的函数体整体就是一种顺序结构。

C 语言中实现选择结构的控制语句有两种，分别是 if 语句和 switch 语句。其中 if 语句又有 if、if else、if else if 三种使用形式。这三种使用形式分别对应单分支问题、双分支问题以及多分支问题的求解。另外 switch 语句也可以用来求解多分支选择问题。在使用选择结构的时候，某一分支被执行以后，就会跳出选择结构，往下执行。而在 switch 语句中，若要跳出选择结构，需要使用 break 语句实现。

循环结构的控制语句有三种：while 循环语句、do while 循环语句以及 for 语句。循环的特点是：当某一条件成立的时候就反复执行某部分语句。一般来说，while 循环语句和 do while 循环语句主要用来求解循环次数未知的循环问题，而 for 语句主要用来求解循环次数已知的循环问题。

不管是选择结构还是循环结构，都可以将它们嵌套使用，解决一些复杂的问题。可以在循环结构中嵌套循环结构，也可以在循环结果中嵌套选择结构，反之也一样。

C 语言还提供了两种专门用于结束循环的控制语句：break 语句、continue 语句。break 语句可以用在循环体中，用于结束并跳出循环，往下执行。而 continue 语句放在循环体中可以结束本次循环，进入下一次循环的执行。另外，break 语句也可以用在 switch 语句中，用于跳出 switch 语句。

在编写程序解决实际问题的时候，经常要用到三种基本程序结构，将三种基本程序结构按照解决问题的算法描述有机地组织在一起，就可以完成一个复杂的程序设计。

习　　题

程序设计题：

（1）输入一个学生的成绩，判断并输出该学生是否及格。

（2）输入 3 个分别表示箱子的长、宽、高的整数值，判断并输出该箱子是正方体还是长方体（提示：若长、宽、高相等，则为正方体）。

（3）将 1~100 之间能够被 3 整除的偶数输出。

（4）利用公式"$\dfrac{\pi}{4} = 1 - \dfrac{1}{3} + \dfrac{1}{5} - \dfrac{1}{7} + \cdots$"计算圆周率，直到最后一项的绝对值小于 10^{-5} 为止。

（5）任意输入 10 个数，分别计算并输出其中的正数之和与负数之积。

第 **4** 章

数组和字符串

—排序和查找功能的实现—

【内容简介】

在实际应用中，需要处理的数据复杂多样，简单的数据类型是无法进行确切描述的。为了能更简洁、更方便、更自然地描述复杂的数据，C 语言提供了用户自定义的数据类型，即构造数据类型（如数组类型、结构体类型、共用体类型等）。通过使用构造数据类型，C 语言解决现实世界中复杂数据对象的能力更强，为设计和解决实际问题提供了更有效的手段。本章主要介绍 C 语言一维数组的定义和初始化、二维数组的定义和初始化、字符数组的定义和初始化、数组元素的引用、常用字符串处理函数、查找功能的实现、排序功能的实现等内容。

【知识目标】

理解一维数组、二维数组的基本概念，掌握其使用方法；掌握数组的定义方法、数组元素的引用方法；掌握字符串的定义和使用方法，掌握利用数组编写较复杂程序的基本方法。

【能力目标】

具备应用数组和字符串编写较复杂程序的能力；培养利用数组和字符串实现典型数据查找和排序等功能的能力。

【素质目标】

培养全面考虑、认真分析的基本岗位素质；培养严谨的编程习惯；培养创新意识；培养灵活应用知识，解决实际问题的能力。

【先导案例】

在学生管理系统中，查询是最常用的功能。在一般情况下，查询就是根据特定的条件，在给定的一组数据中查找符合要求的内容。在 C 语言中，查找是通过数组实现的，通过指定姓名，查找该名学生的对应成绩。

针对查找功能的实现，具体要求如下。

（1）根据用户输入的姓名，查找对应学生信息，如果找到对应学生信息，则输出该学生的成绩，如图 4–1 所示；如未找到对应学生信息，则显示未找到相关信息的提示，如图 4–2 所示。

图 4 −1　找到对应学生信息的界面

图 4 −2　未找到对应学生信息的界面

4.1　一维数组

所谓数组是指具有相同数据类型的数据按顺序存储在一起组成的有序集合。在 C 语言中，数组属于构造数据类型。一个数组可以分解为多个数组元素，这些数组元素必须具有相同的数据类型，而且这些数据在内存中占据一段连续的存储单元。

如果用一个统一的名字来标识这组数据，那么这个名字就称为数组名，构成数组的每一个数据项就称为数组元素，用一个统一的数组名和下标来唯一地确定数组中的元素。

4.1.1　一维数组的定义和初始化

1. 一维数组的定义

所谓一维数组是指数组中每个元素只带有一个下标。

在 C 语言中使用数组必须先进行定义。

一维数组的定义格式如下：

存储类型　类型说明符　数组名［常量表达式］；

【格式说明】

（1）存储类型说明数组元素的存储属性，可以是静态型（static）、自动型（auto）及外部型（extern）。默认是自动型。

（2）类型说明符是任一种基本数据类型或构造数据类型。

（3）数组名是用户定义的数组标识符。

（4）方括号中的常量表达式表示数据元素的个数，也称为数组的长度。

例如，定义一个静态的、整型的有 3 个元素的一维数组的格式如下：

```
static int a[3];
```

其中 a 为数组名，3 是数组元素的个数，每个元素都是 int 型的数据。

以上一维数组 a［3］在内存中的存储结构如图 4 −3 所示。

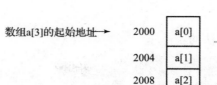

图 4－3　一维数组 a[3]在内存中的存储结构

下面是合法的数组定义：

```
int a[10];          说明定义了一个整型数组 a,有 10 个元素。
float b[10],c[20];  说明定义了一个实型数组 b,有 10 个元素;定义了一个实型数组 c,有 20 个元素。
char ch[20];        说明定义了一个字符数组 ch,有 20 个元素。
#define N 6
long n[N];          说明定义了一个长整型数组 n,有 6 个元素。
short m[8 * N];      说明定义了一个短整型数组 m,有 48 个元素。
```

【特别提示】

（1）数组名的书写规则和变量名的定义规则相同，应遵循标识符的命名规则。

（2）数组名不能与其他变量名相同。

例如：

```
main()
{
   int b;
   int b[8];
   …
}
```

是错误的。

（3）方括号中的常量表达式表示数组元素的个数，即数组长度。

例如 a[5]表示数组 a 有 5 个元素，但是其下标从 0 开始计算，因此 5 个元素分别为
a[0]、a[1]、a[2]、a[3]、a[4]。

（4）不能在方括号中用变量表示元素的个数，但是方括号中可以是符号常量或常量表达式。

例如：

```
#define MN 5
 main()
{
   int a[6 +4],b[9 +MN];
   …
}
```

是合法的。

但是下述说明方式是非法的：

```
main()
{
  int p = 5;
  int a[p];
  …
}
```

（5）允许在同一个类型说明中说明多个数组和多个变量。

例如：

```
int a,b,m1[5],m2[12];
```

2. 一维数组的初始化

C 语言在定义数组的同时对数组中的各个元素指定初值，这个过程就是数组的初始化。

数组的初始化赋值是指在数组定义时给数组元素赋初值。数组的初始化不占用运行时间，它是在编译阶段进行，这样将缩短运行时间，提高效率。

初始化赋值的一般形式为：

类型说明符 数组名[常量表达式] = {元素值列表}；

【说明】

"{}"中的元素值列表即各元素的初值，各值之间用逗号间隔。

例如：

```
int a[5] = { 1,2,3,4,5 };
```

相当于"a[0] = 1;a[1] = 2;a[2] = 3;a[3] = 4;a[4] = 5;"。

【特别提示】

C 语言对数组的初始化赋值还有以下几点规定。

（1）只能给元素逐个赋值，不能给数组整体赋值。

例如：

给 5 个元素全部赋 1 值，只能写为：

```
int a[5] = {1,1,1,1,1 };
```

而不能写为：

```
int a[5] = 1;
```

（2）可以只给部分元素赋初值。

当"{}"中值的个数少于元素个数时，只给前面部分的元素赋值。

例如：

```
int a[10] = {4,5,6,7,8};
```

表示只给 a[0] ～ a[4]中的 5 个元素赋值，而后 5 个元素系统自动赋 0 值。

（3）如给全部元素赋值，则在数组说明中可以不给出数组元素的个数。

例如：

```
int a[5] = {1,2,3,4,5};
```

可写为：

```
int a[] = {1,2,3,4,5};
```

这时数组的长度就是后面赋值元素的个数。

【应用案例4.1】进行数组的初始化，输出一维数组 a 和 b 的值。

【分析】

（1）在程序中定义两个数组 a 和 b，均有 8 个数组元素，并为它们赋初值。

（2）通过两个 for 循环分别输出数组 a 和 b 的元素值。

【程序代码】

```
/* ex4_1.C:输出一维数组 a 和 b 的值 */
  #include < stdio.h >
  void main()
  {
      int i,a[8] = {12,24,5,3,8,6,35,54};
      int b[8] = {2,4};
      printf("\n 输出数组 a:");
      for(i = 0;i < 8;i ++)
        printf("%4d",a[i]);
      printf("\n 输出数组 b:");
      for(i = 0;i < 8;i ++)
        printf("%4d\n",b[i]);
        printf("\n");
  }
```

【程序运行结果】

程序运行结果如图 4 - 4 所示。

输出数组a:　12 24   5   3   8   6 35 54
输出数组b:　 2   4   0   0   0   0   0   0
请按任意键继续. . .

图 4 - 4　应用案例 4.1 程序运行结果

数组必须先定义，后使用。C 语言中只能逐个引用数组元素，而不能引用整个数组。数组元素是组成数组的基本单元。

数组元素引用的一般格式如下：

数组名［下标］

【格式说明】

（1）下标只能为整型常量或整型表达式。

例如：

```
a[20],a[3 * 5]
```

都是合法的数组元素。

（2）数组元素通常也称为下标变量。

例如，输出有 10 个元素的数组必须使用循环语句逐个输出各下标变量：

```
for(k = 0; k < 10; k ++)
        printf("%4d",c[k]);
```

而不能用一个语句输出整个数组。

下面的写法是错误的：

```
printf("%d",c);
```

【应用案例 4.2】 从键盘上输入 5 个整数，保存到数组中，然后逆序输出这 5 个整数。

【分析】

本案例要实现一个数组的逆序输出，首先对一个数组进行定义后初始化并赋值，对于数组的初始化，可以用一个循环语句通过键盘给 a 数组各元素赋值，对于逆序输出，只要让数组从后往前输出即可实现，用第二个循环语句逆序输出各个元素值。

【程序代码】

```
/ * ex4_2.C:逆序输出 5 个整数 * /
#include < stdio.h >
void main()
{
    int i,a[5];
    printf("请输入数组 a:");
    for(i = 0;i <= 4;i ++)
    scanf("%d",&a[i]);
    printf("请输出数组 a:");
    for(i = 4;i >= 0;i --)
    printf("%4d,a[i]);
}
```

【程序运行结果】

程序运行结果如图 4 - 5 所示。

```
请输入数组a:12 23 34 45 56
请输出数组a:  56   45   34   23   12请按任意键继续. . .
```

图 4 - 5 应用案例 4.2 程序运行结果

4.2 二维数组

一维数组中的每个元素带有一个下标。若数组中的每个元素带有两个下标，这样的数组称为二维数组。若数组中的每个元素带有多个下标，这样的数组称为多维数组。数组的维数就是指数组元素的下标个数。

4.2.1 二维数组的定义和初始化

1. 二维数组的定义

二维数组可以看作多个相同类型的一维数组。本节只介绍二维数组，多维数组可由二维数组类推得到。

二维数组定义的一般格式如下：

存储类型 类型说明符 数组名[常量表达式 1][常量表达式 2]

【格式说明】

常量表达式 1 表示第一维下标的长度，常量表达式 2 表示第二维下标的长度。

例如：

```
int s[3][3];
```

以上代码定义了一个 3 行 3 列的整型数组，数组名为 s，其数组元素的类型为整型。该数组的元素共有 3 × 3 个，即

```
s[0][0],s[0][1],s[0][2]
s[1][0],s[1][1],s[1][2]
s[2][0],s[2][1],s[2][2]
```

【特别提示】

（1）二维数组相当于数学中的矩阵。

（2）常量表达式 1 代表矩阵的行数，常量表达式 2 代表矩阵的列数。

实际的硬件存储器是连续编址的，也就是说存储器单元是按一维线性排列的。在一维存储器中存放二维数组有两种方式：一种是按行排列，即放完一行之后顺次放入第二行；另一种是按列排列，即放完一列之后顺次放入第二列。在 C 语言中，二维数组是按行排列的。以上二维数组 S[3][3] 在内存中的存储结构如图 4 - 6 所示。

图4-6 二维数组 S[3][3]在内存中的存储结构

二维数组 s[3][3]可以看作有 3 个元素的一维数组，元素为 s[0]，s[1]，s[2]。而每个元素又可以看作是有 3 个元素的一维数组，如 s[0]中有 3 个元素，分别为 s[0][0]，s[0][1]，s[0][2]，依此类推。

先存放 s[0]行，再存放 s[1]行，最后存放 s[2]行。每行中的 3 个元素也是依次存放。由于数组 s[3][3]说明为 int 类型，该类型在 VC++2010 环境中占 4 个字节的内存空间，所以每个元素均占 4 个字节的内存空间。

2. 二维数组的初始化

【说明】

二维数组的初始化和一维数组的初始化类似，也是在进行类型说明时给各下标变量赋初值。二维数组可按行连续赋值，也可按行分段赋值。

【特别提示】

例如：对数组 s[3][5]赋值。

（1）按行连续赋值可写为：

```
int s[3][5] = {87,90,76,77,80,75,92,61,65,85,71,59,63,70,85};
```

（2）按行分段赋值可写为：

```
int s[3][5] = { {87,90,76,77,80},{75,92,61,65,85},{71,59,63,70,85} };
```

这两种赋初值的结果是完全相同的。

【应用案例 4.3】

分别用两种方式对数组初始化并打印输出。

【分析】

（1）在程序中定义两个二维数组 a 和 b，均为 3 行 5 列共有 15 个数组元素，并为它们赋初值。

（2）对数组 a 按行连续地为数组元素赋初值，对数组 b 按行分段地为数组元素赋初值。

（3）第一个 "printf（"输出数组 a:\n"）;" 语句提示输出数组 a，是通过双重的 for 循环依次输出数组 a 的数组元素的值。

（4）第二个"printf（"输出数组 b：\n"）；"语句提示输出数组 b，是通过双重的 for 循环依次输出数组 b 的数组元素的值。

【程序代码】

```
/*ex4_3.C:输出二维数组 a 和 b 的值*/
#include<stdio.h>
void main()
{
    int i,j;
    int a[3][5] = {87,90,76,77,80,75,92,61,65,85,71,59,63,70,85};
    int b[3][5] = { {87,90,76,77,80},{75,92,61,65,85},{71,59,63,70,85} };
    printf("输出数组 a:\n");
    for(i=0;i<3;i++)
        for(j=0;j<5;j++)
            printf("%4d",a[i][j]);
    printf("\n输出数组 b:\n");
    for(i=0;i<3;i++)
        for(j=0;j<5;j++)
            printf("%4d",b[i][j]);
}
```

【程序运行结果】

程序运行结果如图 4-7 所示。

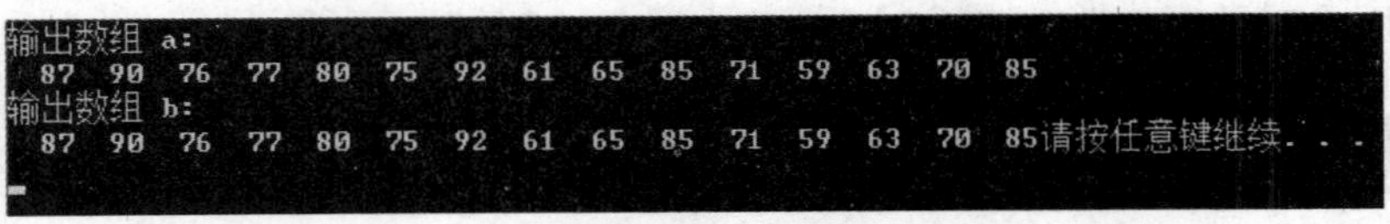

```
输出数组 a:
 87  90  76  77  80  75  92  61  65  85  71  59  63  70  85
输出数组 b:
 87  90  76  77  80  75  92  61  65  85  71  59  63  70  85请按任意键继续...
```

图 4-7　应用案例 4.3 程序运行结果

【特别提示】

对于二维数组的初始化赋值还有以下说明。

（1）可以只对部分元素赋初值，未赋初值的元素自动取 0 值。

例如：

```
int a[3][5] = {{1},{2},{3}};
```

是对每一行的第一列元素赋初值，未赋初值的元素取 0 值。

赋初值后各数组元素的值为：

1 0 0 0 0

2 0 0 0 0

3 0 0 0 0

例如：

```
int b[3][5]={{0,1},{0,0,2},{3}};
```

赋初值后各数组元素的值为：

0 1 0 0 0

0 0 2 0 0

3 0 0 0 0

（2）如对全部元素赋初值，则第一维的长度可以不给出，但必须指定第二维的长度。

例如：

```
int a[3][5]={1,2,3,4,5,6,7,8,9,10,11,12,13,14,15};
```

可以写为：

```
int a[ ][5]={1,2,3,4,5,6,7,8,9,10,11,12,13,14,15};
```

系统会根据数据总数分配存储空间，这里一共 15 个数据，每行是 5 列，就可确定为 3 行。

（3）二维数组可以看作由一维数组嵌套所构成。首先把二维数组看成一个一维数组，而每个一维数组中的元素又是由一个一维数组组成的。当然，前提是各元素类型必须相同。根据这样的分析，一个二维数组也可以分解为多个一维数组。C 语言允许这样分解。

例如，二维数组 s[3][5]可分解为 3 个一维数组，其数组名分别为 s[0],s[1],s[2]。对这 3 个一维数组不需要另作说明即可使用。这 3 个一维数组都有 5 个元素，例如：

一维数组 s[0]的元素为 s[0][0], s[0][1], s[0][2], s[0][3], s[0][4]。

一维数组 s[1]的元素为 s[1][0], s[1][1], s[1][2], s[1][3], s[1][4]。

一维数组 s[2]的元素为 s[2][0], s[2][1], s[2][2], s[2][3], s[2][4]。

4.2.2 二维数组元素的引用

二维数组元素的引用格式如下：

数组名[下标 1][下标 2]

【格式说明】

（1）下标应为整型常量或整型表达式，必须有确定的值。

（2）下标从 0 开始变化，其值分别小于数组定义中的常量表达式 1 和常量表达式 2。

例如：a[3][5]表示数组 a 第 3 行第 5 列的元素。

（3）需要注意的是，下标值应在已定义的数组大小的范围内，否则就越界了。

例如：

```
int array[4][5];
…
array[4][5]=3;
```

这是错误的。这里定义了 4 行 5 列的整型数组，而数组的下标是从 0 开始的，也就是说该数组中能取到行和列的最大下标值的元素是 array［3］［4］，而不是 array［4］［5］，当然就不能为它赋值了。

4.3　字符数组和字符串

4.3.1　字符数组的定义和初始化

1. 字符数组的定义

所谓字符数组就是用于存放字符数据的数组，其中一个数组元素存放一个字符。

【说明】

（1）字符数组的定义与前面介绍的数组的定义类似，只是类型说明符用 char。

例如：

```
char  str[8];
```

定义 str 为字符数组，它包含 8 个元素，即 str［0］，str［1］，str［2］，str［3］，str［4］，str［5］，str［6］，str［7］。

（2）字符数组也可以是二维或多维数组。

例如：

```
char  str[4][5];
```

即定义了一个二维字符数组。

2. 字符数组的初始化

字符数组也允许在定义时进行初始化赋值。

例如：

```
char str[15] = {'H','e','l','l','o','!','W','o','r','l','d','!'};
```

赋值后各元素的值如下。

str［0］的值为'H'，str［1］的值为'e'，str［2］的值为'l'，str［3］的值为'l'，str［4］的值为'o'，str［5］的值为'!'，str［6］的值为'W'，str［7］的值为'o'，str［8］的值为'r'，str［9］的值为'l'，str［10］的值为'd'，str［11］的值为'!'。

其中 str［12］，str［13］，str［14］未赋值，系统自动赋予空字符（'\0'）。

当对全体元素赋初值时也可以省去长度说明。

例如：

```
char str[ ] = {'H','e','l','l','o','!','W','o','r','l','d','!'};
```

这时 str 数组的长度自动定为 12。

【说明】

如果"{}"中字符的个数大于数组的长度，则作为语法错误处理。如果初值的个数小于数组的长度，则将这些字符赋给数组中前面的元素，其余的元素系统自动赋予空字符（'\0'）。

上面的数组 str[15] 在内存中的存储结构如图 4-8 所示。

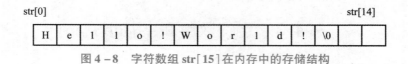

图 4-8　字符数组 str[15] 在内存中的存储结构

4.3.2　字符数组元素的引用

根据字符数组的下标引用字符数组中的元素，得到一个字符。

【应用案例 4.4】

输出一行字符串。

【分析】

（1）在程序中定义一个字符数组，有 15 个数组元素，并依次赋初值。

（2）通过一个 for 循环输出这个字符数组中存放的字符串。

【程序代码】

```
/*ex4_4.C:输出一行字符串*/
#include<stdio.h>
void main()
{
    int i;
    char str[15]={'H','e','l','l','o','!','W','o','r','l','d','!'};
    for(i=0;i<15;i++)
      printf("%c",str[i]);
    printf("\n");
}
```

【程序运行结果】

程序运行结果如图 4-9 所示。

```
Hello!World!
请按任意键继续. . . _
```

图 4-9　应用案例 4.4 程序运行结果

4.3.3　字符数组的输入和输出

在 C 语言中没有专门的字符串变量，通常用一个字符数组存放一个字符串。当把一个字符串存入一个字符数组时，也把字符串的结束符 '\0' 存入字符数组，并以此作为该字符串结束的标志。有了结束符 '\0'，就不必再用字符数组的长度来判断字符串的长度。

【说明】

C 语言允许用字符串的方式对字符数组进行初始化赋值。

例如：

```
char str[15] = {'H','e','l','l','o','!','W','o','r','l','d','!'};
```

可写为：

```
char str[] = {"Hello! World!"};
```

或去掉"{}"写为：

```
char str[] = "Hello! World!";
```

用字符串方式赋值比用字符逐个赋值要多占一个字节，用于存放字符串结束标志'\0'。上面的字符数组 str[15] 在内存中的存储结构如图 4 – 10 所示。

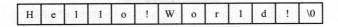

| H | e | l | l | o | ! | | W | o | r | l | d | ! | \0 |

图 4 – 10　字符数组 str[15] 在内存中的存储结构

【特别提示】

字符数组的输入/输出有两种方法。

（1）用格式符"% c"逐个输入/输出字符，如应用案例 4.4。

（2）在采用字符串方式后，字符数组的输入/输出变得简单方便。可用格式符"% s"将整个字符串一次性地输入/输出。

【应用案例 4.5】

改进应用案例 4.4，一次性地输出一个字符串。

【分析】

（1）在程序中定义一个字符数组，有 15 个数组元素，并依次赋初值。

（2）通过一个 for 循环输出这个字符数组中存放的字符串。

【程序代码】

```
/* ex4_5.C:一次性输出一行字符串 */
#include <stdio.h>
void main()
{
    char str[15];
    printf("请输入字符串:\n");
    scanf("%s",str);
    printf("请输出字符串:\n");
    printf("%s\n",str);
}
```

【程序运行结果】

程序运行结果如图 4 – 11 所示。

图 4 – 11　应用案例 4.5
程序运行结果

【结果剖析】

（1）本案例中由于定义字符数组长度为 15，因此输入的字符串长度必须小于 15，以留出一个字节存放字符串结束标志'\0'。应该说明的是，对一个字符数组，如果不作初始化赋值，则必须说明字符数组长度。

（2）当用 scanf( ) 函数输入字符串时，字符串中不能含有空格，否则将以空格作为字符串结束标志。

例如：当输入的字符串中含有空格时，程序运行结果如图 4 – 12 所示。

图 4 – 12　输入的字符串中含有空格时的程序运行结果

从输出结果可以看出空格以后的字符都未能输出。为了避免这种情况，可多设几个字符数组分段存放含空格的字符串。

【应用案例 4.6】

对应用案例 4.5 程序进行改进。

【程序代码】

```c
#include < stdio.h >
void main()
{
    char st1[6],st2[6],st3[6],st4[6];
    printf("请输入字符串:\n");
    scanf("%s%s%s%s",st1,st2,st3,st4);
    printf("请输出字符串:\n");
    printf("%s %s %s %s\n",st1,st2,st3,st4);
}
```

【程序运行结果】

程序运行结果如图 4 – 13 所示。

图 4 – 13　应用案例 4.6
程序运行结果

【结果剖析】

（1）本程序分别定义了 4 个数组，输入的一行字符的空格分段分别装入 4 个数组。

（2）分别输出这 4 个数组中的字符串。

在前面介绍过，scanf( ) 函数的各输入项必须以地址方式出现，如 &a，&b 等，但在前例中却是以数组名的方式出现的，这是为什么呢？

这是由于在 C 语言中规定，数组名就代表该数组的首地址，所以前面不用再加 "&" 符号。整个数组是以首地址开头的一块连续的内存单元。

需要注意：

（1）字符串的结束符'\0'是用于判断字符串是否结束的，输出字符时不包括'\0'。

（2）当数组长度大于字符串实际长度时，也只输出到'\0'结束。

（3）如果一个字符数组包含一个以上的'\0'，也是遇到第一个'\0'时就结束输出。

（4）不能直接将字符串赋给字符数组名字，如 "s = "Hello! World!""。

（5）用 "%s" 格式符输出字符串时，printf( )函数中的输出项是字符数组名字，而不是数组元素名。下面的写法是不对的：

printf("%s",s[0]);

4.3.4 常用字符串处理函数

C 语言的库函数提供了丰富的字符串处理函数，使用这些函数可大大减轻编程的负担。字符串处理函数的功能大致可分为字符串的输入、输出、合并、修改、比较、复制、转换等。用于输入/输出的字符串处理函数，在使用前应包含头文件 "stdio. h"，使用其他字符串处理函数则应包含头文件 "string. h"。

下面介绍几个常用的字符串处理函数。

1. 字符串输入函数 gets( )

格式：gets(字符数组名)

功能：从标准输入设备键盘上输入一个字符串。

本函数得到一个函数值，即该字符数组的首地址。

【应用案例 4.7】

用字符串输入函数 gets( )输入一个字符串并输出。

【程序代码】

```
/* ex4_7.C：用字符串输入函数 gets()输入一个字符串并输出 */
#include < stdio.h >
#include < string.h >
void main ()
{
    char str [15];
    printf (" 请输入字符串: \n");
    gets (str);
    printf (" 请输出字符串: \n");
    puts (str);
}
```

【程序运行结果】

程序运行结果如图 4 – 14 所示。

请输入字符串:
Hello!World!
请输出字符串:
Hello!World!
请按任意键继续. . .

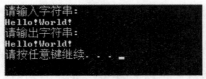

图 4 – 14　应用案例 4. 7 程序运行结果

【结果剖析】

可以看出当输入的字符串中含有空格时，输出仍为全部字符串。这说明 gets( ) 函数并不以空格作为字符串结束标志，而只以回车作为输入结束标志。这是与 scanf( ) 函数不同的。

2. 字符串输出函数 puts( )

格式：puts(字符数组名)

功能：把字符数组中的字符串（以'\0'结束的）输出到显示器。

【应用案例 4. 8】

用字符串输出函数 puts( ) 输出一个字符串。

【程序代码】

```
/* ex4_8.C: 用字符串输出函数 puts()输出一个字符串 * /
#include <stdio.h>
#include <string.h>
void main()
{
    char str[] = "Hello! \nWorld!";
    printf("请输出字符串:\n");
    puts(str);
}
```

【程序运行结果】

程序运行结果如图 4 – 15 所示。

请输出字符串:
Hello!
World!
请按任意键继续. . .

图 4 – 15　应用案例 4. 8 程序运行结果

【结果剖析】

从程序中可以看出 puts( ) 函数中可以使用转义字符，因此输出结果成为两行。puts( ) 函数完全可以由 printf( ) 函数取代。当需要按一定格式输出时，通常使用 printf( ) 函数。

3. 字符串拷贝函数 strcpy( )

格式：strcpy（字符数组名 1，字符数组名 2）

功能：把字符数组 2 中的字符串拷贝到字符数组 1 中。字符串结束标志 '\0' 也一同拷贝。字符数组 2 也可以是一个字符串常量。这相当于把一个字符串赋给一个字符数组。

【应用案例 4.9】

用字符串拷贝函数 strcpy( ) 拷贝并输出一个字符串。

【程序代码】

```
/* ex4_9.C：用字符串拷贝函数 strcpy( ) 拷贝并输出一个字符串 */
#include < stdio.h >
#include < string.h >
void main ()
{
    char str1 [15], str2 [] = " Hello! C!";
    strcpy (str1, str2);
    printf (" 请输出字符串：\n");
    puts (str1);
    printf (" \n");
}
```

【程序运行结果】

程序运行结果如图 4 – 16 所示。

图 4 – 16 应用案例 4.9 程序运行结果

【结果剖析】

本函数要求字符数组 1 的长度要定义得足够大，至少要大于等于字符数组 2 的长度，否则不能容纳所拷贝的字符串。拷贝时连同字符串后面的 '\0' 也一起拷贝到字符数组 1 中。不能用赋值语句将一个字符数组或者一个字符串常量直接赋给一个字符数组，而只能用字符串拷贝函数 strcpy( ) 来处理。

例如："str1 = str2；" 就是不合法的。

4. 字符串连接函数 strcat( )

格式：strcat(字符数组名 1，字符数组名 2)

功能：把字符数组 2 中的字符串连接到字符数组 1 中字符串的后面，并删去字符数组 1 中字符串后的字符串结束标志 '\0'。该函数的返回值是字符数组 1 的首地址。

【应用案例 4.10】

用字符串连接函数 strcat( ) 连接并输出一个字符串。

【程序代码】

```
/* ex4_10.C：用字符串连接函数 strcat()连接并输出一个字符串 */
#include < stdio.h >
#include < string.h >
void main ()
{
    static char str1 [30] = " My English name is ";
    int str2 [10];
    printf (" 请输入你的英文名字：\n");
    gets (str2);
    strcat (str1, str2);
    printf (" 输出字符串：\n");
    puts (str1);
}
```

【程序运行结果】

程序运行结果如图 4 - 17 所示。

图 4 - 17　应用案例 4.10 程序运行结果

【结果剖析】

本程序把 str1 和 str2 连接起来。要注意的是，字符数组 1 应定义得足够长，至少要大于等于两个字符数组的长度和，否则不能全部装入被连接的字符串。

5. 字符串比较函数 strcmp( )

格式：strcmp(字符数组名 1，字符数组名 2)

功能：按照 ASCII 码的顺序比较两个字符数组中的字符串，并由函数返回值返回比较结果。

字符串 1 = 字符串 2，返回值为 0；

字符串 1 > 字符串 2，返回值为一个正整数；

字符串 1 < 字符串 2，返回值位一个负整数。

该函数也可用于比较两个字符串常量，或比较字符数组和字符串常量。

【应用案例 4. 11】

用字符串比较函数 strcmp( )比较两个字符串并输出比较结果。

【程序代码】

```
/* ex4_11.C：用字符串比较函数 strcmp()比较两个字符串并输出比较结果 */
#include < stdio.h >
```

```
#include < string.h >
void main()
{
    int k;
    static char str1[] = "Hello" ,str2[15];
    printf("请输入字符串2:\n");
    gets(str2);
    k = strcmp(str1,str2);
    if(k == 0) printf("str1 = str2 \n");
    if(k > 0) printf("str1 > str2 \n");
    if(k < 0) printf("str1 < str2 \n");
}
```

【程序运行结果】

程序运行结果如图 4 - 18 所示。

图 4 - 18　应用案例 4.11 程序运行结果

【结果剖析】

本程序把输入的字符串和字符数组 str1 中的字符串比较，比较结果返回到 k 中，根据 k 值输出结果提示串。程序运行时，当输入为 "How are you?" 时，由 ASCII 码可知 "Hello" 小于 "How are you?"，故 k < 0，输出结果 "str1 < str2"。

6. 求字符串长度函数 strlen( )

格式：strlen(字符数组名)

功能：返回字符串的实际长度（不含字符串结束标志 '\0'）。

【应用案例 4.12】

用字符串长度函数 strlen( )求字符串的实际长度。

【程序代码】

```
/* ex4_12.C:用字符串长度函数 strlen()求字符串的实际长度 */
#include < stdio.h >
#include < string.h >
void main ()
{
    int k;
    static char str [] = " Hello! World!";
    k = strlen (str);
    printf (" 字符串的实际长度是:%d \n", k);
}
```

【程序运行结果】

程序运行结果如图 4 – 19 所示。

```
字符串的实际长度是：  13
请按任意键继续. . .
```

图 4 – 19　应用案例 4.12 程序运行结果

【结果剖析】

一共 12 个字符，但是还有 1 个空格也算字符串的长度，不要漏掉，所以这个字符串的长度是 13。

4.4　先导案例的设计与实现

4.4.1　问题分析

1. 界面分析

先导案例的界面比较简单，为了方便操作和显示清晰，需要进行必要的提示，提示用户输入和显示结果。

2. 功能分析

根据先导案例的要求，用户输入信息后，需要针对输入的学生姓名进行查找，找到则显示成绩信息，否则显示未找到信息。

3. 数据分析

先导案例涉及的数据主要有两类，一类是学生的姓名数据，一类是学生的成绩数据。另外，还要提供找到的符合条件的数据的具体位置。

4.4.2　设计思路

1. 界面设计

数据查询界面的主要功能是提供醒目的操作提示，并根据查找的结果显示相应的内容。在控制台模式下，查找结果要距离屏幕左端保持一定距离，前端要留有一定空格，如果直接输出空格较为冗长，使用 "\t" 控制符来控制比较合理。

2. 查询功能设计

由于还没有介绍结构体和文件等内容，先导案例的查找功能采用几个数组来实现，一个字符串数组用于存储学生姓名，三个浮点数据存储学生的三科成绩（C 语言、网络原理、外语），设置变量 i，表示找到数据的位置，设置变量 flag，表示是否找到相关数据。

4.4.3　程序实现

（1）程序实现的关键是字符串比较，使用字符串比较函数 strcmp( ) 可以实现这个功能，要使用 strcmp( ) 函数，需要在程序的开头包含 "string. h" 库。

（2）程序实现的基本原理是循环遍历姓名字符串数组，找到对应学生姓名，则 flag 标志变量置 1，退出循环，否则，一直到循环结束。如果循环结束，flag 变量的数据依旧为 0，则表示未找到符合条件的数据。

（3）为了使用户清楚地看到操作结果，暂停操作可以使用 system（"pause"）函数来实现，要使用这个函数，需要在程序的开头包含 "stdlib.h" 库。

【程序代码】

```
#include < stdio.h >
#include < stdlib.h >
#include < string.h >
void main()
{
    char st_name[][10] = {"张蒙恬","李思思","王国庆","欧阳兰","赵晓丽","佟瑞鑫"};
    double C_cj[] = {67,65,88,79,68,66};            //C 语言成绩
    double WL_cj[] = {76,87,98,90,86,77};           //网络原理成绩
    double WY_cj[] = {85,88,92,95,78,88};           //外语成绩
    char sname[10];
    int i = 0;
    int flag = 0;
    printf("请输入学生姓名:\n");
    scanf("%s",sname);
    while(i < 6 && flag == 0)
    {
        if(strcmp(st_name[i],sname) == 0)
            flag = 1;
        else
            i ++;
    }
    if(flag == 1)
    {
        printf("%s 同学的成绩信息如下:\n",sname);
        printf("\t\tC 语言 \t\t 网络原理 \t\t 外语 \n");
        printf("\t\t%4.1f\t\t%4.1f\t\t\t%4.1f\n",C_cj[i],WL_cj[i],WY_cj[i]);
    }
    else
        printf("未找到%s 同学的成绩信息 \n",sname);
    system("pause");
}
```

4.5　排序的两种方法

排序是指将一组无序的数据按照一定的规律（如升序或者降序）重新排列。常用的两

种排序的基本方法是：冒泡排序法和选择排序法。

4.5.1 冒泡排序法

1. 实训题目

实现对 N 个数据的排序。

2. 实训目的

理解一维数组、二维数组的定义和使用方法以及双重循环的使用方法。

3. 实训内容

冒泡排序法的基本思想是"大数沉底，小数上升"，就好像水中的气泡一样。用冒泡排序法对 8 个整数从小到大排序，假设将 8 个整数用一维数组 a[8] 存放，其排序过程如下。

（1）两个相邻的数 a[0] 和 a[1] 进行比较，若 a[0] > a[1]，则 a[0] 和 a[1] 进行交换；然后比较 a[1] 和 a[2]，若 a[1] > a[2]，则 a[1] 和 a[2] 进行交换；依此类推，直至最后两个数比较完为止。经过第一趟冒泡排序，完成 N−1 次比较，使最大的数被安置在最后一个元素的位置上，还有 N−1 个数没有排序。

（2）对 N−1 个数进行第二趟冒泡排序，结果 N−1 个数中最大的数也就是 N 个数中次大的数排在倒数第二的位置上，此时完成 N−2 次比较。

（3）重复上述过程，共经过 N−1 趟冒泡排序，而第 i 趟冒泡排序经过 N−i 次比较，排序结束。

假设有 8 个整数 56，38，97，25，12，45，66，9，对它们进行冒泡排序，如图 4−20 所示。

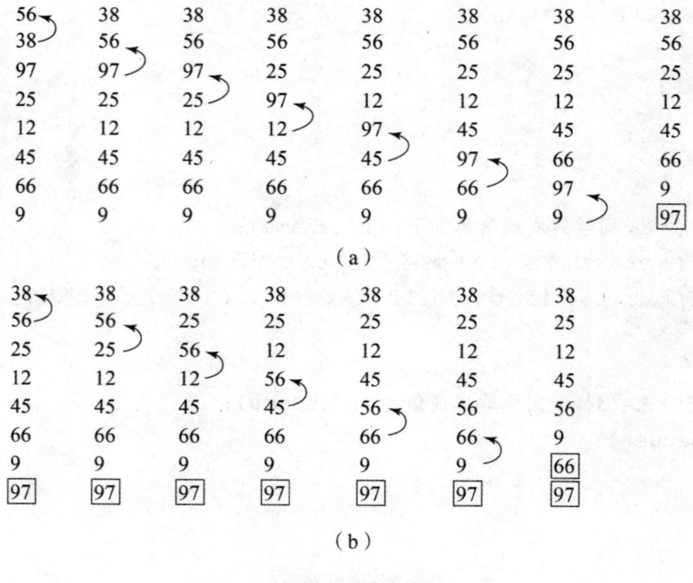

（a）

（b）

图 4−20　冒泡排序法

（a）第一趟冒泡排序，完成 7 次比较；（b）第二趟冒泡排序，完成 6 次比较

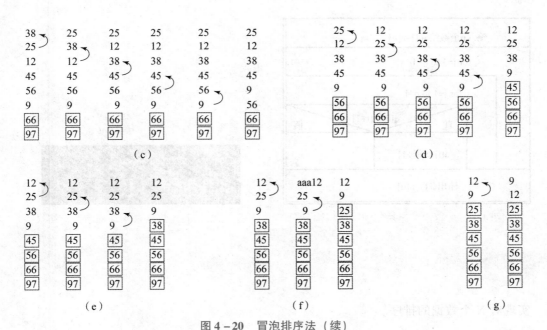

图 4 - 20 冒泡排序法（续）

（c）第三趟冒泡排序，完成 5 次比较；（d）第四趟冒泡排序，完成 4 次比较；（e）第五趟冒泡排序，完成 3 次比较；
（f）第六趟冒泡排序，完成 2 次比较；（g）第七趟冒泡排序，完成 1 次比较

程序代码如下（程序结构如图 4 - 21 所示）：

```c
#include <stdio.h>
#define N  8
void main()
{
    int a[N+1],i,j,t;
  printf("请输入 8 个数:\n");
    for(i=1;i<N+1;i++)
       scanf("%d",&a[i]);
    for(j=1;j<=N-1;j++)
       for(i=1;i<=N-j;i++)
          if(a[i]>a[i+1])
{t=a[i]; a[i]=a[i+1];a[i+1]=t;}
printf("排序后的数字是:\n");
    for(i=1;i<N+1;i++)
    printf("%d ",a[i]);
    printf("\n");

}
```

程序运行结果如图 4 - 22 所示。

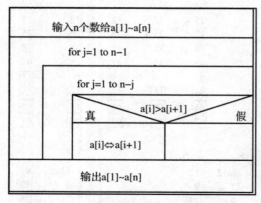

图 4-21　冒泡排序法实训程序结构

图 4-22　冒泡排序法实训程序运行结果

4.5.2　选择排序法

1. 实训题目

实现对 N 个数据的排序。

2. 实训目的

理解一维数组、二维数组的定义和使用方法以及双重循环的使用方法。

3. 实训内容

选择排序法的基本思想是"小数先浮"。

排序过程如下。

（1）第一趟选择排序，首先通过 N−1 次比较，从 n 个数中找出最小的，将它与第一个数交换，结果最小的数上浮，被安置在第一个元素位置上。

（2）通过 N−2 次比较，从剩余的 N−1 个数中找出次小的，将它与第二个数交换，此时完成第二趟选择排序。

（3）重复上述过程，共经过 N−1 趟选择排序后结束。

程序代码如下（程序结果如图 4-23 所示）：

```c
#include <stdio.h>
#define N 8
main()
{
    int a[N+1],i,j,k,x;
    printf("请输入 8 个数:\n");
    for(i=1;i<N+1;i++)
        scanf("%d",&a[i]);
    for(i=1;i<=N-1;i++)
    {   k=i;
        for(j=i+1;j<=N;j++)
            if(a[j]<a[k])   k=j;
```

```
    if(i! =k)
    {x =a[i];a[i] =a[k];a[k] =x;}
  }
  printf("排序后的数字是:\n");
  for(i =1;i <N+1;i ++)
  printf("%d ",a[i]);
  printf(" \n");
}
```

程序运行结果如图 4 – 24 所示。

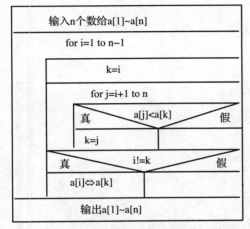

图 4 – 23 选择排序法实训程序结构

图 4 – 24 选择排序法实训程序运行结果

4.6 综合应用案例

4.6.1 求 M 位学生 N 门课程的平均成绩问题

1. 案例描述

已知有 3 位学生，每位学生选有 5 门课程，编写程序求每位学生的平均成绩。学生成绩信息见表 4 – 1。

表 4 – 1

课程\姓名	数学	英语	语文	物理	C 语言
张三	99	80	92	71	88
李四	77	66	87	90	85
王五	85	91	88	76	100

2. 案例分析

1）功能分析

根据案例描述，程序实现的功能是分别求 3 位学生的平均成绩。

2）数据分析

本程序需要一个存储值的二维数组，用于存储三位学生的 5 科成绩，还有两个循环变量和一个存放 3 位学生的平均成绩的一维数组。

3. 设计思想

（1）定义变量和数组。两个整型变量为 i 和 j，一个二维数组 score[3][5] 存放 3 位学生的 5 科成绩，一个一维数组 average[M] 存放学生的平均成绩。

（2）定义符号常量。M 为 3，N 为 5。

（3）将每位学生的平均成绩存放到 average[3] 中。

（4）输出每位学生的平均成绩。

4. 程序实现

```c
#include <stdio.h>
#define M  3
#define N  5
void main()
{
    int  i,j,a[M][N],average[M];
    printf("请输入%d位学生的%d门课成绩：\n",M,N);
    for(i=0;i<M;i++)
        for(j=0;j<N;j++)
            scanf("%d",&a[i][j]);
    for(i=0;i<M;i++)
        average[i]=0;
    for(i=0;i<M;i++)
        for(j=0;j<N;j++)
            average[i]+=a[i][j];
        for(i=0;i<M;i++)
            average[i]=average[i]/N;
        for(i=0;i<M;i++)
    printf("%d位同学的平均成绩是:%d\n",i+1,average[i]);
}
```

5. 程序运行

程序运行结果如图 4-25 所示。

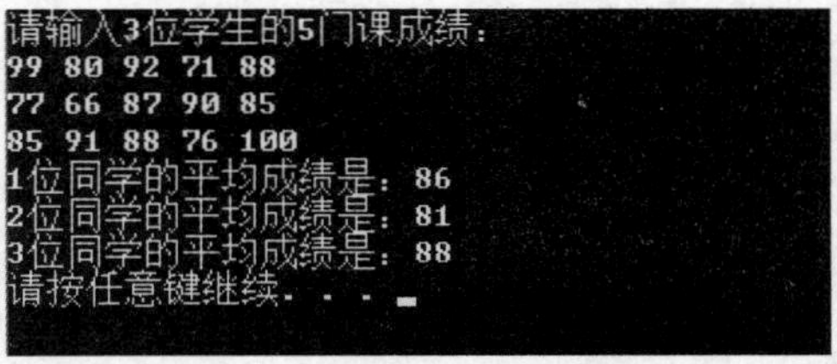

图 4 – 25 "求 M 位学生 N 门课程的平均成绩问题" 程序运行结果

4.6.2 按字母顺序排列输出问题

1. 案例描述

输入 3 个国家的名称并按字母顺序排列输出。

2. 案例分析

1) 功能分析

根据案例描述，本程序实现的功能是将 3 个字符串按字母顺序排列并输出。

2) 数据分析

本程序需要一个二维字符数组来存储 3 个国家名称。C 语言规定可以把一个二维数组看成多个一维数组处理，因此本案例又可以按三个一维数组处理，而每个一维数组存放一个国家名称字符串。用字符串比较函数比较各一维数组的大小并排序，输出结果即可。

3. 设计思想

(1) 定义数组和变量。定义两个循环变量为 i，j，一个中间变量 p，一个一维数组 a[20] 和一个二维数组 b[3][20]。

(2) 输入 3 个字符串。通过循环输入 3 个字符串 gets(b[i])。

(3) 把字符串存放到数组 a 中比较大小。

(4) 按 ASCII 码从小到大输出字符串。

4. 程序实现

```c
#include < stdio.h >
#include < string.h >
void main()
{
    char a[20],b[3][20];
    int i,j,p;
    printf("请输入三个国家的名字:\n");
    for(i =0;i <3;i ++)
      gets(b[i]);
    printf(" \n");
    for(i =0;i <3;i ++)
    {
```

```
    p = i;
    strcpy(a,b[i]);
    for(j = i + 1;j < 3;j ++)
      if(strcmp(b[j],a) < 0)
      {
        p = j;
        strcpy(a,b[j]);
      }
    if(p! = i)
    {
      strcpy(a,b[i]);
      strcpy(b[i],b[p]);
      strcpy(b[p],a);
    }
  puts(b[i]);
  }
  printf("\n");
}
```

5. 程序运行

程序运行结果如图 4 - 26 所示。

图 4 - 26 "按字母顺序排列输出问题"程序运行结果

本章小结

数组是程序设计中最常用的数据结构。在实际应用中,需要处理的数据是复杂多样的。为了能更简洁、更方便、更自然地描述这些复杂的数据,C 语言提供了数组这种构造的数据类型,为设计和解决实际问题提供了更有效的手段。本章主要介绍 C 语言中一维数组的定义和初始化、二维数组的定义和初始化、字符数组的定义和初始化、数组元素的引用、常用字符串处理函数等内容。

下面对本章介绍的知识进行总结,以便更好地掌握本章内容。

(1) 数组可分为数值数组(整数数组、实数数组)、字符数组以及后面将要介绍的结构数组、指针数组等。

（2）数组类型说明由类型说明符、数组名、数组长度（数组元素个数）三部分组成。数组类型是指数组元素取值的类型。

（3）数组可以是一维的、二维的或者多维的。

（4）数组占用内存空间的大小（分配连续内存字节数）= 数组元素的个数 * sizeof（元素数据类型）。

（5）对数组的赋值可以用三种方法实现，即数组初始化赋值、输入函数动态赋值和赋值语句赋值。对数值数组不能用赋值语句整体赋值、输入或输出，而必须用循环语句逐个对数组元素进行操作。

习　　题

程序设计题：

（1）用冒泡排序法将 20 个整数从大到小排序。

（2）求二维数组中的最大值、最小值及其行列号。

（3）编写程序，求一个矩阵中的马鞍点。例如下面矩阵中第 1 行第 2 列中的 30，是它所在的行中最小的数，同时又是它所在的列中最大的数，这样的数就是马鞍点。

$$\begin{pmatrix} 32 & 30 & 49 & 56 \\ 15 & 7 & 31 & 9 \\ 2 & 8 & 24 & 17 \\ 37 & 19 & 98 & 35 \end{pmatrix}$$

（4）编写程序，实现从键盘中输入一个字符串，然后逆序输出的功能。例如：输入字符串 "abcd"，输出应为 "dcba"。

（5）从键盘输入 3 个字符串，找出最大的那个字符串并把它输出。

（6）编写程序，求某班 20 位学生三门课（英语、数学、语文）的总成绩，并将总成绩从大到小排序。

第5章

函数和编译预处理

—系统模块化的实现—

【内容简介】

语句是构成程序的基本单位。当用程序语句编写的程序越来越大、越来越复杂的时候,为了使程序更简洁、可读性更好、更便于复用以及更便于维护,有必要把程序分成若干个模块,每个模块完成一项任务。在 C 语言中,这些模块就是一个个函数。函数也是组成 C 语言程序的重要元素。

函数提供了代码重用的机制,这也是模块化程序设计的基础。一个 C 程序至少包括一个主函数。前几章已经介绍了主函数的设计方法,本章介绍如何调用 C 语言提供的库函数、如何自定义以及调用和声明这些函数,为进行复杂程序设计奠定基础。

【知识目标】

了解函数在 C 语言中的作用,学会利用 C 语言标准库函数,掌握 C 语言函数的定义方法,掌握函数的声明和调用方法,掌握数组作为函数参数的方法,掌握全局变量和局部变量的定义和使用方法,掌握文件包含处理与宏处理方法,理解模块化程序设计的思想,应用函数解决实际问题。

【能力目标】

具备模块化程序设计的基本能力;培养应用函数解决实际问题的能力;培养应用编译预处理解决问题的能力。

【素质目标】

培养严谨的逻辑思维习惯;培养对复杂问题进行简单化处理的业务素质。

【先导案例】

学生管理系统包括系统登录、对学生信息的添加、查询、修改、删除、统计、打印、初始化等几个一级功能模块,每个一级功能模块包括两个对应的二级功能模块,分别实现按不同方式对学生信息进行添加、查询、修改、删除、统计、打印等功能。每个一级模块及其下的二级模块都是由不同的函数实现的。通过本章内容的学习,我们要模块化设计和实现学生管理系统的用户界面,利用函数求学生的平均成绩。

进入学生管理系统之前要先经过身份验证,用户名(superuser)和密码(123456)全部输入正确后才可以进入主菜单,如果输入三次都不正确则强制退出,这一模块功能是由用户登录函数实现的，如图 5 – 1 所示。

图 5 – 1　用户登录界面

身份验证成功进入系统后，显示系统主菜单，如图 5 – 2 所示。输入每个菜单项前的数字（1 ~ 7）进入相应的一级功能模块，每个一级功能模块分别由一个函数实现。

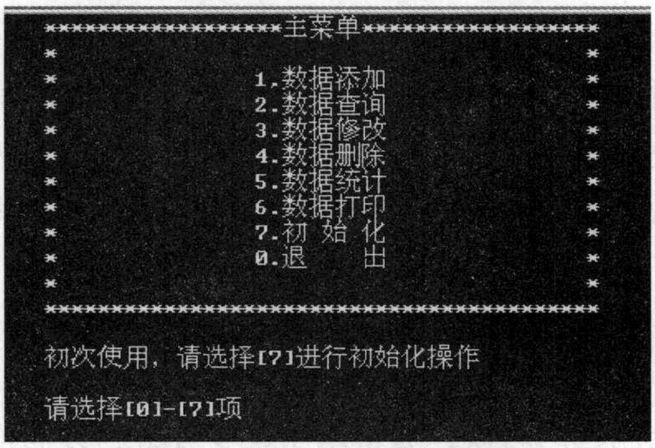

图 5 – 2　系统主菜单界面

当选择数字"1"进入数据添加功能模块后，显示其对应的二级子菜单，如图 5 – 3 所示，包括学生信息添加、学生成绩添加两个二级功能模块和返回功能模块，其中每个二级功能模块分别由一个函数实现。在数据添加界面中输入数字"1"进入学生信息添加模块，如图 5 – 4 所示。

图 5 – 3　数据添加界面

图 5 – 4　学生信息添加界面

在学生管理系统的使用操作中，具体要求如下：

（1）按照图 5 - 1 输入用户名和密码进入系统。

（2）初次使用时，在图 5 - 2 所示系统主菜单中输入数字"7"，初始化系统。选择输入 1 ~ 6 中任意数字进入二级子菜单。

（3）在图 5 - 3 所示二级子菜单中选择输入 1 ~ 2 中的任意数字进入相应界面操作，操作完成后，按任意键返回二级子菜单界面（功能暂无须完成，只需模拟界面和返回要求即可）。

（4）在二级子菜单界面输入数字"0"返回系统主菜单界面。

（5）在系统主菜单界面输入数字"0"退出系统。

5.1 C 语言中的函数

函数是 C 程序的基本结构，因此 C 语言也被称为函数式语言。一个 C 程序由一个或多个函数组成，每个函数完成一定的功能。在一个 C 程序中，必须有且只有一个从 main( ) 函数开始，完成对其他函数的调用后再返回 main( ) 函数，最后由 main( ) 函数结束整个程序的执行过程。

5.1.1 模块化的含义

人们在求解一个复杂问题的时候，通常采用逐步分解、分而治之的方法，也就是把一个大问题分解为几个比较容易求解的小问题，然后分别求解。程序员在设计一个复杂的应用程序时，往往也会把整个程序划分为若干个功能较为单一的程序模块，然后分别予以实现，最后再把所有程序模块像搭积木一样搭起来。这种在程序设计中分而治之的策略，称为模块化程序设计方法。

在 C 语言程序设计中，这些模块就是一个个函数。下面用比喻更加生动地说明函数是什么。

假设你因为工作压力太大，感到有些疲倦，决定去江南水乡度假休息一周。由于你太忙，不能亲自安排一切行程，你便选择了一家旅行社来帮你做这些事情。该旅行社通过电话为你预订了车票和旅馆，车站将车票发给旅行社，而旅馆也将必要的单据发给旅行社，然后旅行社把车票和这些单据发给你本人。这样，你足不出户，所要求的一切已经都准备得妥妥当当。

本来你有任务要执行（买车票和定旅馆），但是你把这些任务委托给旅行社。旅行社再通过有关途径取得相关的车票和单据。实际上，旅行社如何完成这些工作对你而言是不可见的。你知道并关心的只是你传递给旅行社的信息（你的旅行日程、目的地）和旅行社返回给你的东西（车票和单据）。这里旅行社所做的工作就相当于一个函数。

【说明】

（1）函数由能完成特定任务的独立程序代码块组成。如有必要，也可调用其他函数来产生最终的输出。

（2）一个 C 程序仅包含一个主函数（即 main( ) 函数）和若干个其他函数。由主函数调用其他函数，其他函数之间也可以互相调用。

（3）函数内部工作对程序的其余部分是不可见的。

C 语言是一种模块化的程序设计语言，C 程序的基本结构如图 5 – 5 所示。

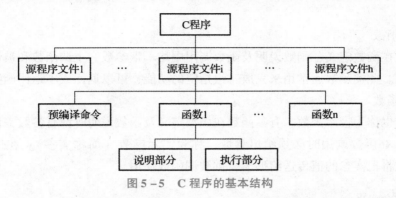

图 5 – 5 C 程序的基本结构

在 C 语言中，可以从不同的角度对函数进行分类。

1. 从函数定义的角度分类

从函数定义的角度来看，函数可以分为库函数和用户定义函数两种。

1）库函数

库函数由 C 编译系统提供，用户无须定义，也不必在程序中作类型说明，只需在程序前包含含有该函数原型的头文件即可在程序中直接调用。例如，在前面各章的例题中反复用到的 printf( )、scanf( )、getchar( )、putchar( )、sqrt( )等函数均属于此类函数。

在程序中调用某个库函数时，需要用预处理命令#include 将该函数所在的头文件包含到程序中，以便编译系统找到该函数的目标代码，生成可执行文件。例如，要使用数学函数，需要用"#include ＜ math. h ＞"将数学头文件包含到程序中；要使用字符串处理函数，则需要用"#include ＜ string. h ＞"将字符串处理头文件包含到程序中。

2）用户定义函数

用户定义函数是由用户按需要编写的函数。对于用户定义函数，不仅要在程序中定义函数本身，而且在主调函数模块中还必须对该被调函数进行类型说明，然后才能使用。

2. 从函数功能的角度分类

C 语言的函数兼有其他语言中的函数和过程两种功能。从这个角度看，又可以把函数分为有返回值函数和无返回值函数两种。

1）有返回值函数

此类函数被调用执行完成后将向调用者返回一个执行结果，称为函数返回值。由用户定义的这种具有返回值的函数，必须在函数定义和函数说明中明确返回值的类型。

2）无返回值函数

此类函数用于完成某项特定的处理任务，执行完成后不向调用者返回函数值。这类函数类似其他语言的过程。由于该类函数无返回值，用户在定义此类函数时可指定它的返回值为空类型，空类型的说明符为 void。

    3. 从数据传递的角度分类

从主调函数和被调函数之间数据传送的角度看，C 语言中的函数可分为无参函数和有参函数两种。

    1）无参函数

无参函数在函数定义、函数说明及函数调用中均不带参数。主调函数和被调函数之间不进行参数传送。此类函数通常用来完成一组指定的功能，可以返回或不返回函数值。

    2）有参函数

有参函数也称为带参函数。有参函数在函数定义及函数说明时都有参数，称为形式参数（简称形参）。在函数调用时必须给出参数，称为实际参数（简称实参）。在进行函数调用时，主调函数将把实参的值传送给形参，供被调函数使用。

5.1.3 函数的定义

任何函数（包括主函数 main()）都是由函数说明和函数体两部分组成的。函数说明即函数头定义了函数的名称、返回值的类型，以及调用该函数时需要给出的参数个数和类型等。函数体是用大括号标注的部分，它包括对函数内部使用变量的类型说明和实现具体功能的执行语句两个部分。根据函数是否需要参数，可将函数分为无参函数和有参函数两种。

    1. 无参函数的定义

定义无参函数的一般格式如下：

```
类型标识符    函数名(  )
{
    声明部分；
    语句；
}
```

例如：

```
void  printstar( )
{
    printf("************ \n");
}
```

【说明】

（1）函数定义格式中的第一行称为函数首部，又称为函数原型。需要注意的是，在函数第一行的末尾不能加分号。

（2）类型标识符指明了本函数的类型，函数的类型实际上就是函数返回值的类型。

函数的类型可以是之前介绍过的整型（int）、长整型（long）、字符型（char）、单精度型（float）、双精度型（double）等，也可以是后面章节中将介绍的指针类型。在多数情况下，无参函数是没有返回值的，此时函数类型标识符可以写作 void。如果缺省类型标识符，则系统默认返回值类型为 int 型。

（3）函数名是由用户定义的标识符，函数名后有一对空括号，其中无参数，但是括号是不能省略的。

需要注意的是，在同一个源程序文件中，不同函数的函数名不能相同。

（4）函数首部下面"｛｝"中的内容称为函数体，由声明部分和执行部分组成。声明部分用于对函数体内部所用到的变量进行声明，以及对所调用的函数进行声明；执行部分由 C 语言的基本语句组成，是函数功能的核心部分，具体实现函数的功能。

2. 有参函数的定义

定义有参函数的一般格式如下：

```
类型标识符    函数名(类型名 形式参数1,类型名 形式参数2,…)
    {
        声明部分
        语句；
    }
```

有参函数比无参函数多了一个内容，即形式参数列表。在形式参数列表中给出的参数称为形式参数，简称形参，它们实际上是各种类型的变量，各参数之间用逗号间隔。在进行函数调用时，主调函数将传递给这些形参实际的值。形参既然是变量，那么就必须在形式参数表列中给出形参的类型说明。函数组成结构示意如图 5 - 6 所示。

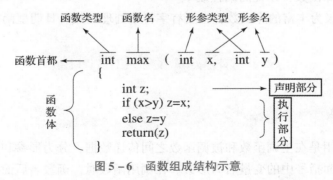

图 5 - 6 函数组成结构示意

在此程序中，函数名为 max，函数返回值为 int 类型，函数有两个形参 x 和 y，它们都是 int 类型。

3. 空函数的定义

没有任何内容的函数称为空函数。定义空函数的一般格式如下：

```
函数名( )
{ }
```

在程序设计中，通常情况下在准备扩充功能的地方写一个空函数，该函数什么也不做，先占一个位置。在程序需要扩充功能时，再用一个编好的函数取代它。

注意：对于无参函数或空函数，函数名后面的圆括号不能省略。

例如：

```
dummy( ) {  }
```

调用空函数时什么也不做。空函数往往用在程序开发阶段，做一个虚设的部分，在以后扩充功能时补充上函数体语句。

【特别提示】

（1）C 语言规定，不能在一个函数的内部再定义其他函数，即函数不能嵌套定义。

（2）函数头中的圆括号不要加分号。

（3）在有参函数的定义中，形参应分别定义类型。例如，上面有参函数定义的第一行不能写成"int max(int a,b) ;"，错误原因是省略了形参 b 前的类型说明 int。

5.1.4 库函数

库函数由 C 编译系统提供，用户无须定义，也不必在程序中作类型说明，只需在程序前包含该函数原型的头文件即可在程序中直接调用。标准库函数是由 C 编译系统提供的，是系统的设计者事先将一些常用的、独立的功能模块编写成通用函数，并将它们集中存放在系统的函数库中，供系统的使用者在设计应用程序时共享使用。这种函数称为库函数或标准库函数。每一种 C 编译系统都提供功能强大、内容丰富的库函数。不同的 C 编译系统提供的库函数的数量和功能有所不同，不过一些基本的函数是共同的。作为 C 语言的程序设计者，应该好好利用库函数，以提高编程效率。

C 语言提供了极为丰富的库函数，主要有字符串处理函数、日期型函数、数学函数等。

5.2 函数的参数和返回值

5.2.1 形参和实参

函数参数的作用是在主调函数和被调函数之间传递数据，分为形参和实参两种。在定义函数时，函数名后面括号中的变量名为形参。在调用函数时，函数名后面括号中的表达式称为实参。

【说明】

（1）在定义函数时指定的形参变量，在未进行函数调用时它们并不占用内存单元。只有在发生函数调用时，系统才为形参变量分配内存单元。函数调用结束后，形参变量所占用的内存单元被释放。因此，形参变量只在函数内部有效，函数调用结束后则不能再使用形参变量。

（2）在进行函数定义时，必须指定形参的类型。

（3）实参可以是常量、变量或表达式，甚至可以是函数，无论实参是何种类型，在进行函数调用时，它们都必须具有确定的值，以便把这些值传递给形参，因此应预先用赋值、输入等办法使实参获得确定的值。

（4）实参和形参在数量、顺序上必须一致，而实参和形参在类型上应保持一致或兼容，否则会发生"类型不匹配"的语法错误。

（5）形参在进行类型说明时，采用以下方式：

```
类型标识符　函数名(形参类型 1 形参名 1,形参类型 2 形参名 2,…)
{
        声明部分;
        语句;
}
```

例如：

```
int max( int x,int y)
{
    …
}
```

5.2.2　实参与形参之间的数据传递

C 语言规定，实参对形参的数据传递是值传递，即单向传递，即只能把实参的值传递给形参，而不能把形参的值反向传递给实参。实际上，实参变量所占用的内存单元与形参变量所占用的内存单元是不同的内存单元。因此，在函数调用过程中，形参的值如果发生改变，并不会改变主调函数中实参的值。

【应用案例 5.1】

函数参数的单向传递示例。

【分析】

本案例在主函数 main( ) 中给实际变量 a、b 输入数据后，调用 Change( ) 函数，通过值传递的方式将数据送给形参变量 x、y 的内存单元中，Change( ) 函数中对 x、y 的改变并不影响a、b 的数值。在程序运行过程中，形参与实参的传递过程如图 5 - 7 所示。

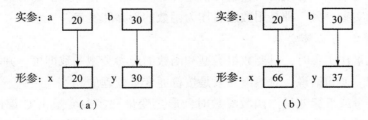

图 5 - 7　函数参数的单向传递

（a）实参的值传递给形参；（b）函数中形参的值发生改变

【程序代码】

```c
#include <stdio.h>
int Change(int x,int y);        /*被调用函数原型声明*/
void main( )
{
  int a,b,m;
  printf("input two data:\n");
  scanf("%d%d",&a,&b);        /*输入两个变量的数据*/
  m=Change(a,b);               /*将实参a,b的数值传递给Change()*/
  printf("main a = %d b = %d",a,b);   /*输出main()函数中a,b的数值*/
}
int Change(int x,int y)
{
  printf("start sub x = %d y = %d\n",x,y);    /*打印传入形参x,y的数据*/
  x=66;
  y=37;        /*打印传入改变形参x,y后的数据*/
  printf("End sub x = %d y = %d\n",x,y);
  return x*y;                 /*将结果返回给主调函数*/
}
```

【程序运行结果】

程序运行结果如图5-8所示。

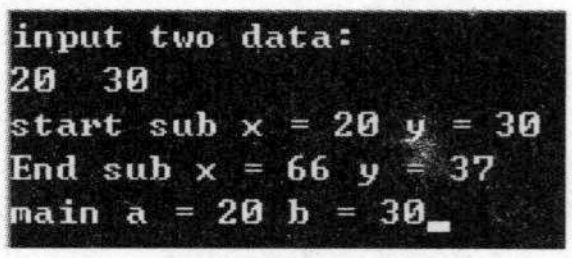

```
input two data:
20  30
start sub x = 20 y = 30
End sub x = 66 y = 37
main a = 20 b = 30
```

图5-8 应用案例5.1程序运行结果

5.2.3 数组作为函数参数的处理

数组可以作为函数的参数使用，进行数据传递。数组用作函数参数有两种形式：一种是用数组元素作为实参；另一种是用数组名作为函数的形参和实参。

1. 数组元素作为函数实参

当用数组元素作实参时，只要数组类型和函数的形参类型一致即可，并不要求函数的形参也是下标变量。换句话说，对数组元素是按普通变量处理的。

当用普通变量或下标变量作函数参数时，形参变量和实参变量由C编译系统分配两个不同的内存单元。在函数调用时发生的值传送，是把实参变量的值赋予形参变量。

【应用案例5.2】

编写一个函数，判断其是否为字母，并统计字符串中字母的个数。

【程序代码】

```c
#include <stdio.h>
int isalp(char c)                           /*定义判断c是否为字母的函数*/
{
    if(c>='a'&&c<='z'||c>='A'&&c<='Z')
    return(1);                              /*是字母,返回真*/
    else
    return(0);                              /*不是字母,返回假*/
}
void main()
{
    int i,num=0;
    char str[255];                          /*定义字符数组,长度足够大*/
    printf("Input a string:\n");
    gets(str);                              /*从键盘输入一个字符串存放到数组中*/
    for(i=0; str[i]!='\0';i++)
    {
        if (isalp(str[i]))                  /*数组元素作为函数参数*/
        num++;
    }
    printf("num = %d\n",num);               /*输出字母数量*/
    getchar();
}
```

【程序运行结果】

程序运行结果如图 5-9 所示。

```
Input a string:
I am a student.
num = 11
```

图 5-9 应用案例 5.2 程序运行结果

【分析】

在本案例中，数组元素 str[i] 作为调用函数 isalp( ) 的实参与普通变量作实参并无区别，即数组元素 str[i] 作为函数实参使用与普通变量是完全相同的。在发生函数调用时，把作为实参的数组元素的值传送给形参，实现单向传递。

2. 数组名作为函数参数

当数组名作为函数参数时，它既可以作形参，也可以作实参。

在 C 语言系统中，C 编译系统不为形参数组分配内存，数组名作函数参数时所进行的传送只是地址传送。也就是说，把实参数组的首地址赋予形参数组名。形参数组名取得该首地址之后，等于有了实在的数组的内存地址空间。

【应用案例 5.3】

求具有 10 个元素的整数数组中的最大元素值。

【程序代码】

```c
#include <stdio.h>                    /*定义实现取数组最大元素值的函数*/
int max(int b[])
{
  int tmax,i;
  for(i=1;i<=9;i++)
  {
    if(tmax<b[i])
      tmax=b[i];
  }
  return(tmax);                       /*返回最大元素数值*/
}
void main()
{
  int a[10]={1,3,5,7,9,11,13,15,17,19};    /*定义并初始化数组 a*/
  printf("Max Value of a:%d\n",max(a));/*数组名作为函数参数,调用 max()函数求解*/
  getchar();
}
```

【程序运行结果】

程序运行结果如图 5 – 10 所示。

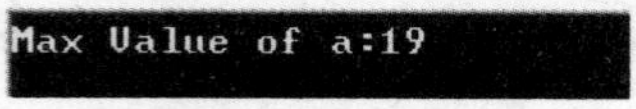

```
Max Value of a:19
```

图 5 – 10   应用案例 5.3 程序运行结果

【分析】

本案例中实参数组 a 和形参数组 b 共享内存的原理如图 5 – 11 所示。

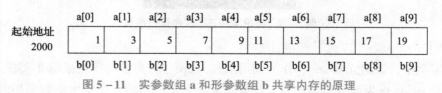

图 5 – 11   实参数组 a 和形参数组 b 共享内存的原理

图 5 – 11 中设 a 为实参数组，类型为整型。假定 a 占有以 2000 为首地址的一块内存区。b 为形参数组名。当发生函数调用时，进行地址传送，把实参数组 a 的首地址传送给形参数组名 b，于是 b 也取得了地址 2000，于是 a，b 两数组共同占有以 2000 为首地址的一段连续内存单元。从图 5 – 11 中还可以看出，数组 a 和 b 中下标相同的元素实际上也占有相同的两个内存单元（整型数组每个元素占 2 字节）。例如，a[0] 和 b[0] 都占用 2000 和 2001 单元，当然 a[0] 等于 b[0]。类推则有 a[i] 等于 b[i]。

实际上，形参数组并不存在所谓独自的空间，形参数组和实参数组为同一数组，共同拥有一段内存空间，所以它们之间的数据传递是双向的。

当用数组名作函数参数时，要求形参和对应的实参必须是类型相同的数组，且必须有明确的数组说明。当形参和实参不一致时，会发生错误。

【特别提示】

（1）形参数组和实参数组的类型必须一致，否则将引起错误。

（2）形参数组和实参数组的长度可以不相同，因为在调用时，只传送首地址而不检查形参数组的长度。当形参数组的长度与实参数组不一致时，虽然不至于出现语法错误（即编译能通过），但程序执行结果将与实际不符，因此在编程时应予以注意。

（3）在函数的形式参数表中，可以不给出形参数组的长度，或者用一个变量表示数组元素的个数。

3. 数组元素与数组名作函数参数的比较

数组元素与数组名作函数参数的比较即值传递与地址传递的比较。以下两个示例具体说明了两者的区别。注意观察程序运行结果。

【应用案例5.4】

数组元素作函数参数（值传递）。

【程序代码】

```c
#include <stdio.h>
void swap1(int x,int y)                    /*定义交换两个变量的函数*/
{
    int z;
    z = x;
    x = y;
    y = z;
}
void main()
{
    int a[2] = {1,2};                      /*定义具有两个元素的数组*/
    printf("交换前:a[0] = %d a[1] = %d\n",a[0],a[1]);
    swap1(a[0],a[1]);                      /*调用函数,值传递*/
    printf("交换后:a[0] = %d a[1] = %d\n",a[0],a[1]);
    getchar();
}
```

【程序运行结果】

程序运行结果如图 5 - 12 所示。

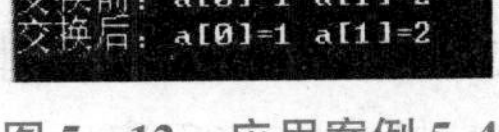

交换前： a[0]=1 a[1]=2
交换后： a[0]=1 a[1]=2

图 5 - 12　应用案例 5.4
程序运行结果

【分析】

函数调用前后内存单元中各变量的值如图 5 - 13 所示。从图中可以看到，数组元素作函数参数时传递的是值，由于 C 语言中数据只能从实参单向传递给形参，形参数据的变化并不影响对应实参，因此在程序中不能通过调用 swap1()函数实现主函数中数组元素值的交换。

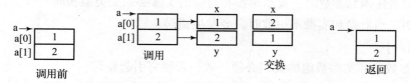

图 5-13 函数调用前后内存单元中各变量的值

【应用案例 5.5】

数组名作函数参数（地址传递）。

【程序代码】

```c
#include <stdio.h>
void swap2 (int x[])                          /*定义交换数组两个元素的函数*/
{
    int z;
    z = x[0];
    x[0] = x[1];
    x[1] = z;
}
void main()
{
    int a[2] = {1,2};                          /*定义具有两个元素的数组*/
    printf("交换前:a[0] = %d a[1] = %d\n",a[0],a[1]);
    swap2(a);                                  /*调用函数,地址传递*/
    printf("交换后:a[0] = %d a[1] = %d\n",a[0],a[1]);
    getchar();
}
```

【程序运行结果】

程序运行结果如图 5-14 所示。

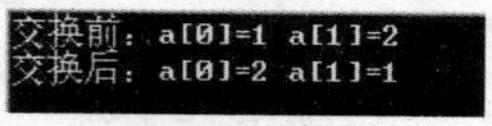

```
交换前: a[0]=1 a[1]=2
交换后: a[0]=2 a[1]=1
```

图 5-14 应用案例 5.5 程序运行结果

【分析】

函数调用前后内存单元中各变量的值如图 5-15 所示。从图中可以看到，数组名作函数参数时传递的是地址，可在被调函数中直接改变调用函数中变量的值，从而实现函数之间数据的交换。在该程序中，通过调用 swap2() 函数实现了主函数中数组元素值的交换。

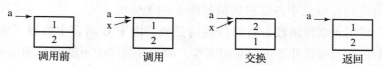

图 5-15 函数调用前后内存单元中各变量的值

5.2.4 函数的返回值

函数的返回值是指函数被调用之后，执行函数体中的语句所取得并返回给主调函数的值。

【说明】

（1）函数值只能通过 return 语句返回到主调函数。

return 语句的一般形式为：

> return 表达式；

或者为：

> return （表达式）；

return 语句的功能是中止函数的执行，计算表达式的值并将其返回到主调函数。

例如：

```
    int max_integer(int x,int y)
    ｝
return (x >y? x:y);
    ｝
```

在函数中允许有多个 return 语句，但每次调用只能有一个 return 语句被执行，因此只能返回一个函数值。例如：

```
    int max_integer( int x,int y)
    ｝
    If (x >y)  return(x);
    else  return y;
    ｝
```

（2）函数返回值的类型和函数定义中函数的类型应保持一致。如果两者不一致，则以函数类型为准，自动进行类型转换。

（3）C 语言规定，凡不加类型说明的函数，一律按整型（int 型）处理。也就是说，若一个函数的返回值为整型，则可以省去函数的类型说明。

（4）不返回函数值的函数，可以明确定义为无类型（或称为空类型），类型说明符为void。

为了减少程序出错的机会，应保证程序被正确调用。对于无返回值的函数，一般应将函数的类型定义为空类型。一旦函数被定义为空类型，就不能在主调函数中接收被调函数的函数值。

【特别提示】

如果一个有返回值的函数中无 return 语句，那么此函数并非无返回值，而是返回一个不确定的值。

【应用案例 5.6】

编写函数判断 n 是否为偶数，是偶数则返回 1，不是偶数则返回 0。

【分析】

利用函数 even( )实现判断 n 是否为偶数的功能，如果 n 为偶数，函数返回值为 1，如果 n 为奇数，函数返回值为 0。其中，通过函数 even( )中的返回语句将返回值传送回主函数。

【程序代码】

```c
#include <stdio.h>
int even(int n)              /*自定义函数判断n是否为偶数*/
{
    if (n%2 == 0)
      return 1;              /*1表示真,返回给主调函数*/
    else
      return 0;              /*0表示假,返回给主调函数*/
}
void main()
{
    int t,ok;
    printf("input a data:\n");
    scanf("%d",&t);          /*输入一个数据*/
    ok = even(t);            /*调用函数even(),判断t是否为偶数*/
    if (ok)
      printf("%d is an even data! \n",t);
    else
      printf("%d is an odd data! \n",t);
    getchar();
    getchar();
}
```

【程序运行结果】

程序运行结果如图 5-16 所示。

图 5-16 应用案例 5.6 程序运行结果

5.3 调用函数

5.3.1 函数调用形式

1. 函数调用的一般格式

函数名([实际参数列表])[;]

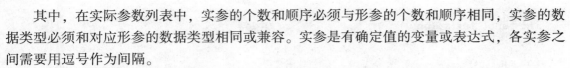

其中，在实际参数列表中，实参的个数和顺序必须与形参的个数和顺序相同，实参的数据类型必须和对应形参的数据类型相同或兼容。实参是有确定值的变量或表达式，各实参之间需要用逗号作为间隔。

若为无参数调用，则在函数调用时函数名后的括号不能省略。其调用格式如下：

函数名( )［；］

在 C 程序中，所有的函数定义，包括主函数 main( ) 在内都是平行的。在一个函数的函数体内，不能再定义另一个函数，即不能嵌套定义。但是，函数之间允许相互调用，也允许嵌套调用。习惯上把调用者称为主调函数，把被调用者称为被调函数。设在 A 函数执行的过程中调用了 B 函数，那么 A 函数称为主调函数，B 函数称为被调函数。现在以应用案例 5.7 中 C 程序的执行过程来说明函数调用的过程。

【应用案例 5.7】

求两个数中的最大值。

【分析】

本案例中程序的执行过程如下：

（1）C 程序从 main( ) 函数开始执行。

（2）处理 main( ) 函数的声明部分，即系统为变量 a，b，n 分配内存单元，并对变量 a 和 b 进行初始化，使 a 变量保存整型常量 9，使 b 变量保存整型常量 6。

（3）执行主函数中的执行部分。

（4）在 main( ) 函数的执行过程中遇到函数调用，即调用函数 func( )。此时先计算每个实参表达式的值，即第一个实参的值为 9，第二个实参的值为 6，而后 main( ) 函数暂停执行，转去执行被调函数 func( )，并将实参的值传递给被调函数。

（5）执行被调函数 func( )，系统为形参变量 x 和 y 分配内存单元，同时使形参变量取值为对应实参的值，即使第一个形参变量 x 取值为第一个实参的值 9，使第二个形参变量 y 取值为第二个实参的值 6。

（6）处理 func( ) 函数的声明部分，即系统为变量 m 分配内存单元。

（7）执行 func( ) 函数的函数体语句。

（8）在被调函数 func( ) 的执行过程中，遇到返回语句 return，此时将变量 m 的值 9 作为返回值带回给主调函数 main( )，而后释放变量 x、y 和 m 占用的内存单元，被调函数 func( ) 执行结束，返回主调函数 main( ) 继续执行。

（9）main( ) 函数获得被调函数 func( ) 的返回值 9，将其赋给变量 n，mian( ) 函数由暂停执行状态转为执行状态。

（10）继续执行 main( ) 函数中的其余语句。

main( ) 函数中最后一条语句执行结束，意味着 main( ) 函数执行完毕。此时还需要释放变量 a，b，n 所占用的内存单元，整个程序执行结束。

【程序代码】

```
int func( int x,int y)
{
int m;
m = x > y? x:y;
return m;
}
main( )
{
  int a = 9,b = 6,n;
  n = func(a,b);
  printf("两个数中的最大值是:%d\n",n);
}
```

【程序运行结果】

程序运行结果如图 5 – 17 所示。

两个数中的最大值是: 9
Press any key to continue

图 5 – 17   应用案例 5.7 程序运行结果

【说明】

当主调函数对被调函数进行调用时，按其在程序中被调用的位置不同来划分，可以有以下三种调用形式。

（1）函数语句。

当函数调用不要求有返回值时，可由函数调用加上分号来实现，即该函数调用作为一个独立的语句使用。例如：

```
printf("%d",a);
scanf("%d",&b);
```

（2）函数表达式。

函数调用作为表达式中的一个运算符对象出现在表达式中，以函数返回值参与表达式的运算。这种方式要求函数是有返回值的。例如：

```
    y = sqrt (x);
    r = max(a,b)+max(c,d);
```

这两个表达式都包含函数调用，每个函数调用都是表达式的一个运算对象。因此，要求函数带回一个确定的值来参加表达式的运算。

（3）函数参数。

函数调用作为另一个函数调用的实参。这种情况是把该函数的返回值作为实参进行传递，因此要求该函数必须有返回值。例如：

```
printf("%d",max(x,y));
x = max(max(a,b),max(c,d));
printf("%d",max(a,b),max(c,d));
```

2. 函数声明

在 C 语言中，采用函数原型的形式进行函数声明。函数原型实际上就是函数定义格式中的函数首部，函数首部已经包含了函数类型、形参个数、类型和顺序等信息。函数原型的一般形式为：

类型标识符　函数名(形参类型 1　形参名 1,形参类型 2　形参名 2,…)

例如：

```
main( )                    /* main()函数的定义 */
{
  int func_a( int x,int y) ;    /* 函数声明,使用函数原型的一般形式 */
  int func_b( int,int );        /* 函数声明,使用函数原型的简化形式 */
  …
}
int func_a( int x,int y)    /* func_a()函数的定义 */
{…}
int func_b( int x,int y)    /* func_b()函数的定义 */
{…}
```

【说明】

函数声明和函数定义在形式上有相似之处，但二者是不同的概念。函数定义是指确立函数的功能，包括指定函数名、函数的类型、形参及其类型、函数体等，它是一个完整的、独立的函数单位。函数声明则是对已定义的函数进行声明，它只包含函数名、函数的类型以及形参类型，不包括函数体。对被调用函数进行声明的作用是告诉编译系统被调用函数的有关信息，以便编译系统进行语法检查。

【特别提示】

正常情况下的函数调用，应该对所调用的函数进行函数说明。C 语言规定，在以下几种情况下可以省去主调函数中对被调函数的声明。

(1) 当被调函数的定义出现在主调函数的定义之前时，在主调函数中可以不对被调函数进行声明而直接调用。

(2) 如果已在所有函数定义之前，或者在文件的开始处，或者在函数的外部（例如源程序文件开始处）预先进行了函数声明，则在各个主调函数中不必对所调用的函数再作声明。

(3) 调用库函数时不需要进行函数声明，但必须把该函数对应的头文件用预处理命令 #include 包含在源程序文件的前部。

（4）对函数进行说明，能使 C 编译程序在编译时进行有效的类型检查。调用函数时，如果实参的类型与形参的类型不一致并且不能赋值兼容，或者实参个数与形参个数不同，C 编译程序都能查出错误并及时报错。因此，使用函数说明能及时通知程序员出错的位置，从而保证程序正确地运行。

5.3.2 函数的嵌套调用

函数是 C 程序的基本组成部分，C 程序的功能是通过函数之间的调用来实现的。一个完整的 C 程序中的函数定义是互相独立的，函数和函数之间没有从属关系，一个函数内不允许包含另一个函数的定义，即在 C 语言中不允许函数的嵌套定义。一个函数既可以被其他函数调用，也可以调用其他函数，这就是函数的嵌套调用。

【说明】

函数的嵌套调用为自顶向下，逐步求精及模块化的结构化程序设计技术提供了最基本的支持。函数的嵌套调用示意如图 5 - 18 所示，这是一个两层嵌套（连同 main( )主函数共三层）调用的示意图。其执行过程如下：

（1）先执行 main( )函数的开始部分。

（2）遇到"调用 a 函数"语句，执行转到 a 函数。

（3）执行 a 函数的开始部分。

（4）遇到"调用 b 函数"语句，执行转到 b 函数。

（5）执行 b 函数直至结束。

（6）返回 a 函数中的"调用 b 函数"处。

（7）执行 a 函数余下部分直至结束。

（8）返回 main( )函数中的"调用 a 函数"处。

（9）执行 main( )函数余下部分直至结束。

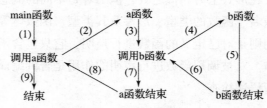

图 5 - 18　函数嵌套调用示意

【应用案例 5.8】

求三个数中最大数和最小数的差。

【分析】

该问题可进一步细分为三个子问题。

（1）求最大值。

（2）求最小值。

（3）求两个数的差。

针对这三个子问题，可以分别用三个函数来完成各自的求解过程。设三个函数依次为

max()、min()和 dif()，在主函数中调用求差值的函数 dif()，而函数 dif()在计算差值之前需要调用 max()和 min()，这就是函数的嵌套调用。本案例的函数调用示意如图 5 – 19 所示。

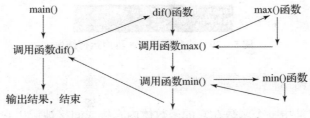

图 5 – 19　应用案例 5.8 的函数调用示意

【程序代码】

```
#include <stdio.h>
int dif(int x,int y,int z);              /* 求差值函数原型声明 */
int max(int x,int y,int z);              /* 求最大值函数原型声明 */
int min(int x,int y,int z);              /* 求最小值函数原型声明 */
void main()
{
    int a,b,c,d;
    printf("input three integers:");
    scanf("%d%d%d",&a,&b,&c);            /* 从键盘输入三个整数 */
    d = dif(a,b,c);                      /* 调用求差值的函数 */
    printf("Max - min = %d\n",d);        /* 输出结果 */
    getchar();
    getchar();
}
int dif(int x,int y,int z)               /* 求差值函数 */
{
    return max(x,y,z) - min(x,y,z);
}
int max(int x,int y,int z)               /* 求最大值函数 */
{
    int r;
    r = x > y ? x:y;
    return(r > z ? r:z);
}
int min(int x,int y,int z)               /* 求最小值函数 */
{
    int r;
    r = x < y ? x:y;
    return(r < z ? r:z);
}
```

【程序运行结果】

程序运行结果如图 5－20 所示。

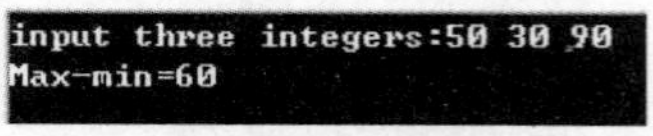

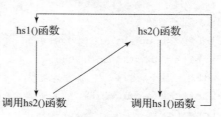

input three integers:50 30 90
Max-min=60

图 5－20　应用案例 5.8 程序运行结果

5.3.3　函数的递归调用

函数的递归调用是指一个函数在它的函数体内直接或间接地调用它自身。

C 语言允许函数的递归调用。在函数的递归调用中，调用函数又是被调函数，执行递归函数将反复调用其自身。每调用一次就进入新的一层。

【说明】

（1）函数直接调用自身，称为直接递归调用。如图 5－21 所示，在执行 hs( ) 函数的过程中，又调用了 hs( ) 函数本身。

（2）函数间接调用自身，称为间接递归调用。如图 5－22 所示，在执行 hs1( ) 函数的过程中调用了 hs2( ) 函数，而在调用 hs2( ) 函数的过程中又回头调用了 hs1( ) 函数。

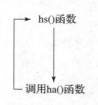

hs()函数
调用ha()函数

图 5－21　函数直接递归调用

hs1()函数
hs2()函数
调用hs2()函数
调用hs1()函数

图 5－22　函数间接递归调用

【特别提示】

（1）为了防止递归调用无终止地进行下去，必须在函数内提供终止递归调用的手段。常用的办法是进行条件判断，满足某种条件后就不再进行递归调用，然后逐层返回。

（2）函数的递归调用过程可以分为两个阶段：一是递推阶段，将原问题不断地分解为新的子问题，最终满足已知的条件，这时递推阶段结束；二是回归阶段，从已知条件出发，按照“递推”的逆过程，逐一求值回归，最终到达“递推”的开始处，完成递归调用。

【应用案例 5.9】

用递归法求 n!。

【分析】

由于 $n! = (n-1)! \times n$，而 $(n-1)! = (n-2)! \times (n-1) \times \cdots \times 1! = 1$，故其递归方式为：当 $n>1$ 时，有 $n! = n \times (n-1)!$；递归终止条件为：当 $n=0$ 或 1 时，有 $n! = 1$。其数学公式如下：

$$n = \begin{cases} 1, n=0,1 \\ n \times (n-1)! \quad , n>1 \end{cases}$$

可以看到，在定义 n! 的表达式中又出现了 (n－1)!，这种定义方式称为递归定义。通常，采用递归定义的数学公式可以编写成递归函数。

【程序代码】

```c
#include <stdio.h>
long tt(int n)
{
  long f;
  if(n<0)
printf("n<0,data error! \n");
        else if(n==0||n==1)
                f=1;
        else f=tt(n-1)*n;                    /*递归调用*/
return(f);
}
void main()
{
  int n;
  long fact;
  printf("Input a integer number:\n");
  scanf("%d",&n);
  fact=tt(n);                              /*调用自定义函数求 n! */
  printf("%d! =%ld\n",n,fact);             /*以长整型格式输出*/
  getchar();
}
```

【程序运行结果】

程序运行结果如图 5-23 所示。

图 5-23 应用案例 5.9 程序运行结果

【说明】

在第一次调用时，形参接受值为 4，满足 n>1 的条件，所以执行语句"f=ff(n-1)*n;"。在执行该语句时又调用了 ff(n-1)，执行 ff(3)。这是第二次调用该函数，此时 n 为 3，仍满足 n>1 的条件，所以进入第三次调用，执行 ff(2)。同理，继续进入第四次调用，执行 ff(1)。这时执行语句"f=1;"，然后返回 f 的值，至此递推阶段结束，回归阶段开始。每次返回时，函数的返回值乘以 n 的当前值，结果作为本次调用的返回值返回给上次调用，最后返回值为 24，这就是 4! 的计算结果。在本案例中，函数 ff() 是递归函数。如果 n=4，则计算 4! 的执行过程如图 5-24 所示。

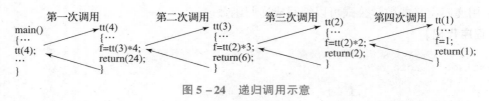

图 5 – 24   递归调用示意

【特别提示】

一般能够使用递归函数解决的问题具有以下几个特点。

（1）原问题能分解为一个新问题，而新问题又用到了原有的解法，这就出现了递归。

（2）按照这个原则分解下去，每次出现的新问题都是原问题简化而来的子问题。

（3）最终分解出来的新问题是一个已知的问题。也就是说递归应该是有限的，不能让函数无休止地调用其自身。在编写递归函数时，应该有使递归结束的约束条件，以便在不需要递归调用时函数能返回。

5.4 变量的作用域与存储类型

5.4.1 变量的作用域

形参变量只在函数被调用的时候才被分配内存单元，函数调用结束后立即释放形参变量所占用的内存单元。这一点表明形参变量只有在函数内才是有效的，离开该函数就不能再使用。这种变量的有效范围称为变量的作用域。

不仅是形参变量，C程序中所有的变量都有自己的作用域。变量说明的方式不同，其作用域也不同。C程序中的变量，按作用域范围可分为两种，即局部变量和全局变量。

1. 局部变量

局部变量是指在程序块（或函数）内部定义的变量，只能被定义它的函数或程序块访问，因此也称为内部变量。这种变量一经定义，系统就为其分配相应的内存空间，在本程序块（或函数）执行结束时，系统就会自动收回其占用的内存空间。

【特别提示】

在C程序中，出现在以下位置定义的变量均属于局部变量。

（1）在函数体内定义的变量，在本函数范围内有效，作用域仅限于函数体内。

（2）在复合语句内定义的变量，在本复合语句范围内有效，作用域仅限于复合语句内。

（3）有参函数的形参也是局部变量，只在其所在的函数范围内有效。

例如：

```
void fun( int a)                 /* 定义函数 fun( ) */
{
int b,c;
...
}/* a,b,c 均为局部变量,其作用域仅限于函数 fun( )中 */
```

在函数 fun( ) 内定义了三个变量，a 为形参变量，b，c 为一般变量，它们都是局部变量。在 fun( ) 的范围内 a，b，c 均有效，或者说变量 a，b，c 的作用域仅限于 fun( ) 内。

再如，一个程序中包含 dow( ) 与 main( ) 两个函数，如下所示。

```
int dow(int x,int y)      /*定义函数 dow( ) */
{
int p,q;
…
}/*x,y,p,q 均为局部变量,其作用域仅限于函数 dow( )中 */
void main( )
{
  int p,q;          /*p,q 均为局部变量,其作用域仅限于 main( )函数中 */
  char ch;          /*ch 为局部变量,其作用域仅限于 main( )函数中 */
  …
  {
    char ch;        /*ch 为局部变量,仅在复合语句中有效 */
    ch ++;          /*此处的 ch 是在复合语句中定义的 ch */
  }
  p ++;
  q --;
}
```

本程序的 main( ) 函数中定义的局部变量 p，q 的作用域仅限于 main( ) 函数内，它们与函数 dow( ) 中定义的局部变量 p，q 同名，但作用域不同，所以是不同的变量。字符变量 ch 是在函数的开始和复合语句中定义的变量，其作用域仅限于该复合语句中。当函数中访问的变量同名时，应采用局部优先原则。

【说明】

(1) 在 main( ) 函数中定义的变量只在 main( ) 函数中有效，不因为它是在 main( ) 函数中定义的变量就可以在整个文件或程序中有效。main( ) 函数也不能使用在其他函数中定义的变量，因为 main( ) 函数也是一个函数，它与其他函数是平行关系。这一点与其他编程语言不同，应予以注意。

(2) 允许在不同的函数中使用相同的变量名，它们互不干扰，也不会发生混淆，因为它们代表不同的对象，被分配不同的内存单元。

(3) 形参变量是被调函数的局部变量，实参变量是主调函数的局部变量。

(4) 在一个函数内部，可以在复合语句中定义变量。这些变量只在复合语句中有效，这种复合语句也可称为分程序或程序块。

【应用案例 5.9】

局部变量示例。

【程序代码】

```
#include <stdio.h>
main()
{
    int i =1,j =2,k;              /*在函数体中定义的 k */
    k =i +j;
    {
        int k =7;                 /*复合语句中的局部变量 k */
        printf("复合语句 k =%d\n");  /*局部优先,复合语句中定义的 k */
    }
    printf("main 函数体 k =%d\n");  /*函数体中定义的 k */
}
```

【程序运行结果】

程序运行结果如图 5-25 所示。

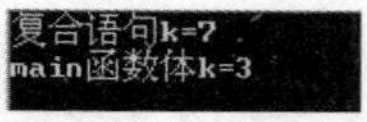

复合语句k=7
main函数体k=3

图 5-25   应用案例 5.9 程序运行结果

【分析】

本程序在 main( )中定义了 i,j 和 k 三个变量,其中 k 未赋初值。在复合语句内又定义了一个变量 k,并赋初值 7。

注意这两个 k 不是同一个变量。在复合语句外由 main( )定义的 k 起作用,而在复合语句内,只有由复合语句定义的 k 起作用,因此程序第 4 行的 k 为 main( )所定义,其值应为 3。

第 7 行输出 k 值,该行在复合语句内,只有在复合语句中定义的 k 起作用,其初值为 7,故输出值为 7。

第 10 行已在复合语句外,输出的 k 应由 main( )所定义,此 k 值已在第 4 行获得,为 3,故输出值为 3。

2. 全局变量

程序的编译对象是源程序文件,一个源程序文件可以包含一个或若干个函数。在函数内部定义的变量是局部变量,而在函数外部定义的变量则称为外部变量。依此类推,在函数外部定义的数组称为外部数组。

外部变量不属于任何一个函数,其作用域是:从外部变量的定义位置开始,到本文件结束为止。外部变量可被作用域内的所有函数直接引用,所以外部变量又称为全局变量。

例如:

```
int a,b =3;                /*a,b 为全局变量,其作用范围是整个源程序*/
main()
{
  int i,j;                 /*i,j 为局部变量,其仅在 main()中有效*/
  ...
  a ++;                    /*使用全局变量 a*/
}
char ch;                   /*ch 为全局变量,其作用范围为从定义处到程序结束*/
float add(float x,float y)  /*x,y 为局部变量,其仅在 add()中有效*/
{
  ...
  b = ch +1;               /*使用全局变量 b 和 ch*/
}
```

其中，a，b，ch 均为全局变量。

【注意】

使用全局变量可以增加函数间数据联系的渠道，从函数得到一个以上的返回值，突破了函数的调用只能带回一个返回值的限制。使用全局变量可以减少函数实参与形参的个数，从而减少内存空间以及传递数据时的时间消耗。

【应用案例 5.10】

输入长方体的长（l）、宽（w）和高（h），求长方体的体积以及正、侧、顶三个面的面积。

【分析】

根据题意，如果编写一个函数来完成对长方体的体积以及正、侧、顶三个面的面积的计算任务，那么我们希望从该函数中得到 4 个结果的值，但函数调用最多只能返回一个值（设为体积 v）到主调函数。此时可以利用全局变量的作用范围的特征，将主调函数想得到的其他三个值（三个面积 s1，s2，s3）带回主调函数。

【程序代码】

```
#include <stdio.h>
int s1,s2,s3;                   /*声明全局变量 s1,s2 和 s3,用来传递数据*/
int vs(int a,int b,int c)
{
  int v;
  v=a * b * c;                   /*计算长方体的体积*/
  s1 = a * b;                    /*计算侧面积*/
  s2 = b * c;
  s3 = a * c;
```

```
    return(v);                    /*返回体积 v 的值*/
}
void main()
{
    int v,l,w,h;
    printf("请输入 length,width and height \n");
    scanf("%d%d%d",&l,&w,&h);
    v = vs(l,w,h);                          /*使用全局变量获取计算结果*/
    printf("v = %d  s1 = %d  s2 = %d  s3 = %d\n",v,s1,s2,s3);
    getchar();
}
```

【程序运行结果】

程序运行结果如图 5 – 26 所示。

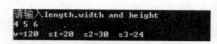

图 5 – 26　应用案例 5. 10 程序运行结果

【说明】

实际上，应限制使用全局变量，建议在非必要时不要随便使用全局变量，因为使用全局变量会带来很多缺点。

（1）使用全局变量会使函数的移植性、通用性和可读性降低。模块化程序设计的原则是把 C 程序中的函数看作一个封闭的整体，除了可以通过实参与形参之间传递数据的渠道以外，没有其他渠道可以使函数与外界发生联系。全局变量不符合这个原则。

（2）使用全局变量过多，会降低程序的清晰度，人们往往难以清楚地判断出每个瞬间各个全局变量的值。在各个函数执行时都可能改变全局变量的值，因此容易产生错误。

（3）全局变量长时间占用内存单元。全局变量在程序的整个执行过程中都占用内存单元，而不是仅在需要时才被分配内存单元。

【特别提示】

如果全局变量是在源程序文件开始处定义的，则在整个源程序文件范围内都可以使用该全局变量；如果全局变量不是在源程序文件开始处定义的，则按上面的规定，全局变量的作用范围只限于全局变量定义点到文件终了。

如果在外部变量定义点之前的函数想要引用该外部变量，则应该在该函数中用关键字 extern 作外部变量说明。表示该变量在函数外部定义，这样就可以在函数内部随处使用它了。一般的做法是：把外部变量的定义放在引用它的所有函数之前，这样就避免了在这些函数中对外部变量进行 extern 说明。

外部变量定义和外部变量说明是不同的概念。

（1）位置和出现的次数不同。外部变量的定义只能有一次，它的位置在所有函数之外，而同一源程序文件中的外部变量的说明可以有多次，它的位置在函数之内，即在使用外部变量的函数中对该外部变量进行说明。

（2）所起的作用不同。系统根据外部变量的定义（而不根据外部变量的说明）分配内存单元。对外部变量的初始化只能在外部变量定义的时候进行，而不能在外部变量说明的时候进行。所谓外部变量说明，其作用是声明该变量是一个已在外部定义过的变量，仅是为了引用该变量而作的说明。

原则上，所有函数都应当对所引用的外部变量用 extern 进行说明，只是为了简化起见，允许在外部变量的定义点之后的函数中省略 extern。

在定义外部变量时如果使用修饰词 static，表示此外部变量的作用域仅限于本源文件（模块）内部。

局部变量对外部变量具有屏蔽作用。如果在同一个源程序文件中外部变量与局部变量同名，则在局部变量的作用范围内，外部变量不起作用。当作用域范围发生重叠时，作用域范围小的变量起作用，而屏蔽掉作用域范围大的变量。

【应用案例 5.11】

外部变量与局部变量同名及外部变量的定义与声明。

【程序代码】

```c
#include <stdio.h>
int max(int,int);                    /*max()函数原型声明*/
int b = 6;                           /*定义外部变量b*/
void main()
{
    extern a;                        /*引用外部变量声明*/
    int b = 3;                       /*定义局部变量,局部变量优先,屏蔽外部变量b*/
    printf("a = %d,b = %d\n 最大值 = %d\n",a,b,max(a,b));
} /*定义max()函数,局部变量跟全局变量同名,局部变量优先*/
int max(int a,int b)                 /*此处声明形参为局部变量a,b*/
{
    int c;
    c = a > b ? a:b;
    return(c);
}
int a = 5;                           /*定义外部变量a*/
```

【程序运行结果】

程序运行结果如图 5-27 所示。

图 5-27　应用案例 5.11 程序运行结果

【分析】

在程序中的最后一行定义了外部变量 a，以及在程序之前定义了全局变量 b。由于外部变量 a 定义的位置在函数 main( )之后，根据外部变量的作用范围可知，外部变量 a 在 main( )函数中不起作用。局部变量 b 跟外部变量 b 同名，局部变量优先。

5.4.2 变量的存储类型

变量的存储类型可分为静态存储和动态存储两种。

静态存储变量通常是在变量定义时就分配内存单元并一直保持不变，直至整个程序结束。全局变量即属于此种存储类型。动态存储变量是在程序执行过程中，使用它时才分配内存单元，使用完毕立即释放内存单元。典型的例子是函数的形参，在函数定义时并不给形参分配内存单元，只是在函数被调用时才予以分配，调用函数完毕立即释放内存单元。如果一个函数被多次调用，则反复地分配、释放形参变量的内存单元。从以上分析可知，静态存储变量是一直存在的，而动态存储变量则时而存在时而消失。这种由于变量的存储类型不同而产生的特性称为变量的生存期。生存期表示了变量存在的时间。生存期和作用域是从时间和空间两个不同的角度来描述变量的特性，二者既有联系，又有区别。

【说明】

一个变量究竟属于哪一种存储类型，并不能仅从其作用域来判断，还应有明确的存储类型说明。

在 C 语言中，对变量的存储类型说明有以下四种。

auto   自动变量

extern   外部变量

static   静态变量

register 寄存器变量

自动变量和寄存器变量属于动态存储类型，外部变量和静态变量属于静态存储类型。在介绍了变量的存储类型之后，可以知道对一个变量的说明不仅应说明其数据类型，还应说明其存储类型。因此，变量说明的完整形式应为：

存储类型说明符　数据类型说明符 变量名，…；

例如：

```
static  int a,b;     说明 a,b 为静态整型变量。
auto char c1,c2;     说明 c1,c2 为自动字符型变量。
static int a[5]={1,2,3,4,5};  说明 a 为静态整型数组。
extern int x,y;      说明 x,y 为外部整型变量。
```

下面分别介绍以上四种存储类型。

1. 自动变量

自动变量的存储类型说明符为 auto。这种存储类型是 C 语言程序中使用最广泛的一种类型。C 语言规定，函数内凡未加存储类型说明的变量均视为自动变量，也就是说自动变量可省去存储类型说明符 auto。在前面的程序中所定义的变量凡加存储类型说明符的都是自动变量。

例如：

```
{
  int i,j,k;
  char c;
  ...
}
```

等价于：

```
{
  auto int i,j,k;
  auto char c;
  ...
}
```

【特别提示】

（1）自动变量的作用域仅限于定义该变量的个体内。在函数中定义的自动变量，只在该函数内有效。在复合语句中定义的自动变量，只在该复合语句中有效。

例如：

```
int kv( int a)
{
  auto int x,y;
  {
    auto char c;
  }/* c 的作用域 */
  ...
}/* a,x,y 的作用域 */
```

（2）自动变量属于动态存储类型，只有在使用它，即定义该变量的函数被调用时才给它分配内存单元，开始它的生存期。函数调用结束，释放内存单元，结束它的生存期。因此，函数调用结束之后，自动变量的值不能保留。

在复合语句中定义的自动变量，在退出复合语句后不能再使用，否则将引起错误。

例如：

```
main()
{
  auto int a,s,p;
```

```
printf("\ninput a number:\n");
scanf("%d",&a);
if(a>0)
{
  s=a+a;
  p=a*a;
}
  printf("s=%d  p=%d\n",s,p);
}
```

s，p 是在复合语句中定义的自动变量，只在该复合语句内有效。而程序的第 9 行却是退出复合语句之后用 printf( ) 函数输出 s，p 的值，这显然会引起错误。

（3）由于自动变量的作用域和生存期都局限于定义它的个体内（函数或复合语句内），因此不同的个体中允许使用同名的变量而不会混淆。

2. 外部变量

外部变量的存储类型说明符为 extern。在前面介绍全局变量时已介绍过外部变量。

【特别提示】

（1）外部变量和全局变量是对同一类变量的两种不同角度的提法。全局变量是从它的作用域的角度提出的，外部变量是从它的存储类型的角度提出的，表示了它的生存期。

（2）当一个程序由若干个源文件组成时，在一个源文件中定义的外部变量在其他源文件中也有效。例如一个源程序由源文件 "F1.c" 和 "F2.c" 组成，如下所示。

```
F1.c
int a,b;  /* 外部变量定义 */
char c;  /* 外部变量定义 */
main()
{
  ...
}
F2.c
extern int a,b;  /* 外部变量说明 */
extern char c;  /* 外部变量说明 */
func(int x,y)
{
  ...
}
```

在 "F1.c" 和 "F2.c" 两个文件中都要使用 a，b，c 三个变量。在 "F1.c" 文件中把 a，b，c 都定义为外部变量。在 "F2.c" 文件中用 extern 把三个变量说明为外部变量，表示这些变量已在其他文件中定义，编译系统不再为它们分配内存单元。

3. 静态变量

静态变量的存储类型说明符是 static。静态变量当然属于静态存储类型，但是属于静态存储类型的变量不一定是静态变量，例如外部变量虽属于静态存储类型，但不一定是静态变量，必须由 static 加以定义后才能成为静态外部变量，或称静态全局变量。对于自动变量，前面已经介绍它属于动态存储类型，但是也可以用 static 定义它为静态自动变量，或称静态局部变量，从而成为静态存储类型。

由此看来，一个变量可由 static 进行再次说明，并改变其原有的存储类型。

1）静态局部变量

在局部变量的说明前再加上存储类型说明符 static 就构成静态局部变量。

例如：

```
static int a,b;
static float array[5]={1,2,3,4,5};
```

【说明】

（1）静态局部变量在函数内定义，但不像自动变量那样，当调用时就存在，退出函数时就消失。静态局部变量始终存在，也就是说它的生存期为整个源程序。

（2）静态局部变量的生存期虽然为整个源程序，但是其作用域仍然与自动变量相同，即只能在定义该变量的函数内使用该变量。退出该函数后，尽管该变量还继续存在，但不能使用它。

（3）允许对构造类型的静态局部量赋初值。在第 4 章介绍数组初始化时已作过说明。若未赋初值，则由系统自动赋以 0 值。

（4）对基本类型的静态局部变量若在说明时未赋初值，则系统自动赋以 0 值。而对自动变量不赋初值，则其值是不定的。根据静态局部变量的特点，可以看出它是一个生存期为整个源程序的变量。虽然离开定义它的函数它不能使用，但如再次调用定义它的函数时，它又可以继续使用，而且保存了前次被调用后留下的值。因此，当多次调用一个函数且要求在调用之间保留某些变量的值时，可考虑采用静态局部变量。

【特别提示】

虽然用全局变量也可以达到上述目的，但全局变量有时会产生意外的副作用，因此仍以采用局部静态变量为宜。

例如：

```
main()
{
  int i;
  void f();   /*函数说明*/
  for(i=1;i<=5;i++)
```

```
    f();    /* 函数调用 */
}
void f()     /* 函数定义 */
{
  auto int j = 0;
  ++j;
  printf("%d\n",j);
}
```

程序中定义了函数 f( )，其中的变量 j 被说明为自动变量并被赋初值 0。当 main( ) 中多次调用 f( ) 时，j 均被赋初值 0，故每次输出值均为 1。

修改上述程序，把 j 改为静态局部变量，程序如下：

```
main()
{
  int i;
  void f();
  for(i =1;i <=5;i ++)
    f();
}
void f()
{
  static int j = 0;
  ++j;
  printf("%d\n",j);
}
```

程序的功能为输出 1 ~ 5 的整数，由于 j 为静态局部变量，能在每次调用后保留其值并在下一次调用时继续使用，所以输出值成为累加的结果。

2）静态全局变量

在全局变量（外部变量）的说明之前再冠以 static 就构成了静态全局变量。全局变量本身就属于静态存储类型，静态全局变量当然也属于静态存储类型。

【说明】

全局变量与静态全局变量的区别在于非静态全局变量的作用域是整个源程序，当一个源程序由多个源文件组成时，非静态全局变量在各个源文件中都是有效的；而静态全局变量则限制了其作用域，即只在定义该变量的源文件内有效，在同一源程序的其他源文件中不能使用它。由于静态全局变量的作用域仅限于一个源文件内，只能被该源文件内的函数公用，因此可以避免在其他源文件中引起错误。从以上分析可以看出，把局部变量改变为静态局部变量后是改变了它的存储类型，即改变了它的生存期。把全局变量改变为静态全局变量后是改变了它的作用域，限制了它的使用范围，因此 static 这个存储类型说明符在不同的地方所起的作用是不同的。

4. 寄存器变量

当对一个变量频繁读写时，如果该变量是存放在内存中的，必定要反复访问内存，从而花费大量的存取时间。为此，C 语言提供了另一种变量，即寄存器变量。这种变量存放在CPU 的寄存器中，使用时不需要访问内存，而直接从寄存器中读写，这样可提高效率。寄存器变量的存储类型说明符是 register。

对于循环次数较多的循环控制变量及循环体内反复使用的变量，均可将其定义为寄存器变量。

例如求 $\sum\limits_{i=1}^{200} i$，程序如下：

```
main()
{
  register i,s =0;
  for(i =1;i <=200;i ++)
    s = s + i;
printf("s = %d\n",s);
}
```

该程序循环 200 次，i 和 s 都将频繁被使用，因此可以将它们定义为寄存器变量。

【说明】

（1）只有局部自动变量和形参才可以定义为寄存器变量。因为寄存器变量属于动态存储类型，凡需要采用静态存储类型的变量均不能定义为寄存器变量。

（2）即使能真正使用寄存器变量的计算机，由于 CPU 中寄存器的个数是有限的，因此使用寄存器变量的个数也是有限的。

【特别提示】

函数内定义的自动变量也可与该函数内部的复合语句中定义的自动变量同名。

例如：

```
main()
{
  auto int a,s =100,p =100;
  printf(""\ninput a number:\n);
  scanf("%d",&a);
  if(a >0)
  {
    auto int s,p;
    s = a + a;
```

```
    p = a * a;
    printf("s = %d p = %d\n",s,p);
  }
  printf("s = %d p = %d",s,p);
}
```

程序在 main( ) 函数中和复合语句中两次定义了变量 s，p 为自动变量。按照 C 语言的规定，在复合语句中，应由在复合语句中定义的 s，p 起作用，故 s 的值应为 a + a，p 的值为 a * a。退出复合语句后的 s，p 应为 main( ) 在函数中定义的 s，p，其值在初始化时给定，均为 100。从输出结果可以分析出两个 s 和两个 p 虽然变量名相同，但却是两个不同的变量。

5.5　内部函数与外部函数

根据函数能否被其他源文件调用，可以将函数分为内部函数与外部函数。

5.5.1　内部函数

如果一个源文件中定义的函数只能被本文件中的函数调用，而不能被同一程序其他文件中的函数调用，则这种函数称为内部函数。

内部函数也称为静态函数，但此处的静态（static）的含义已不是指存储类型，而是指对函数的调用范围仅限于本文件内。

定义一个内部函数，只需要在函数类型前加一个 static 关键字即可，如下所示：

```
static   函数类型    函数名(函数参数表)
{…}              /* 函数体 */
```

例如：

```
static int max(int a,int b)
      {…}
```

关键字 static 译成中文就是"静态的"，所以内部函数又称为静态函数。

【特别提示】

使用内部函数的好处是不同的人编写不同的函数时，不用担心自己定义的函数与其文件中的函数同名，因为在不同的源文件中定义同名的内部函数不会引起混淆。

5.5.2　外部函数

在定义函数时，如果在函数名前加上关键字 extern，则表示该函数是外部函数。其定义的一般格式为：

```
extern 数据类型说明符 函数名(形参表)
{……}                    /* 函数体 * /
```

例如：

```
extern int min(int a,int b)
      {…}
```

【说明】

（1）外部函数在整个源程序中都有效，而且它可以被其他文件调用。

（2）如果在定义函数时没有说明 extern 或 static，则默认为 extern，即默认为外部函数。例如，前面曾有如下函数定义：

```
    int max_integer(int x,int y)
        {…}
    long power(int n)
        {…}
```

在该程序中，虽然在定义函数时没有用 extern 进行说明，但它们实际上就是外部函数，它们可以被另一个源文件中的函数调用。

（3）在一个源文件的函数中调用其他源文件中定义的外部函数时，应用 extern 说明被调函数为外部函数。例如，有多个 C 程序独立文件如下。

①文件"mainf. c"。

```
main()             /*声明引用外部函数,来自其他文件 * /
{
  extern input(…),process(…),output(…);
  input(…);       /*调用来自"subf1.c"文件中的函数 * /
  process(…);      /*调用来自"subf2.c"文件中的函数 * /
  output(…);       /*调用来自"subf3.c"文件中的函数 * /
}
```

②文件"subf1. c"。

```
…
extern void input(…)     /*定义外部函数 * /
{…}
```

③文件"subf2. c"。

```
…
extern void process(…)        /*定义外部函数 * /
{…}
```

④文件"subf3. c"。

```
…
extern void output(…)         /*定义外部函数 * /
{…}
```

5.6 编译预处理

C 语言提供了多种预处理功能，比如宏定义、文件包含、条件编译等。合理地使用预处理功能编写的程序便于阅读、修改、移植和调试，也有利于模块化程序设计。

在本书前面的很多例子中，已经多次使用过以"#"号开头的预处理命令，比如包含命令#include、宏定义命令#define 等。在源程序中这些命令都放在函数之外，而且一般都放在源文件的最前面，它们称为预处理部分。

所谓预处理是指在进行编译的第一遍扫描（词法扫描和语法分析）之前所做的工作。预处理是 C 语言的一个重要功能，它由预处理程序负责完成。当对一个源文件进行编译时，系统将自动引用预处理程序对源程序中的预处理部分进行处理，处理完毕自动进入源程序的编译过程。

5.6.1 宏定义

宏定义就是用标识符来代表一个字符串，即给字符串取一个名字。C 语言用#define 进行宏定义。C 编译系统在编译前将这些标识符替换成所定义的字符串。

C 语言的宏定义有两种形式：不带参数的宏定义和带参数的宏定义。

1. 不带参数的宏定义

它的一般格式为：

```
#define 标识符 字符串
```

其中"标识符"称为宏名。宏名通常可用大写字母表示，以便与程序中的其他变量名区别。字符串也称为宏体，外面不加双引号，这与前面讲的字符串常量不同。各部分之间用空格分开，最后以换行符结束。例如：

```
#define TRUE 1
#define FALSE 0
#define PI 3.1415926
```

经过以上宏定义后，在编译预处理时，每当在源程序中遇到 TRUE 和 FALSE 时就自动用 1 和 0 代替，而所有的 PI 都用 3.1415926 代替。这种在编译预处理时将字符串替换成宏名的过程称为宏替换或宏展开，而在程序中用宏名替代字符串的过程称为宏调用。

【特别提示】

（1）宏名遵循标识符规定，习惯用大写字母表示，以便区别于普通的变量。

（2）#define 之间不留空格，宏名两侧用空格（至少一个）分隔。

（3）由于宏定义不是 C 语句，所以在其行末不必使用分号，否则分号也作为字符串的一部分进行转换。

例如：#define PI   3.14 * r * r;

程序中若有表达式"s = PI"，则替换后表达式将成为"s = 3.14 * r * r;"，这将导致编译错误。

（4）宏定义用宏名代替一个字符串，不管它的数据类型是什么，也不管宏展开后的词法和语法的正确性，只是进行简单的替换，而在编译时由编译器判断正确与否。

例如，#define PI 3.14

照样进行宏展开（替换），是否正确，由编译器来判断。

（5）#define 宏定义中宏名的作用范围从定义命令开始直到本源程序文件结束。可以通过#undef 终止宏名的作用域。

#undef 命令的一般格式为：

```
#undef   标识符
```

此命令用来删除先前所定义的宏定义。

（6）在宏定义中，可以出现已经定义的宏名，还可以层层转换。

【应用案例 5.13】

不带参数的宏示例。

【程序代码】

```
#include <stdio.h>
#define PI 3.14                /*定义符号常量*/
#define R 6.0                  /*定义符号常量*/
#define L 2 * PI * R           /*相当于#define L 2 * 3.14 * 6.0*/
#define S PI * R * R           /*相当于#define S 3.14 * 3.0 * 6.0*/
void main()
{
  printf("L = %f,S = %f\n",L,S);
  getchar();
}
```

【程序运行结果】

程序运行结果如图 5 - 28 所示。

```
L=37.680000,S=113.040000
```

图 5 - 28 应用案例 5.13 程序运行结果

【分析】

本案例中语句 printf( ) 中的 L 和 S，在双引号内的不产生宏替换，在双引号外的才作替换。

【说明】

（1）当宏名出现在双引号标注的字符串中时，将不会产生宏替换。

（2）宏定义是预处理指令，与定义变量不同，它只是进行简单的字符串替换，不分配内存单元。

在程序中使用宏定义，即把常量用有意义的符号代替，不但可以使程序更加清晰，容易理解，而且当常量值改变时，无须在整个程序中查找、修改，只要改变宏定义即可。

2. 带参数的宏定义

带参数的宏定义不只是进行简单的字符串替换，还要进行参数替换。

它的一般格式为：

```
#define  宏名(参数表)  字符串
```

【说明】

带参数的宏定义的格式类似函数头，不同之处在于它没有类型说明，参数也不需要类型说明。

例如：#difine S(a,b) a * b

其中 S 为宏名，a，b 是形参。当程序调用 S(3，2) 时，用实参 3，2 分别代替形参 a，b。如果源程序中有以下赋值语句：

```
area = S(3,2);
```

经宏展开后，相当于

```
area = 3 * 2;
```

【应用案例 5.14】

带参数的宏定义示例，比较出两个数中的较大数。

【分析】

利用条件表达式比较出两个数 a，b 中的最大数，将该表达式定义成带参数的宏 MAX(a,b)，当进行编译时，系统将自动引用预处理程序，将 MAX(a,b) 替换成(a > b)？a：b，处理完毕自动进入编译过程。

【程序代码】

```
#include <stdio.h>
#define MAX(a,b) (a>b)? a:b          /*带参数的宏 MAX 定义*/
void main()
{
  int i=125,j=220;
  printf("MAX=%d\n",MAX(i,j));
  getchar();
}
```

【程序运行结果】

程序运行结果如图 5－29 所示。

图 5－29　应用案例 5.14 程序运行结果

【特别提示】

在宏定义中名字和左圆括号之间不能有空格。有空格就变成不带参数的宏定义。例如下面的宏定义：

```
#define S(a,b)  a*b
```

若在 S 和括号之间出现了空格，则成为：

```
#define S (a,b)  a*b
```

它表示用（a，b）及 a＊b 替换 S。

正因为带参数的宏定义本质还是简单的字符替换，所以容易发生错误。为了避免出错，建议将宏定义"字符串"中的所有形参用括号标注。这样当用实参替换时，实参就被括号标注为一个整体，否则经过宏展开后，有可能出现意思想不到的错误。例如：

```
#define  S(a,b)  a*b
```

如果在程序中有以下赋值语句：

```
area = S(a+b,c+d);
```

则经过宏展开后，将变为如下形式：

```
area = a+b*c+d;
```

这明显不符合宏定义的初衷。如果把宏定义的字符串中的形参用括号标注，改为：

```
#define  S(a,b)  (a)*(b)
```

此时经宏展开后，得到：

```
area = (a + b) * (c + d);
```

这就符合设计的意图了。

【注意】

带参数的宏定义与函数虽然相似，但本质完全不同，二者的区别体现在以下几个方面。

（1）函数调用，在程序运行时，先求表达式的值，然后将值传递给形参；带参数的宏展开，只在编译时进行简单的字符替换。

（2）函数调用是在程序运行时处理的，在堆栈中给形参分配临时的内存单元；带参数的宏展开是在编译时进行的，展开时不可能。

（3）函数的形参要定义类型，且要求形参、实参类型一致。带参数的宏不存在参数类型问题。例如，在程序中定义的宏可以是 MAX(3,5)，也可以是 MAX(3.6,5.9)。

许多问题既可以用函数来解决，也可以用带参数的宏定义来解决，它们的不同之处在于，带参数的宏定义占用的是编译时间，而函数调用占用的则是运行时间。在多次调用时，带参数的宏定义使程序变长，而函数调用在这方面的影响则不明显。

5.6.2 文件包含

文件包含命令的功能是把指定的文件插入命令行位置取代该命令行，从而把指定的文件和当前的源文件连成一个源文件。

文件包含命令的格式如下：

```
#include "包含文件名"
```

或

```
#include <包含文件名>
```

【说明】

在前面已经用此命令来包含过库函数的头文件。例如：

```
#include "stdio.h"
#include <math.h>
```

两种格式的区别如下：

（1）使用双引号时，系统首先到当前目录下查找被包含文件，如果没有找到，则再到系统指定的包含文件目录（由用户在配置环境时设置）中查找。

（2）使用尖括号时，系统直接到指定的包含文件目录中查找。一般来说，使用双引号比较保险。

【注意】

一个复杂程序通常分为多个模块，并由多个程序员分别编写。有了文件包含功能，就可以将多个模块共用的数据（如符号常量和数据结构）或函数集中到一个单独的文件中。这样，凡是要使用其中数据或调用其中函数的程序员，只要使用文件包含功能将所需文件包含进来即可，不必再重复定义它们，从而减少了重复劳动。

【特别提示】

（1）在编译预处理时，预处理程序将查找指定的被包含文件，并将其复制到#include 命令出现的位置。

（2）常用在文件头部的被包含文件，称为标题文件或头部文件，常以".h"作为后缀，简称头文件。在头文件中，除了可以包含宏定义外，还可包含外部变量定义、结构类型定义等。

（3）一条包含命令只能指定一个被包含文件。如要包含 n 个文件，要用 n 条包含命令。

（4）文件包含可以嵌套，即被包含文件中又可包含其他文件。

5.6.3　条件编译

条件编译可有效地提高程序的可移植性，它被广泛地应用于商业软件中，为一个程序提供各种不同的版本。条件编译有以下三种形式。

1. 第一种形式

```
#ifdef    标识符
    程序段1
#else
    程序段2
#endif
```

【说明】

如标识符已被#define 命令定义过，则对程序段 1 进行编译，否则对程序段 2 进行编译。

例如：

源程序如下：

```
#define FLOAT
void main()
{ #ifdef FLOAT
    float a;
    scanf("% f",&a);
    printf("a = %f \n",a);
#else
    int a;
    scanf("% d",&a);
    printf("a = %d \n",a);
#endif
}
```

预编译后的新源程序如下：

```
void main()
{
    float a;
    scanf("%f",&a);
    printf("a = %f \n",a);
}
```

2. 第二种形式

```
#ifndef  标识符
      程序段 1
#else
      程序段 2
#endif
```

第二种形式与第一种形式的区别只是将 ifdef 改为 ifndef。

【说明】

如果标识符未被#define 命令定义过，则对程序段 1 进行编译，否则对程序段 2 进行编译。这与第一种形式的功能正相反。

例如：

源程序如下：

```
#define FLOAT
void main()
{ #ifndef FLOAT
    int a;
    scanf("%d",&a);
    printf("a = %d\n",a);
#else
    float a;
    scanf("%f",&a);
    printf("a = %f\n",a);
  #endif
}
```

预编译后的新源程序如下：

```
void main()
{
    float a;
    scanf("%f",&a);
    printf("a = %f\n",a);
}
```

3. 第三种形式

```
#if 常量表达式
      程序段 1
#else
      程序段 2
#endif
```

【说明】

如果常量表达式的值为真（非 0），则对程序段 1 进行编译，否则对程序段 2 进行编译。第三种形式可以使程序在不同的条件下完成不同的功能。

例如：

源程序如下:

```
#define ABC 3
void main()
{   #if ABC > 0
  int a = 1;
  printf("a = %d\n",a);
  #else
int b = 0;
printf("b = %d\n",b);
  #endif
}
```

预编译后的新源程序如下:

```
void main()
{
  int a = 1;
  printf("a = %d\n",a);
}
```

【特别提示】

条件编译允许只编译源程序中满足条件的程序段,使生成的目标程序较短,从而减少了内存的开销,提高了程序的执行效率。

5.7 先导案例的设计与实现

5.7.1 问题分析

1. 界面分析

进入学生管理系统之前,需要通过登录界面输入正确的用户名和密码进入系统主菜单界面。当用户登录成功后,进入系统主菜单,主菜单中包括"0"~"7"八个数字选项,其中选项"1"~"7"代表七个一级模块,如选项"1"代表"数据添加"功能模块。当输入 1~7 的任意数字并按 Enter 键确认后将进入对应的模块。其中前 5 个模块菜单中分别包括"0"~"2"两个数字选项,其中选项"1"~"2"代表两个二级模块,当输入 1~2 中的任意数字并按 Enter 键确认后将进入相应的功能模块进行具体的数据操作,如"数据添加"模块菜单中,数字"1"代表"学生信息添加",数字"2"代表"学生成绩添加"。每个操作完成后,按任意键返回二级模块菜单,继续选择其他二级功能模块进行操作,或者输入数字"0"返回系统主菜单,继续选择其他一级功能模块进行操作,或者输入数字"0"并按 Enter 键确认后退出系统,结束整个程序的运行。

2. 功能分析

本系统是一个功能比较完善的小型项目,包括多个功能模块,每个功能模块实现一种独立的操作,对应一个函数,利用函数参数作为模块之间传递数据的接口,从而构成一个有机的整体。本系统需要实现的功能模块包括数据添加、数据查询、数据修改、数据删除、数据统计、数据打印、初始化 7 个一级模块,以及学生信息添加、学生成绩添加、按姓名查询、按班级查询、按学号修改、按姓名修改、按学号删除、按姓名删除、成绩排名、成绩统计10 个二级模块。模块化有助于程序的调试,有利于程序结构的划分,还能提高程序的可读性和可移植性。

3. 数据分析

本系统用户界面主要通过以下函数实现：用户登录函数 login( )、显示主菜单函数 showmainmenu( )、显示数据添加菜单函数 show_append_menu( )、显示数据查询菜单函数 show_query_menu( )、显示数据修改菜单函数 show_modify_menu( )、显示数据删除菜单函数 show_delete_menu( )、显示数据统计菜单函数 show_tongji_menu( )。函数调用情况如下。

（1）在主函数中调用 login( ) 函数，在 longin( ) 函数中判断用户名和密码是否正确，如果正确则返回 1，否则返回 0，主函数接收并判断此返回值，如果为 0 则显示错误提示信息，如果为 1 则调用 showmainmenu( ) 函数显示系统主菜单。

（2）在 showmainmenu( ) 函数中提供 0 ~ 7 个选择项，每个数字代表一个功能，函数的返回值即其中的任何一个数字，返回给主函数。

（3）当主函数接收到 showmainmenu( ) 函数的返回值后，利用分支结构命令判断此返回值数值，从而调用 show_append_menu( )、show_query_menu( )、show_modify_menu( )、show_delete_menu( )、show_tongji_menu( )、show_data( )、init( ) 7 个函数中的任何一个。显示数据添加菜单、数据查询菜单、数据修改菜单、数据删除菜单和数据统计菜单，以及显示所有学生信息和初始化界面。

5.7.2 设计思路

1. 界面设计

为了模拟系统加密功能，设置要求在登录界面的用户名和密码验证通过后才能进入系统主菜单界面。为了实现系统多种方式的增、删、改、查等功能，将功能类型相同的命令菜单分门别类地进行整合后显示在系统主菜单界面，然后由主菜单进入各功能类型的下级菜单。这样使得用户操作起来非常方便易懂。

2. 分支功能设计

在主菜单界面中有 8 个菜单选项，在二级菜单界面中各有 2 个菜单选项，进行判断后进入不同的功能，这需要使用多分支结构来实现。另外，由于用户是通过按键输入数字选项的，所以使用 switch 语句实现多分支结果比较合适。

3. 用户返回处理

每次用户执行返回功能的时候，都需要重新显示上一级菜单界面，等待用户下一步操作，而根据控制台应用程序的运行效果来看，每次返回都会在现有界面的基础上再次显示上一级界面，这样当用户多次操作之后，用户界面就会变得非常凌乱。解决的方法是每次返回都执行清屏操作，使界面初始化，这对顺序程序结构来说是无法实现的，将清屏和判断放到一个无限循环中，在用户输入返回数字后跳出循环，返回上级界面。

5.7.3 程序实现

【说明】

（1）清屏操作可以使用系统提供的 system( ) 函数来实现，具体格式是：system("cls")。

（2）由于涉及每次返回的清屏操作，需要在清屏之前暂停，等用户按任意键后再清屏，否则用户不会看到操作的结果。暂停操作可以使用 system("pause")函数来实现。

【特别提示】

清屏操作和暂停操作都使用系统提供的 system()函数来实现，如 system("cls")，使用此函数时，需要在程序中包含"stdlib.h"库。

【程序代码－用户登录】

```c
#include <stdio.h>
#include <stdlib.h>
int showmainmenu();          /* 显示主菜单函数 */
void show_append_menu();     /* 显示数据添加菜单函数 */
void show_query_menu()       /* 显示数据查询菜单函数 */;
int login();                 /* 用户登录函数 */
void show_modify_menu()      /* 显示数据修改菜单函数 */
void show_delete_menu()      /* 显示数据删除菜单函数 */
void show_tongji_menu()      /* 显示数据统计菜单函数 */
1.void main()     /* 系统主函数 */
{
int choice;
    if(login() == -1)     /* 调用系统登录函数,判断是否登录成功 */
    {
    printf("\n未成功登录,请按任意键退出\n");
    system("pause");
    exit(0);
    }
    while(1)
    {
        system("cls");
        choice = showmainmenu();    /* 调用显示主菜单函数 */
        switch(choice)
        {
            case 1:
                show_append_menu();
                break;
            case 2:
                show_query_menu();
                break;
            case 3:
                show_modify_menu();
```

```
                    break;
                case 4:
                    show_delete_menu();
                    break;
                case 5:
                    show_tongji_menu();
                    break;
                case 6:
                    show_data();
                    break;
                case 7:
                    init();
                    break;
                default:
                    exit(0);
            }
    }
}
2. int login()     /*用户登录函数*/
{
    char username[10];   /*用户名*/
    char password[20];   /*密码*/
    int n =1;     /*登录次数*/
    int ok = -1;  /*登录成功标志*/

    while(n <=3)
    {
        system("cls");
        printf("\t\t*****************用户登录*****************\n");
printf("\t\t*                                      *\n");
printf("\t\t*                                      *\n");
printf("\t\t*            欢迎使用学生管理系统         *\n");
printf("\t\t*                                      *\n");
printf("\t\t*                                      *\n");
printf("\t\t*****************谢谢使用*****************\n\n\n");
        printf("\t\t\t\t用户名:");
        scanf("%s",username);
        printf("\t\t\t\t密码?:");
        scanf("%s",password);
```

```
    if(strcmp(username,"superuser")==0 && strcmp(password,"123456")==0)
    {
        ok=1;
        break;
    }
    else
    {
        printf("\n用户名或密码不正确,你还有%d次机会,请按任意键重新登录! \n",3-n);
        n++;
        system("pause");
    }
}
return ok;
}
```

程序运行结果如图 5 - 1 所示。

【程序代码 – 主菜单】

```
3.int showmainmenu()        /*显示主菜单函数*/
{
    int choice;
    system("cls");   /*清屏*/
    printf("\t\t****************** 主菜单 ****************** \n");
    printf("\t\t*                                 * \n");
    printf("\t\t*           1.数据添加             * \n");
    printf("\t\t*           2.数据查询             * \n");
    printf("\t\t*           3.数据修改             * \n");
    printf("\t\t*           4.数据删除             * \n");
    printf("\t\t*           5.数据统计             * \n");
    printf("\t\t*           6.数据打印             * \n");
    printf("\t\t*           7.初  始  化           * \n");
    printf("\t\t*           0.退    出             * \n");
    printf("\t\t*                                 * \n");
    printf("\t\t******************************************* \n");
printf("\n\t\t 初次使用,请选择[7]进行初始化操作 \n\n");
    printf("\t\t 请选择[0]-[7]项 \n");
    scanf("%d",&choice);
    return choice;
}
```

程序运行结果如图 5 - 2 所示。

对于其他各级子菜单函数，读者可以参照主菜单函数完成，此处不再赘述。

5.8 综合应用案例

1. 案例描述

本案例是数组和函数的综合应用——打印日历。

编写一个简单实用的打印日历的小程序。这个程序的功能是：由用户输入一个年号，然后分月输出当年的日历。如输入"2018"，则输出 2018 年的日历。

2. 案例分析

1）算法分析

本案例所涉及的待解决问题的算法分析如图 5 - 30 所示。

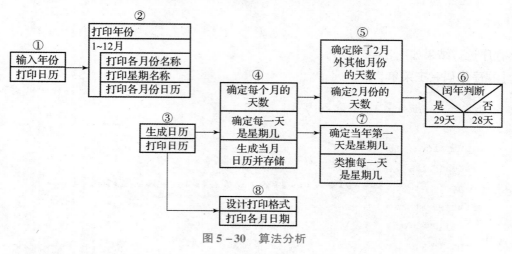

图 5 - 30 算法分析

从程序算法分析可以看出：

（1）整个程序可以大致分为两个主要部分：输入年份，打印该年的日历，如图 5 - 30 中①所示；

（2）打印日历时，为了清楚地知道打印的是哪一年的日历，先打印年份，接着从 1 ~ 12 月，分别打印各月份的名称，然后打印星期的名称，最后再打印当月的日历，如图 5 - 30 中②所示；

（3）要打印某月的日历，首先必须生成当月日历，然后再打印，如图 5 - 30 中③所示；

（4）生成每一个月的日历，需要知道当月有多少天，当月每一天是星期几，然后生成当月日历并保存，如图 5 - 30 中④所示；

（5）要知道每月有多少天是比较容易的，除了 2 月份外，其他月份的天数都是确定的，关键就是确定 2 月份有几天，如图 5 - 30 中⑤所示；

（6）如果当年是闰年，则 2 月份有 29 天，否则 2 月份有 28 天，如图 5 - 30 中⑥所示；

（7）要想确定当月每一天是星期几，需要知道当年第一天是星期几，然后按每 7 天一个周期类推，如图 5 – 30 中⑦所示；

（8）经过图 5 – 30 中的④ ~ ⑦步，可以生成日历，然后，设计存储格式，保存生成的日历；

（9）设计好输出格式，打印已生成的日历即可，如图 5 – 30 中⑧所示。

对图 5 – 30 加以综合和细化，最终得到整个程序的 N – S 流程图，如图 5 – 31 所示。

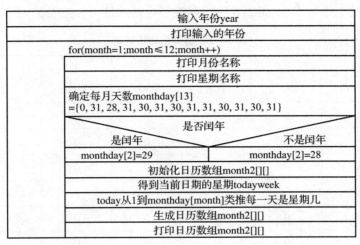

图 5 – 31　算法分析的 N – S 流程图

2）函数分析

经过上面的分析，发现整个程序设计的关键部分为图 5 – 30 中的⑥、⑦、⑧。

（1）确定每月有多少天，关键是确定当年是否为闰年。

（2）确定每天是星期几，关键是确定当年 1 月 1 日是星期几。

（3）设计数据处理的存储方式和打印格式。

因此，在这个程序中，自定义以下 4 个函数。

函数 1：int leapyear(int year)——判断 year 是否为闰年。

函数 2：void print2(int month,int t)——按月打印日历。

函数 3：void calendar(int year)——按月生成日历。

函数 4：main( )主函数。

3）数据分析

为所有需要存储的数据设计存储结构，以存储生成的每个月份的日历。

（1）设计数据存储方式。

①使用一维整型数组 monthday 存放每个月的天数。

int monthday[13] = {0,31,28,31,30,31,30,31,31,30,31,30,31};

②使用二维字符型数组 monthname 存放每个月的英文名称。

char monthname[13][6] = { " "," JAN"," FEB"," MAR"," APR"," MAY"," JUNE",
" JULY"," AUG"," SEP"," OCT"," NOV"," DEC"};

③使用二维字符型数组 weekday 存放一周每一天的星期的英文名称。

char weekday[8][6] = {" SUN"," MON"," TUE"," WED"," THU"," FRI"," STA",
"SUN"};

④使用二维整型数组 month2 存放日历。

int month2[6][7];

因为每周有 7 天，一个月最多有 31 天，所以每月的日历最多只需要 6 行，这样就可以用一个 6 行 7 列的二维数组 month2[6][7]存放一个月的日历，见表 5－1。

表 5－1　初始化日历数组

j⟍i	0 (SUN)	1 (MON)	2 (TUE)	3 (WED)	4 (THU)	5 (FRI)	6 (STA)
0	0	0	0	0	0	0	0
1	0	0	0	0	0	0	0
2	0	0	0	0	0	0	0
3	0	0	0	0	0	0	0
4	0	0	0	0	0	0	0
5	0	0	0	0	0	0	0

这里首列表示星期天，而不是星期一，最后一列表示星期六。

⑤初始化二维整型数组 month2[][]，初始化时，所有元素为 0。

例如：初始化数组 month2。

```
for(i =0;i <=5;i ++)
  for(j =0;j <=6;j ++)
    month2[i][j] =0;
```

（2）设计如何生成各月份日历。

①设计变量。

用变量 month 表示当前月份，用变量 today 表示当前日期，用变量 todayweek 表示当前日期的星期。

②各月份日历生成方法分析。

假设已判断出当年 1 月 1 日是星期三，怎样生成 1 月份的日历呢？

已知 1 月份有 31 天（即 monthday[1]为 31），需要将 1～31 依次存入数组 month2[][]。因为 1 月 1 日是星期三，所以首先将"1"存放在第 1 行（用变量 t 表示行，"t =0"表示第 1 行）第 4 个元素位置 month2[0][3]中，表示 1 日是星期三，见表 5－2。然后将"2"存放在第 1 行第 5 个元素位置 month2[0][4]中，将"3"存放在 month2[0][5]中，将"4"存放到 month2[0][6]中，这时，已经到了第一行最后一个位置，下一个日期（5 日）是星期日，则应存入下一行，也就是说，当变量 todayweek 等于 7 时就应该换行，在下一行存储，而且星期应从星期六重新变成星期日，所以变量 todayweek 应重新赋值为 0。

这样，每存放 7 个数就换一行，直至 31 个数全部存放完毕，见表 5 - 2。

表 5 - 2　存储日期后的日历数组

i \ j	0 (SUN)	1 (MON)	2 (TUE)	3 (WED)	4 (THU)	5 (FRI)	6 (STA)
0	0	0	0	1	2	3	4
1	5	6	7	8	9	10	11
2	12	13	14	15	16	17	18
3	19	20	21	22	23	24	25
4	26	27	28	29	30	31	0
5	0	0	0	0	0	0	0

③生成某月日历数组 month2[ ][ ]。

```
today = 1;                          /* 从 1 日开始存放 */
t = 0;                              /* 从第 1 行开始存放 */
while(today <= monthday[month])     /* 从 1 日开始,直到 monthday[month],当月每个日期都
要存放 */
  {
  month2[t][todayweek] = today;     /* 将当前日期存放到指定位置 */
  todayweek ++;                     /* 星期加 1 */
today ++;                           /* 日期加 1 */
if(todayweek == 7)                  /* 如果存放完每行最后一个元素,则下一个元素位置要换行 */
  {
  todayweek = 0;                    /* 星期从星期六回到星期日 */
  t ++;                             /* 行数加 1 */
  }
  }
```

④生成 12 个月的日历。

1 月份的日历生成完毕后，就可将 1 月份的日历输出，然后继续生成 2 月份的日历，保存在数组 month2[ ][ ] 中。

2 月 1 日是星期几，可由 1 月 31 日的星期得到，变量 todayweek 的值继续使用。而表示当前日期的变量则要返回到"1"，变量 today 需重新赋值（today = 1），表示行数的变量 t 也要重新赋值（t = 0）。与生成 1 月份日历的方法类似，可以将 2 月份日期逐一存入数组 month2[ ][ ]。

同理，继续生成其他月份的日历，直到 12 个月的日历全部生成并打印完毕。

例如：生成 12 个月的日历。

```
for(month =1;month <=12;month ++)
{
...
}
```

4）关键环节分析

（1）确定每个月的天数。

除了闰年外，每个月有多少天是确定的，所以首先确定非闰年每个月有多少天，然后判断当年是否是闰年，就可以确定当年的 2 月份有几天。

①确定非闰年每个月有多少天。

可以使用一维整型数组 monthday[ ]来存放每个月的天数，代码如下：

```
int monthday[13] ={0,31,28,31,30,31,30,31,31,30,31,30,31};
```

本例将数组长度定义为 13，而不是 12，是因为这样定义赋值后"monthday[1] =31"表示 1 月份的天数为 31 天，"monthday[2] =28"表示 2 月份的天数为 28 天，……，"month-day[12] =31"表示 12 月份的天数为 31 天，这比较符合人们的日常习惯。元素 monthday[0]没有使用。

②确定当年 2 月有多少天。

如果是闰年，则 2 月份有 29 天，代码如下：

```
if((year%4 ==0)&&(year%100! =0)||(year%400 ==0))  monthday[2] =29;
```

为了提高程序的可读性，实现程序的模块化设计，将对闰年的判断设计成函数 leapyear( )。

（2）确定当年的每天是星期几。

确定当年的每天是星期几，关键是判断当年的 1 月 1 日是星期几。

在公元日历的编排中，公元元年即 001 年的 1 月 1 日是星期一，1 月 2 日是星期二，然后依次类推，每 7 天为一个周期，每 400 年为一个大周期，在 400 年中共有 97 个闰年。

对于输入的年号 year，year 年的 1 月 1 日是星期几可以用下列公式计算：

todayweek =[year +(year -1)/4 -(year -1)/100 +(year -1)/400]%7

这里，"(year -1)/4""(year -1)/100""(year -1)/400"都是两个整数相除，得到的仍然是一个整数。

当年第 1 天是星期几判断出来后，就可以依次推算以后的日子是星期几。

3. 设计思想

遇到复杂的问题，通常不能直接编写程序代码，而必须对程序要解决的问题以及程序的数据结构进行分析，进而找出解决问题的方法和步骤，也就是程序的算法，然后逐步细化，可以把功能分解，将每个小功能用一个函数实现，使程序的总体结构更加清晰，最终完成程序的设计。

4. 程序实现

```c
#include <stdio.h>
/*定义并初始化全局数组*/
int monthday[13] = {0,31,28,31,30,31,30,31,31,30,31,30,31};
char monthname[13][6] = { "","JAN","FEB","MAR","APR","MAY","JUNE","JULY",
"AUG","SEP","OCT","NOV","DEC"};
char weekday[8][6] = {"SUN","MON","TUE","WED","THU","FRI","STA","SUN"};
int month2[6][7];

int leapyear(int year)
/*函数1:判断 year 是否为闰年*/
{
  if((year%4 ==0)&&(year%100! =0)||(year%400 ==0))
    return 1;
  else
    return 0;
}


void print2(int month,int t)
/*函数2:按月打印日历;month 表示月份,t 表示日历的行数,主要功能是完成日历的打印,每生成一
个月的日历就打印出来,然后再生成下一个月的日历*/
{
  int i,j;
  printf("***　%s　***\n",monthname[month]);  /*首先输出月份的名称*/
  for(i =0;i <=6;i ++)                        /*使用循环输出星期的名称*/
   printf("%5s",weekday[i]);
  printf("\n");                               /*换行*/
  for(i =0;i <=t;i ++)                        /*一共需要输出 0 到 t 行*/
  {
    for(j =0;j <=6;j ++)          /*每行需要输出 0 到 6,即星期日到星期六共 7 个日子*/
     if(month2[i][j]==0)   /*如果数组元素的值为 0,则说明该位置无日子,输出若干空格*/
        printf("     ");
     else                 /*如果数组元素的值不为 0,则在相应位置输出该元素*/
        printf("%5d",month2[i][j]);
    printf("\n");/*每输入完一行元素,则换行,继续输出下一行,直到 0 到 t 行全部输出完
毕*/
  }
}
```

```
void calendar(int year)
/* 函数3:按月份生成日历,主要功能是生成日历并调用打印日历函数 print2(),输出日历 */
{
  int month;
  int todayweek,today,I,j,t;
  if(leapyear(year))      /* 调用函数 leapyear(),判断是否为闰年 */
    monthday[2] =29;
  else
    monthday[2] =28;
  todayweek =(year +(year -1)/4 -(year -1)/100 +(year -1)/400)%7;/* 计算当年的第
1 天是星期几 */
  printf("= = = = = = =  year %d = = = = = = = =\n",year);/* 打印年份 */
  for(month =1;month <=12;month ++)
  {
    today =1;
    for(i =0;i <=5;i ++)
      for(j =0;j <=6;j ++)
        month2[i][j] =0;
    t =0;
    while(today <=monthday[month])
    {
  month2[t][todayweek] =today;
  todayweek ++;
  today ++;
  if(todayweek ==7)
  {
  todayweek =0;
  t ++;
}
}
      print2(month,t);
      if(month%3 ==0)  getch();
}
}

main()
/* 请用户输入年份,保存在变量 year 中,然后调用函数 calendar(),生成并打印日历 */
```

```
{
  int year;
  printf("Input year:\n");
  scanf("%d",&year);
  calendar(year);
}
```

【说明】

（1）本程序中用到的数组需要被几个函数共用，应将这些数组定义为全局数组，所以应在程序开始部分对数组进行声明和初始化。

（2）如果直接打印 12 个月的月历，受屏幕大小的限制，打印到后面几个月时，前面打过的部分就会滚动过去而无法显示。为了解决这个问题，在程序代码最后加上一条语句“if(month%3 ==0) getch();”，表示如果 month 的值是 3 的倍数，就执行函数 getch()。函数 getch()的作用是等待用户输入任意字符，也就是说每打印 3 个月的日历就停顿一下，等待用户按下任意键才继续执行。

5. 程序运行

输入“2018”的程序运行结果如图 5－32 所示。

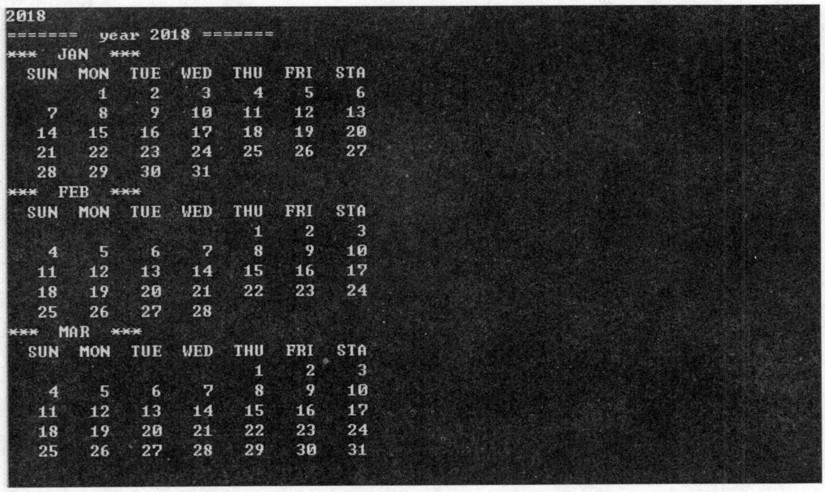

```
2018
=======  year 2018 =======
***  JAN  ***
  SUN  MON  TUE  WED  THU  FRI  STA
         1    2    3    4    5    6
    7    8    9   10   11   12   13
   14   15   16   17   18   19   20
   21   22   23   24   25   26   27
   28   29   30   31
***  FEB  ***
  SUN  MON  TUE  WED  THU  FRI  STA
                        1    2    3
    4    5    6    7    8    9   10
   11   12   13   14   15   16   17
   18   19   20   21   22   23   24
   25   26   27   28
***  MAR  ***
  SUN  MON  TUE  WED  THU  FRI  STA
                        1    2    3
    4    5    6    7    8    9   10
   11   12   13   14   15   16   17
   18   19   20   21   22   23   24
   25   26   27   28   29   30   31
```

图 5－32　输入“2018”的程序运行结果

本章小结

本章主要介绍了 C 语言中的函数、参数和返回值、调用、变量的作用域与存储类型、内部函数、外部函数和编译预处理方法，然后以学生管理系统的用户界面模块化设计为例，使读者对 C 语言程序模块化设计过程有了初步认识。

习　　题

程序设计题：

（1）请用自定义函数的形式编程，求 $s = m! + n! + k!$（m，n，k 从键盘上输入，其值均小于 7）。

（2）请编写两个自定义函数，分别实现求两个整数的最大公约数和最小公倍数的功能，并用主函数调用这两个函数，输出结果（两个整数由键盘输入）。

（3）通过键盘输入 N 个数（$0 < N < 1\,000$），找出这 N 个数中的所有素数并求和。

（4）笨小熊的词汇量很小，所以每次做英语选择题的时候都很头疼。笨小熊找到了一种方法，经试验证明，用这种方法做选择题的时候选对的概率非常高。这种方法的具体描述如下：假设 maxn 是单词中出现次数最多的字母的出现次数，minn 是单词中出现次数最少的字母的出现次数，如果 maxn − minn 是一个质数，那么笨小熊就认为这是个 lucky word，这样的单词很可能就是正确的答案。请通过键盘输入一个单词，其中只能出现小写字母，并且长度小于 100。假设输入的单词是 lucky word，那么输出"lucky word"，并输出 maxn − minn 的值，否则输出"No answer"。

第 **6** 章

指 针

—C 语言指针的应用—

【内容简介】

指针是 C 语言中的重要概念，也是 C 语言的重要特色。正确而灵活地运用指针，可以有效地表示复杂的数据结构；动态分配内存；方便地使用字符串；有效而方便地使用数组；在调用函数时能获得一个以上的结果；能像汇编语言一样处理内存地址，从而编出精练而高效的程序。指针极大地丰富了 C 语言的功能。掌握指针的应用，可以使程序简洁、紧凑、高效。可以说不掌握指针就没有掌握 C 语言的精华。

本章主要介绍了指针的概念、指针变量的定义及初始化、指针在数组及字符串中的应用、指向函数的指针的定义及使用。

【知识目标】

理解指针及指针变量的概念；掌握指针变量的定义及初始化的方法；重点掌握利用指针对数组和字符串进行操作的方法；了解指针函数的应用意义。

【能力目标】

具备应用指针编写程序，解决实际问题的能力；锻炼指针、地址、数组、字符串等知识的综合运用能力。

【素质目标】

培养自主分析和解决应用问题的岗位素质；培养灵活创新意识；培养良好的沟通交流意识和团队协作意识。

【先导案例】

在学生管理系统中，通过数组实现学生数据的存储和访问，也可以把数组定义成全局变量，实现函数间的数据共享。但是，直接访问大量数组数据的速度要低于通过内存地址访问的速度，所以可通过使用指针处理数据，提高程序的访问效率和执行速度。另外，可以通过指针实现动态的存储分配，避免了数组创建时即要指定大小的尴尬问题。通过本章内容的学习，我们要设计和实现学生管理系统的成绩数据录入和显示功能，利用指针在主函数和被调函数之间共享变量或数据结构来实现上述功能。

学生管理系统中，提供了"数据添加"模块，包括"学生信息添加""学生成绩添加"两项功能，其中"学生成绩添加"功能的录入设计如图 6-1 所示。

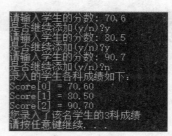

图6-1 "学生成绩添加"功能的录入设计

6.1 地址和指针

为了说明什么是指针，首先要理解数据在内存中是如何存储和如何读取的。

计算机的内存是以字节为单位的一片连续的存储空间，每个字节都有一个编号，这个编号称为内存单元地址。这就如同旅馆的每个房间都有一个房间号一样，如果没有房间号，旅馆的工作人员就无法进行管理，同样，没有字节编号，系统就无法对内存单元进行管理。

若在程序中定义了一个变量，编译系统就会根据所定义的变量类型，分配一定长度的内存空间。分配了存储空间的变量的内存单元地址也就确定了。变量的值就存放在地址所标识的内存单元中。

假设程序已定义了3个整形变量i，j，k，每个整型变量在内存中占2个字节，编译时系统分配2000和2001两个字节给变量i，2002和2003两个字节给变量j，2004和2005两个字节给变量k。i变量的地址为2000，j变量的地址为2002，k变量的地址为2004。变量的地址是指变量所占内存单元中第一个字节的地址，如图6-2所示。

在程序中一般是通过变量名对内存单元进行存取操作的，变量名是变量的符号地址，它与内存单元物理地址之间的联系由系统自动建立，即程序经过编译以后已经将变量名转换为变量的地址，对变量值的存取都是通过地址进行的。

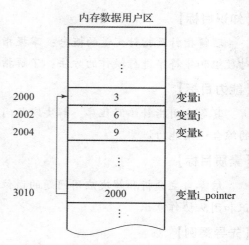

图6-2 变量的存储及指针

例如有语句"k = i + j；"，则从2000和2001两个字节取出i的值3，再从2002和2003两个字节取出j的值6，相加后将和9送到k所占用的2004和2005两个字节单元中。这种通过变量地址存取变量值的方式称为变量的直接访问。

还有另外一种存取变量的方式，即将变量地址存放在另一个变量中，例如将变量i的地址放在变量i_pointer中，而i_pointer被分配3010和3011两个字节，要取得变量i的值，先找到存放变量i的地址的变量i_pointer，从中取出变量i的地址2000，然后到2000和2001

两个字节中取出 i 的值。这种存取变量值的方式称为变量的间接访问。

打个比方，打开 A 抽屉有两种方法：一种是将 A 抽屉的钥匙带在身上，需要时直接找出该钥匙打开 A 抽屉，取出所需的东西，这就是"直接访问"；另一种方法是，为了安全起见，将 A 抽屉的钥匙放到 B 抽屉中锁起来，如果需要打开 A 抽屉，需要先找出 B 抽屉钥匙，打开 B 抽屉，取出 A 抽屉的钥匙，再打开 A 抽屉，取出 A 抽屉中的东西，这就是"间接访问"。

为了表示将数值 3 送到变量 i 中，可以有两种方法：一种是将 3 直接送到变量 i 所标识的内存单元中，这就是"直接访问"，如图 6-3 所示；另一种是将 3 送到变量 i_pointer 所指向的单元中，这就是"间接访问"，如图 6-4 所示。

（1）所谓指向，是通过地址来体现的，因为变量 i_pointer 的地址是 2000，它是变量 i 的地址，这就在变量 i_pointer 和变量 i 之间建立起一种联系，即通过变量 i_pointer 能知道变量 i 的地址，从而找到变量 i 的内存单元，在图 6-4 中以"⟸"表示这种指向关系。

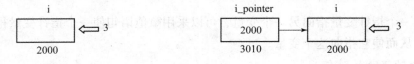

图 6-3　变量的直接访问　　　　　图 6-4　变量的间接访问

（2）在 C 语言中，将存储单元地址形象地称为"指针"，意思是通过它能找到以它为地址的内存单元。

一个变量的地址称为该变量的指针，如地址 2000 是变量 i 的指针。专门用来存放变量的地址的变量称为指针变量，如 i_pointer 就是一个指针变量。指针是一个地址，而指针变量是存放地址的变量。

6.2　指针和指针变量

如前所述，指针是一个地址，变量的指针就是变量的地址。存放变量地址的变量是指针变量，它用来指向另一个变量。为了表示指针变量和它所指向的变量之间的联系，在程序中用"＊"号表示指向，如果已定义 i_pointer 为指针变量，则 ＊i_pointer 是 i_pointer 所指向的变量，如图 6-5 所示。可以看到 ＊i_pointer 也代表一个变量，它和变量 i 是等价的。

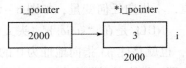

图 6-5　指针变量的指向关系

6.2.1　指针变量的定义

（1）任何变量在使用前都必须定义，指针变量也一样。

指针变量的一般定义格式为：

基类型　＊指针变量名；

其中，"基类型"表示指针变量所指向的变量的类型；"＊"是一个说明符，用来说明定义的是指针变量；"指针变量名"的命名方法同普通变量（由标识符构成）。

例如：

```
int  *p1,*p2;
```

定义了两个指针变量 p1 和 p2，这两个指针变量只能用来存放整型变量的地址。标识符前面的"＊"号表示该变量为指针变量，但指针变量名是"＊"号后面的名字（不包括"＊"）。

（2）一个指针变量只能指向同一种类型的变量，也就是说，不能定义一个指针变量，使它既指向整型变量又指向双精度变量。

下面的定义都是合法的：

```
float *q1,*q2;  /*q1,q2 是指向实型变量的指针变量*/
char *ch;        /*ch 是指向字符型变量的指针变量*/
```

6.2.2 指针变量的赋值及初始化

要使一个指针变量指向另一个变量，可以采用赋值语句使一个指针变量得到另一个变量的地址，从而使它指向这个变量。

1. 指针变量的赋值

建立指针的指向关系，也就是为指针变量赋值，可以通过以下语句完成。

（1）"指针变量 = & 变量;"。

（2）"指针变量 1 = 指针变量 2;"，其中指针变量 2 为已有指向的指针变量。

（3）"指针变量 = NULL;"，其中 NULL 是一个符号常量。

例如：int i，＊p1，＊p2，＊p3;

   p1 = &i;

   p2 = p1;

   p3 = NULL;

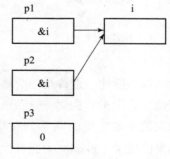

图 6 - 6　指针变量的赋值

其中指针变量 p1 被赋值为变量 i 的地址而指向变量 i；指针变量 p2 则通过指针变量 p1 而指向变量 i；指针变量 p3 为空值，不指向任何变量，如图 6 - 6 所示。

NULL 是在"stdio. h"头文件中定义的符号常量，是整数 0，也就是使 p3 指向地址为 0 的单元。系统保证使该单元不作他用，即有效数据的指针不指向 0 单元。

指针变量的值为 NULL 与未对指针变量赋值是两个不同的概念。值为 NULL 的指针变量是有值的（值为 0），可以使用，只是它不指向任何程序变量。指针变量未赋值时可以是任意值，是不能使用的，否则将造成意外错误。因此，在引用指针变量之前应对它赋值。

需要特别注意的是，指针变量只能被赋值为与它同类型的变量的地址。下面的赋值是错误的：

```
float x;int *p;
p = &x;
```

2. 指针变量的初始化

在定义指针变量的同时可以对其赋值。通过为指针变量赋地址值，可以让指针变量指向某个变量。

例如，有以下定义语句：

```
int  a = 2, b = 3, * pa = &a, * pb = &b;
```

则指针变量 pa 在定义的同时被赋值为变量 a 的地址，指针变量 pb 在定义的同时被赋值为变量 b 的地址，如图 6 - 7 所示。

上述定义等价于：

```
int  a, b, * pa, * pb
a = 2;  b = 3;
pa = &a;  pb = &b;
```

【注意】

（1）这里是用 &a 对 pa 初始化，而不是对 * pa 初始化，同理，用 &b 对 pb 初始化，而不是对 * pb 初始化。

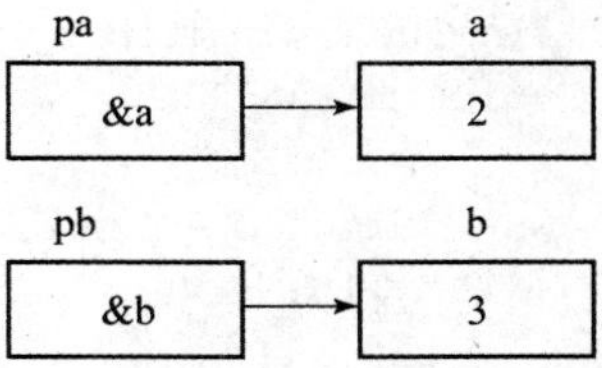

图 6 - 7　指针变量的初始化

（2）指针变量只能存放地址，不能将一个整型变量作为地址赋给一个指针变量。例如："pb = 3;" 是错误的。

6.2.3　直接访问和间接访问

变量的直接访问就是直接通过变量名（变量地址）存取变量值的方式。变量的间接访问则是通过指向变量的指针变量存取变量值的方式。下面通过实例进行说明。

【应用案例 6.1】

通过指针变量访问整型变量。

【程序代码】

```
#include <stdio.h>
#include <stdlib.h>
void main()
{
    int a = 3, * ap;
    ap = &a;
    a ++;                       /*通过变量名直接访问变量 a */
    printf("%d\n", a);          /*直接访问 */
    printf("%d\n", * ap);       /*通过指针间接访问变量 a */
    system("pause");
}
```

【程序运行结果】

程序运行结果如图 6 - 8 所示。

应用案例 6.1 中变量的内存存储情况如图 6 - 9 所示。

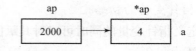

图6-8　应用案例6.1程序运行结果　　　　图6-9　应用案例6.1中变量的内存存储情况

【应用案例6.2】

通过指针变量访问浮点型变量。

【程序代码】

```
#include <stdio.h>
#include <stdlib.h>
void main()
{
    float  i,j,*pi;
    i =10;
    pi =&i;
    j = * pi +5;              /* 通过指针变量间接访问变量 i,等价于 j=i+5;*/
    printf("%f\n",i);         /* 直接访问变量 i 的值 */
    printf("%f,%f\n", * pi,j); /* 间接访问变量 i 的值,直接访问变量 j 的值 */
    system("pause");
}
```

【程序运行结果】

程序运行结果如图6-10所示。

图6-10　应用案例6.2程序运行结果

6.2.4　取地址运算符和指针运算符

两个关于指针的运算符：

（1）&：取地址运算符。

（2）*：指针运算符（或称间接访问运算符），取其所指向的内容。

【应用案例6.3】

阅读程序，写出程序运行结果。

【程序代码】

```
#include <stdio.h>
#include <stdlib.h>
void main()
{
    int a =100,b =10;
    int * p1,* p2;
    p1 =&a;
```

```
    p2 = &b;
    printf("%d,%d\n",a,b);
    printf("%d,%d",*p1,*p2);
    system("pause");
}
```

【说明】

(1) 在程序的第6行定义了两个指针变量 p1 和 p2，但此时并未指向任何整型变量，只是规定它们可以指向整型变量，如图6-11 (a) 所示，至于指向哪个整型变量，则在程序语句中指定。程序的第7、8行的作用就是使 p1 指向 a，使 p2 指向 b，如图6-11 (b) 所示。此时 p1 的值为 &a (即 a 的地址)，p2 的值为 &b (即 b 的地址)。

p1
a
100
p2
b
10
(a)
p1
a
&a
100
p2
b
&b
10
(b)

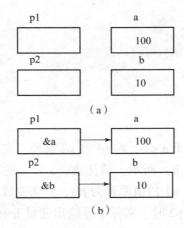

图6-11 取地址运算符和指针运算符

(2) 程序的第10行的 *p1 和 *p2 就是指针变量 p1 和 p2 所指向的变量 a 和 b。

(3) 程序中有两处出现 *p1 和 *p2，它们的含义各不相同，程序的第6行的 *p1 和 *p2 表示定义两个指针变量 p1 和 p2，它们前面的"*"号只表示该变量是指针变量。程序的第10行的 *p1 和 *p2 则代表变量，即 p1 和 p2 所指向的变量。

(4) 程序的第7、8行的"p1 = &a"和"p2 = &b"是将 a 和 b 的地址分别赋给 p1 和 p2。注意不要写成"*p1 = &a"和"*p2 = &b"，因为 a 的地址是赋给变量 p1，而不是赋给 *p1 (即变量 a)。

【程序运行结果】

程序运行结果如图6-12所示。

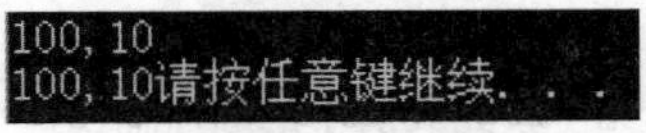

100, 10
100, 10请按任意键继续. . .

图6-12 应用案例6.3程序运行结果

【应用案例6.4】输入 a 和 b 两个整数，按先大后小的顺序输出 a 和 b。

【分析】

(1) 输入两个整数，分别放到变量 a 和 b 中。

（2）用指针变量 p1 指向变量 a，用指针变量 p2 指向变量 b。

（3）比较变量的值，使 p1 指向较大的数，使 p2 指向较小的数。

（4）按顺序输出 p1，p2 所指向的变量的值。

【程序代码】

```c
#include <stdio.h>
#include <stdlib.h>
void main()
{
    int *p1,*p2,*p,a,b;
    printf("请输入两个整数:");
    scanf("%d,%d",&a,&b);
    p1=&a;p2=&b;
    if(a<b)
        {p=p1;p1=p2;p2=p;}
    printf("a=%d,b=%d\n",a,b);
    printf("max=%d,min=%d\n",*p1,*p2);
    system("pause");
}
```

【说明】

当输入 a＝5，b＝9 时，由于 a＜b，将 p1 和 p2 交换，交换前的情况如图 6－13（a）所示，交换后的情况如图 6－13（b）所示。请注意，a 和 b 的值并未交换，它们仍保持原来的值，但 p1 和 p2 的值改变了。p1 的值原来为 &a，后来变成 &b；p2 的值原来为 &b，后来变成 &a，这样在输出 *p1 和 *p2 时，实际上是输出变量 b 和 a 的值，所以先输出 9，然后输出 5。

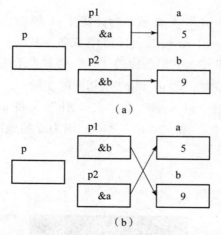

（a）

（b）

图 6－13　按先大后小的顺序输出两个整数

【程序运行结果】

程序运行结果如图 6－14 所示。

图 6 - 14 应用案例 6.4 程序运行结果

这个算法不是交换整型变量的值，而是交换两个指针变量的值（即 a 和 b 的地址）。

6.2.5 指针变量作为函数的参数

函数的参数不仅可以是整型、浮点型、字符型等数据，还可以是指针类型。它的作用是将一个变量的地址传送到另一个变量中。

【应用案例 6.5】 用指针变量作为函数参数，实现由键盘输入 x 和 y 两个整数，按先大后小的顺序输出 x 和 y 的功能。

【分析】

（1）定义函数 swap()，形参为指向整型变量的指针变量，函数的功能是交换指针变量所指变量的值。

（2）在主函数中，首先定义变量 x 和 y，并为它们赋初值；然后判断 x 是否小于 y，若 x < y 则调用函数 swap()，实参为变量 x 和 y 的地址，在 swap() 函数中实现变量 x 和 y 的值的交换；最后输出变量 x 和 y 的值。

【程序代码】

```
#include <stdio.h>
#include <stdlib.h>
void swap(int *a,int *b)
{
    int temp;
    temp = *a;
    *a = *b;
    *b = temp;
}
void main()
{
    int x = 7,y = 11;
    printf("x = %d, \ty = %d \n",x,y);
    if(x < y)swap(&x,&y);
    printf("x = %d, \ty = %d \n",x,y);
    system("pause");
}
```

【说明】

swap() 是用户定义的函数，它的作用是交换两个变量（x 和 y）的值，swap() 函数的两个形参 a，b 是指针变量。程序运行时，先执行 main() 函数，将 x 赋值为 7，将 y 赋值为 11，如图 6 - 15（a）所示；在调用 swap() 函数时，将变量 x 的地址传递给 a，将变量 y 的地址传递给 b，这时 a 指向变量 x，b 指向变量 y，如图 6 - 15（b）所示；在 swap() 函数的执行过程中，通过引用指针变量来交换 x，y 两个变量的值，如图 6 – 15（c）所示；swap( )函数结束后，返回主函数，输出 x 的值为 11，y 的值为 7，如图 6 – 15（d）所示。

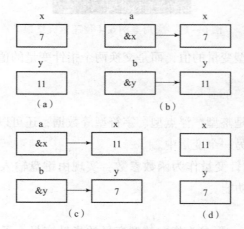

图 6 – 15　指针变量作函数参数

由图 6 – 15 可以看出，交换 x，y 两个变量的值，并未改变指针变量的值，只是在 swap( )函数中通过引用形参 a，b 使 x，y 的值相互交换。

【程序运行结果】

程序运行结果如图 6 – 16 所示。

图 6 – 16　应用案例 6.5 程序运行结果

指针作为函数参数时的是地址传递，在 swap( )函数中对 x，y 的操作，实质上是通过形参指针变量 a，b 间接地对主函数中 x，y 的操作。

6.3　指针与数组

一个变量有地址，一个数组包含若干元素，每个数组元素都在内存中占用内存单元，它们都有相应的地址。指针变量既然可以指向变量，当然也可以指向数组和数组元素（把数组起始地址或某一元素的起始地址放到一个指针变量中）。所谓数组的指针是指数组的起始地址，数组元素的指针是指数组元素的起始地址。

引用数组元素可以用下标法（如 a[3]），也可以用指针法，即通过指向数组元素的指针找到所需的元素。

6.3.1　指向数组元素的指针变量

定义一个指向数组元素的指针变量的方法，与之前介绍的指向变量的指针变量相同。例如：

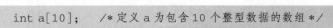

```
int a[10];    /*定义 a 为包含 10 个整型数据的数组*/
int *p;       /*定义 p 为指向整型变量的指针变量*/
p = &a[0];    /*把 a[0]元素的地址赋给指针变量 p,即 p 指向数组 a 的第 0 号元素*/
```

C 语言规定数组名代表数组的首地址,也就是第 0 号元素的地址。因此,下面两个语句等价。

```
p = &a[0];
p = a;
```

【注意】

数组 a 不代表整个数组,上述"p = a;"的作用是"把数组 a 的首地址赋给指针变量 p",而不是"把数组 a 各元素的值赋给 p"。

6.3.2 指向数组元素的指针变量的初始化

在定义指针变量时可以为其赋初值,例如:

```
int a[10], *p = &a[0];
```

它等效于

```
int a[10], *p;
p = &a[0];
```

当然定义时也可以写成"int a[10], *p = a;",它的作用是将 a 的首地址(即 a[0] 的地址)赋给指针变量 p(而不是赋给 *p),如图 6 – 17 所示。

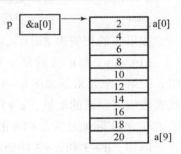

图 6 – 17 指向数组元素的指针变量

6.3.3 通过指针引用数组元素

1. 指针与一维数组

假设 p 已经被定义为一个指向 int 型变量的指针变量,并已给它赋了一个 int 型数组元素的地址,使它指向某个数组元素。

例如以下赋值语句:

```
*p = 10;
```

表示将 10 赋给 p 当前所指向的数组元素。

当指针变量指向一串连续的内存单元(即数组)时,可以对指针变量加上或减去一个整数来进行指针的移动和定位。

C 语言规定,如果指针变量 p 已指向数组中的一个元素,则 p + 1 指向同一数组中的下一个元素,因为 int 型数据占 2 个字节,所以 p 的值相当于加 2,而不是将 p 的值(地址)简单地加 1。

若 p 是一个指向 float 型变量的指针变量,并已给它赋了一个 float 型数组元素的地址,使它指向某个数组元素,则 p + 1 后 p 也指向该 float 型数组中的下一个元素,因为 float 型数据占4个字节，所以 p 的值相当于加4，以使它指向下一个元素。

p + i 所代表的地址实际上是 p + i * d，d 是一个数组元素所占的字节数（在 Turbo C 中，对于 int 型，d = 2；对于 float 和 long 型，d = 4；对于 char 型，d = 1。在 Visual C ++ 6.0 中，对于 int、long 和 float 型，d = 4；对于 char 型，d = 1）。

例如以下语句：

```
int  a[5] = {10,20,30,40,50},*p,*q;
p = &a[0];
```

此时指针 p 指向数组元素 a[0]，随着下面各个语句的执行，指针 p 和 q 的指向会发生相应变化。

q = p + 1;　　　　使指针变量 q 指向数组元素 a[1]。

q ++;　　　　　　指针变量 q 指向数组元素 a[2]。

q += 2;　　　　　指针变量 q 指向数组元素 a[4]。

q --;　　　　　　指针变量 q 指向数组元素 a[3]。

如果 p 的初值为 &a[0]，则：

（1）p + i 和 a + i 就是 a[i] 的地址，或者说，它们指向数组 a 的第 i 个元素，如图 6 - 18 所示。这里需要特别注意的是 a 代表数组首元素的地址，a + i 也是地址，它的计算方法同 p + i，即它的实际地址为 a + i * d。

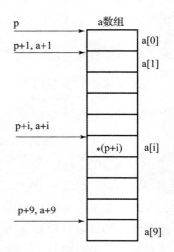

图 6 - 18　指针与一维数组

例如，p + 3 和 a + 3 的值是 &a[3]，它指向 a[3]。

（2）*(p + i) 或 *(a + i) 是 p + i 或 a + i 所指向的数组元素 a[i]。例如 *(p + 3) 或 *(a + 3) 就是 a[3]，即 *(p + 3)，*(a + 3)，a[3] 三者等价。实际上，在编译时，对数组元素 a[i] 就是按 *(a + i) 处理的，即按数组 a 首元素的地址加上相对位移量得到要找的元素的地址，然后找出该内存单元中的内容。若数组 a 首元素的地址为 2000，设数组 a 为 float 型，则 a[3] 的地址是这样计算的：2000 + 3 * 4 = 2012，然后从 2012 地址所指向的 float 型内存单元取出元素的值，即 a[3] 的值。

（3）指向数组的指针变量也可以带下标，如 p[i] 与 *(p + i) 等价。

根据以上叙述，引用一个数组元素，可以用以下方法。

（1）下标法，如 a[i]。

（2）指针法，如 *(a + i) 或 *(p + i)，其中 a 是数组名，p 是指向数组元素的指针变量，其初值 p = a。

如有数组及指针定义：

```
int  a[5],*p = a;
```

其各元素可引用如下：

下标法：　　　a[0]　　　a[1]　　　a[2]　　　a[3]　　　a[4]

指针法：　　　*p　　　*(p + 1)　　*(p + 2)　　*(p + 3)　　*(p + 4)

p[0]	p[1]	p[2]	p[3]	p[4]
*a	*(a+1)	*(a+2)	*(a+3)	*(a+4)

各元素地址：

p	p+1	p+2	p+3	p+4
a	a+1	a+2	a+3	a+4

【应用案例 6.6】

编写程序，输出数组中的全部元素。

【程序代码】

（1）下标法。

```c
#include <stdio.h>
#include <stdlib.h>
void main()
{
    int a[6] = {1,2,3,4,5,6};
    int i;
    printf("\n");
    for(i = 0;i < 6;i ++)
        printf("%d",a[i]);
    system("pause");
}
```

（2）通过数组名计算数组元素地址，输出元素的值。

```c
#include <stdio.h>
#include <stdlib.h>
void main()
{
    int a[6] = {1,2,3,4,5,6};
    int   i;
    printf("\n");
    for(i = 0;i < 6;i ++)
        printf("%d",*(a + i));
    system("pause");
}
```

（3）用指针变量指向数组元素。

```c
#include <stdio.h>
#include <stdlib.h>
void main()
{
    int a[6] = {1,2,3,4,5,6};
    int   *p;
    printf("\n");
    for(p = a;p < a + 6;p ++)
        printf("%d",*p);
    system("pause");
}
```

三种方法的比较：①第（1）、（2）种方法下程序的执行效率相同。C 编译系统是将 a[i] 转换为 *（a+i）处理的，即先计算数组元素的地址，较第（3）种方法是费时。②第（3）种方法是用指针变量直接指向数组元素，不必每次都重新计算地址，像 p ++ 这样的自加操作是比较快的。这种有规律地改变地址值能大大地提高程序的执行效率。③用下标法比较直观，能直接知道是哪个数组元素。而地址法和指针法不直观，难以很快地判断出当前处理的是哪个数组元素。

在使用指针变量指向数组元素时，有以下几个问题要注意。

（1）指针变量可以通过改变自身的值指向不同的数组元素。如应用案例中第（3）种方法是用指针变量 p 指向数组元素，用 p ++ 使 p 的值不断改变从而指向不同的数组元素，这是合法的。如果不用 p 而使数组名 a 变化则是不行的。因为数组名 a 是常量，代表数组首元素的地址，它的值在程序运行期间是固定不变的。

（2）要注意指针变量的当前值，切实保证它指向数组中的有效元素，否则会出现不可预料的结果，如应用案例 6.7。

【应用案例 6.7】

从键盘输入 10 个整数给数组 a，通过指针变量输出数组 a 中的 10 个元素。

【程序代码】

```
#include <stdio.h>
#include <stdlib.h>
void main()
{
    int a[10],i,*p;
    printf("请输入10个整数:");
    p=a;
    for(i=0;i<10;i++)
        scanf("%d",p++);
    for(i=0;i<10;i++,p++)
        printf("%d",*p);
    printf("\n");
    system("pause");
}
```

【程序运行结果】

程序运行结果如图 6-19 所示。

图 6-19 应用案例 6.7 程序运行结果（1）

显然这不是想要的结果，原因是经过第一个 for 循环后，指针变量 p 指向了数组以后的内存单元。要想得到正确的结果，需要在第二个 for 循环之前加一个赋值语句 "p=a;"，使 p 再指向 a[0] 即可。正确的程序如下。

【程序代码】

```
#include <stdio.h>
#include <stdlib.h>
void main()
{
    int a[10],i,*p;
    printf("请输入 10 个整数:");
    p = a;
    for(i = 0;i < 10;i ++)
         scanf("%d",p ++);
    p = a;
    for(i = 0;i < 10;i ++,p ++)
         printf("%d",*p);
    printf("\n");
    system("pause");
}
```

【程序运行结果】

程序运行结果如图 6 - 20 所示。

请输入10个整数: 1 2 3 4 5 6 7 8 9 10
1 2 3 4 5 6 7 8 9 10
请按任意键继续. . .

图 6 - 20 应用案例 6.7 程序运行结果 (2)

（3）注意指针变量的运算。如果先使 p 指向数组 a（即 p = a），则：

①p ++（或 p += 1）表示使 p 指向下一个数组元素，即 a[1]。若再执行 *p，则取出数组元素 a[1] 的值。

②对于 *p ++，由于 ++ 和 * 优先级相同，结合方向为自右向左，因此它等价于 *(p ++)。作用是先得到 p 指向的变量的值（即 *p），然后再使 p + 1 => p。如语句

```
for(i = 0;i < 10;i ++,p ++)
    printf("% d",*p);
```

可写为：

```
for(i = 0;i < 10;i ++)
    printf("% d",*p ++);
```

③ *(++p) 表示先使 p 加 1，再取 *p。输出 *(++p)，则得到 a[1] 的值。

④（*p）++ 表示 p 所指向的数组元素的值加 1，如果 p = a，则（*p）++ 相当于 a[0] ++，若 a[0] = 3，则（*p）++ 的值为 4。注意是数组元素的值加 1，而不是指针的值加 1。

⑤（p --）的作用是先对 p 进行 " * " 运算，再使 p 自减。

⑥（-- p）的作用是先使 p 自减，再作 " * " 运算。

将 ++ 和 -- 运算符用于指针变量十分有效，可以使指针变量自动向前或向后移动，以指向下一个或上一个数组元素，但如果不小心，则很容易出错。因此，在用 *p ++ 形式的运算

时，一定要十分小心，弄清楚先取 p 值，还是先使 p 加 1。

【应用案例6.8】

指针变量运算实例。

【程序代码】

```c
#include <stdio.h>
#include <stdlib.h>
void main()
{
    int a[] = {5,8,7,6,2,7,3}, *p = &a[1], y, x, *q = &a[0];
    y = *p++;
    printf("%d", y);
    printf("%d\n", *p);
    x = (*q)--;
    printf("%d", x);
    printf("%d\n", *q);
    system("pause");
}
```

说明：

（1）程序的开始定义了指针变量 p 和 q，并为它们赋初值，p 指向数组元素 a[1]，q 指向数组元素 a[0]。执行"y = *p++;"，先将 *p 即 a[1] 的值（8）赋给 y，然后 p 加 1，指向数组元素 a[2]，所以输出 *p 为 7。

（2）程序执行"x = (*q)--;"，先把 *q 即 a[0] 的值（5）赋给 x，然后，使 q 所指内存单元（即 a[0]）的内容减 1，所以输出 *q 为 4。

【程序运行结果】

程序运行结果如图 6-21 所示。

图 6-21 应用案例 6.8 程序运行结果

【应用案例6.9】

指针整数运算实例。

【程序代码】

```c
#include <stdio.h>
#include <stdlib.h>
void main()
{
    int a[10] = {1,2,3,4,5,6,7,8,9,10}, *p = a;
    p += 4;
    printf("%d", *p);
    p--;
```

```
    printf("%d",*p);
    system("pause");
}
```

说明：程序中指针变量 p 首先指向 a[0]，执行"p += 4;"后，p 指向 a[4]，执行"p -- ;"后，p 则指向 a[3]。

【程序运行结果】

程序运行结果如图 6 - 22 所示。

5 4 请按任意键继续. . . .

图 6 - 22　应用案例 6.9 程序运行结果

（1）C 语言约定，当指针变量指向数组元素时，不论数组元素是什么类型，指针和整数 n 进行加减运算时，并不是简单地将指针变量的原值加减 n，而是根据所指数组元素的数据存储字节长度 sizeof（a[0]）对 n 放大，保证指针向前或向后移动 n 个数组元素位置。

（2）当两个指针指向同一数组的两个元素时，允许两个指针做减法运算，其绝对值等于两个指针所指数组元素之间相差的数组元素个数。

例如，有如下说明：

```
int a[10],*p=&a[1],*q=&a[3];
```

则 p - q = - 2，q - p = 2。

指针变量还可进行关系运算，若 p1 和 p2 指向同一数组元素，则 p1 < p2 表示 p1 所指的数组元素在前；p1 > p2 表示 p2 所指的数组元素在前；p1 = p2 表示 p1 与 p2 指向同一个数组元素；若 p1 与 p2 不指向同一数组元素，则比较无意义。

【应用案例 6.10】

阅读程序，分析输出结果。

【程序代码】

```
#include <stdio.h>
#include <stdlib.h>
void  main()
{
    int  a[10]={1,2,3,4,5,6,7,8,9,10},*p1,*p2,temp;
    for(p1=a,p2=a+9;p1<p2;p1++,p2--)
    {   temp=*p1;
    *p1=*p2;
    *p2=temp;
    }
    for(p1=a;p1<a+10;p1++)
        printf("%5d",*p1);
    printf("\n");
    system("pause");
}
```

说明：程序中先使 p1 指向数组的第一个元素，使 p2 指向数组的最后一个元素。然后将

p1，p2 所指向的数组元素的值互换，再使 p1 指向下一个数组元素，使 p2 指向前一个数组的元素，做上面的互换操作，依此重复下去，直到 p1 指向 p2 的后面或 p1 和 p2 指向同一数组的元素为止，从而实现了将数组中的元素逆序的功能。

【程序运行结果】

程序运行结果如图 6 – 23 所示。

```
       10   9   8   7   6   5   4   3   2   1
请按任意键继续. . .
```

图 6 – 23　应用案例 6.10 程序运行结果

2. 指针与二维数组

指针可以指向一维数组，并可利用指针引用其数组元素。指针也可指向二维数组，也可以通过指针引用二维数组的元素。

1）二维数组元素的地址

假设有如下定义：

```
int a[3][4] = {{1,3,5,7},{2,4,6,8},{10,20,30,40}};
```

以上定义说明 a 是一个数组名，它包含 3 行，即 3 个元素：a[0]，a[1]，a[2]。而每个元素又是一个一维数组，各包含 4 个元素。例如，a[0] 所代表的一维数组包含 4 个元素：a[0][0]，a[0][1]，a[0][2]，a[0][3]，如图 6 – 24 所示。可以认为二维数组是"数组的数组"，即二维数组 a 是由 3 个一维数组所组成的。

从二维数组的角度来看，a 代表二维数组首元素的地址，现在的首元素不是一个简单的整型元素，而是由 4 个整型元素所组成的一维数组，因此 a 代表的是首行（即第 0 行）的首地址。a + 1 代表第 1 行的首地址。a + 2 代表第 2 行的首地址。如果二维数组的首行的首地址为 2000，则 a + 1 为 2008，因为第 0 行有 4 个整型数据，因此 a + 1 的含义是 a[1] 的地址，即 a + 4 × 2 = 2008。a + 2 代表 a[2] 的地址，它的值是 2016，如图 6 – 25 所示。

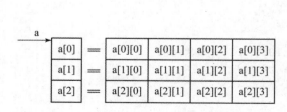

图 6 – 24　二维数组由一维数组组成　　　　图 6 – 25　二维数组的地址

a[0]，a[1]，a[2] 既然是一维数组名，而 C 语言又规定了数组名代表数组首元素地址，因此，a[0] 代表第 0 行的首地址，即数组元素 a[0][0] 的地址，值为 &a[0][0]。a[1] 代表第 1 行的首地址，即数组元素 a[1][0] 的地址，值为 &a[1][0]。a[2] 代表第 2 行的首地址，即数组元素 a[2][0] 的地址，值为 &a[2][0]。

如图 6 – 25 所示，a[0] + 1 是数组元素 a[0][1] 的地址，a[1] + 1 是数组元素 a[1][1]

的地址，那么任意的数组元素 a[i][j] 的地址是 a[i] +j。

二维数组元素地址的表示形式较多，每种表示形式都有对应的数组元素引用方法。表6-1所示为二维数组元素 a[i][j] 的地址表示及引用方法。

表6-1　二维数组元素的地址表示及引用方法

第 i 行第 j 列元素的地址	第 i 行第 j 列元素的引用
&a[i][j]	a[i][j]
a[i] +j	*(a[i] +j)
*(a+i) +j	*(*(a+i) +j)

2）指向二维数组元素的指针变量（列指针）

例如：

```
int  a[3][2], *p;
p =&a[0][0];
```

二维数组在内存中是按行顺序存储的，因此，可以通过对指向数组元素的指针变量进行加减运算来达到引用任意数组元素的目的，指针 p 的增/减值以一个数组元素的长度为单位，其引用方法与引用一维数组元素一样。

【应用案例6.11】

用指向二维数组元素的指针访问数组。

【程序代码】

```
#include <stdio.h>
#include <stdlib.h>
void  main()
{
    int  a[3][3] ={{1,2,3},{4,5,6},{7,8,9}};
    int  *p;
    for(p =&a[0][0];p <&a[0][0] +9;p ++)
    {
        if((p -&a[0][0])%3 ==0)  printf("\n");
        printf("%5d",*p);
    }
    printf("\n");
    system("pause");
}
```

说明：程序中用 p =&a[0][0] 使指针 p 指向数组的第一个元素，数组共有9个元素，所以最后一个数组元素的地址是 &a[0][0] +8。p =&a[0][0] 还可用 p =a[0] 代替，因为 a[0] 是数组的第一个元素的地址，且其类型与指针 p 的类型一致，都是 int 型，同样 &a[0][0] +9 也等价于 a[0] +9。p ++ 执行一次，指针 p 向后移动一个数组元素位置。

【程序运行结果】

程序运行结果如图 6 – 26 所示。

图 6 – 26　应用案例 6.11 程序运行结果

3）指向二维数组的行指针变量（行指针）

行指针变量就是用来存放"行"地址的变量，其一般定义格式为：

数据类型名　（ * 指针变量名）［数组长度］；

例如：

```
int  ( * p)[4];
```

p 是一个指针变量，它的类型是一个包含 4 个整型元素的一维数组，因此指针变量 p 可以指向一个有 4 个元素的一维数组。这时，如果 p 先指向 a[0]（即 p = &a[0]），则 p + 1 不是指向 a[0][1]，而是指向 a[1]，p 的增值以一维数组的长度为单位。

【应用案例 6.12】

利用行指针输出二维数组元素的值。

【程序代码】

```
#include <stdio.h>
#include <stdlib.h>
void  main()
{
    int  a[3][3] = {{1,2,3},{4,5,6},{7,8,9}};
    int  ( * p)[3],j;    /*指针变量p为行指针*/
    for(p = a;p < a + 3;p ++)
    {
        for(j = 0;j < 3;j ++)
            printf("%5d",*( * p + j));
        printf("\n");
    }
    system("pause");
}
```

说明：首先把数组 a 看成一维数组，它的元素有 a[0]，a[1]，a[2]。由于指针 p 与数组名 a 表示的地址常量的类型相同，所以可以用 p = a 使指针 p 指向数组 a 的第一个元素 a[0]，这时 * p 表示 a[0] 的值，即第 0 行的首地址，如有 * p + 1，它表示 a[0][1] 的地址，*（ * p + 1）表示数组元素 a[0][1]。p ++ 执行一次，指针 p 向后移动一行。

【程序运行结果】

程序运行结果如图 6 – 27 所示。

图 6 – 27　应用案例 6.12 程序运行结果

6.3.4　指向数组的指针作为函数参数

通过第 5 章的学习我们知道，数组名作为形参时，接收实参数组的起始地址；数组名作为实参时，将数组的起始地址传递给形参数组。学习了指向数组的指针变量后，当数组名及指向数组的指针变量作为函数参数时，可有以下 4 种表现形式。

（1）形参、实参都用数组名；

（2）形参、实参都用指针变量；

（3）形参用指针变量，实参用数组名；

（4）形参用数组名，实参用指针变量。

实际上，C 编译系统是将形参数组名作为指针变量来处理的，而实参数组名代表该数组首元素的地址，因此，上述 4 种表现形式实质上是 1 种，即指针数据作为函数参数。

需要强调的是，实参与形参要保持类型的一致性，也就是说若实参表示为 int 型变量的地址，形参也必须定义为 int 型变量的地址；实参表示为字符型的数组名，形参也必须定义为字符型数组或字符型指针变量。

【应用案例 6.13】

数组名作函数参数与指针变量作函数参数的程序实例。

【程序代码】

（1）形参、实参都为数组名。

```c
#include <stdio.h>
#include <stdlib.h>
void  add(int a[],int b[],int n)   /*形参为数组名*/
{
    int  i;
    for(i =0;i <n;i ++)
        a[i] =a[i] +b[i];
}
void  main()
{
    int  x[3] ={1,2,3};
    int  y[3] ={4,5,6};
    int  i;
    add(x,y,3);   /*函数调用,实参为数组名*/
    for(i =0;i <3;i ++)
        printf("%4d",x[i]);
    system("pause");
}
```

【程序运行结果】

程序运行结果如图 6 – 28 所示。

`5   7    9请按任意键继续...`

图 6 – 28   应用案例 6.13 程序运行结果 (1)

（2）形参、实参都为指针变量。

```
#include <stdio.h>
#include <stdlib.h>
void  add(int *a,int *b,int n) /*形参为指针变量*/
{
    int  i;
    for(i = 0;i < n;i ++)
        a[i] = a[i] + b[i];
}
void  main()
{
    int  x[3] = {1,2,3};
    int  y[3] = {4,5,6};
    int  i, *p = x, *q = y;
    add(p,q,3);   /*函数调用,实参为指针变量*/
    for(i = 0;i < 3;i ++)
        printf("% 4d",x[i]);
    system("pause");
}
```

【程序运行结果】

程序运行结果如图 6 – 29 所示。

`5   7    9请按任意键继续...`

图 6 – 29   应用案例 6.13 程序运行结果 (2)

函数 add( ) 中用数组名作为形参，用下标法引用形参数组元素，这样的程序很容易理解；用指针变量作为形参时仍可用 a[i]，b[i] 的形式表示数组元素，它就是 a + i，b + i 所指的数组元素。在 main( ) 函数中的指针变量 p 和 q 作为函数 add( ) 的实参，必须先使它们具有确定的值，以指向一个已定义的内存单元。

6.4   指针与字符串

字符型数组通常用来存放字符串，指针指向字符型数组也就指向了字符串，因此通过指针可以引用它所指向的字符串。

【应用案例 6.14】

通过指针引用字符串实例。

【程序代码】

```
#include <stdio.h>
#include <stdlib.h>
void main()
{
    char  str1[] = "BeiJing",*p;
    printf("%s\n",str1);
    p = str1;
    printf("%s\n",p);
    p += 3;
    printf("%s\n",p);
    system("pause");
}
```

说明：程序中首先输出了字符型数组的内容，然后指针指向字符串首部，从此位置开始输出，直到遇到结束符"\0"为止，最后指针向后移动3个字符的位置，从字符串中第4个字符开始输出，直到遇结束符"\0"为止，如图6-30所示。

【程序运行结果】

程序运行结果如图6-31所示。

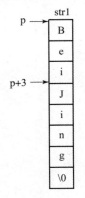

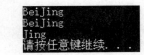

图6-30　指针指向字符串　　　　　图6-31　应用案例6.14 程序运行结果

字符串也可以不存储在字符数组中，而是定义一个字符指针，用字符指针指向字符串中的字符。

【应用案例6.15】

定义字符指针。

【程序代码】

```
#include <stdio.h>
#include <stdlib.h>
int  main()
{
    char * str = "I am a student.";
```

```
    printf("%s\n",str);
    system("pause");
}
```

说明：程序中"char *str = "I am a student. ";"是对字符指针初始化，实际上是把字符串第1个元素的地址赋给 str。

【程序运行结果】

程序运行结果如图6-32所示。

图6-32　应用案例6.15程序运行结果

C语言中对字符串常量是按字符型数组处理的，在内存中开辟了一个字符型数组存放该字符串常量，字符串的最后自动加了一个"\0"，如图6-33所示。因此，在输出时能确定字符串的终止位置。

通过字符数组名或字符指针变量可以输出一个字符串。

对字符串中字符的存取，可以用下标法，也可以用指针法，并可实现对其中部分字符的存取。

【应用案例6.16】

用指针输出字符串及其部分字符。

【程序代码】

```
#include <stdio.h>
#include <stdlib.h>
void  main()
{
    char  *str = "I love china!";
    printf("%s\n",str);
    printf("%s\n",str+2);
    printf("%c\n",str[7]);
    system("pause");
}
```

说明：程序中首先输出了整个字符串，然后从字符串的第3个字符开始输出，遇到"\0"时结束，最后输出字符串的第8个字符。

【程序运行结果】

程序运行结果如图6-34所示。

图6-33　指针指向字符串

图6-34　应用案例6.16程序运行结果

【应用案例6.17】

用指针实现将字符串 a 复制到字符串 b。

【分析】

（1）定义两个字符型数组 a 和 b，并为数组 a 赋初值；定义两个指针 p1 和 p2，分别用于指向字符型数组 a 和 b；

（2）利用指针移动逐个将字符型数组 a 中的元素复制到字符型数组 b 中；

（3）输出字符型数组 b 的各元素。

【程序代码】

```c
#include <stdio.h>
#include <stdlib.h>
void main()
{
    char  a[] = "I love china!",b[20],*p1,*p2;
    int i;
    p1 = a;  p2 = b;
    for(;*p1!='\0';p1 ++ ,p2 ++ )
    *p2 = *p1;
    *p2 ='\0';
    printf("字符串a是:% s \n",a);
    printf("字符串b是:");
    for(i =0;b[i]!='\0';i ++ )
      printf("%c",b[i]);
    printf("\n");
    system("pause");
}
```

说明：程序是先使 p1 和 p2 的值分别为字符型数组 a 和 b 的首地址。*p1 最初的值为 'I'，赋值语句"*p2 = *p1;"的作用是将字符'I'（字符串中的第 1 个字符）赋给 p2 所指向的数组元素，即 b[1]。然后 p1 和 p2 分别加 1，指向下一个数组元素，反复进行 *p2 = *p1 及 p1 ++ 、p2 ++ 的操作，直到 *p1 的值为'\0'时为止。

【程序运行结果】

程序运行结果如图 6 - 35 所示。

图 6 - 35　应用案例 6.17 程序运行结果

6.5 指针数组

指针数组是指由指针组成的数组，即指针变量的集合。指针数组中的若干指针比较适合指向若干个字符串，以使字符串的处理更为方便灵活。

1. 指针数组的定义

指针数组的定义格式为：

类型名　*数组名 [数组长度]；

例如 "char ＊wd [7];"，说明 wd 是一个具有 7 个元素的数组，它的每个元素都是指向字符型变量的指针。

2. 指针数组的初始化

由于指针数组是一个数组，它的初始化或赋值与数组的性质基本一致，其定义格式为：

数据类型 ＊数组名 [下标] = {地址 1，地址 2，…，地址 n};

例如 "char ＊name [3] = {"Liu"，"Fang"，"Zhang"};"，则 name 为具有 3 个元素的指针数组，数组元素 name [0] 指向字符串"Liu"，name [1] 指向字符串"Fang"，name [2] 指向字符串"Zhang"，如图 6 – 36 所示。

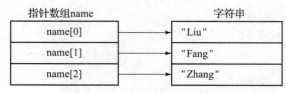

图 6 – 36　指针数组指向字符串

3. 指针数组的赋值

若有下列说明及语句：

```
char a[3][10] = {"Liu","Fang","Zhang"}, * name[3];
for(i = 0;i < 3;i ++)  name[i] = a[i];
```

则 for 语句执行完后，数组 name 的 3 个元素 name [0]，name [1] 和 name [2] 分别指向数组 a 每行的开头。此时，如果有语句 "printf ("％s,％s"，name [0]，name [1]);"，则输出结果为 "Liu，Fang"。

【应用案例 6.18】

利用指针数组，对一批程序设计语言名按从小到大的顺序进行排序并输出。

【分析】

(1) 在主函数中定义指针数组 book 并为其赋初值，然后调用排序函数实现排序，最后输出排序后的结果。

(2) 编写一个函数 sort() 实现排序。按照排序算法，对指针数组 book 所指字符串进行两两比较，若 book [i] 所指字符串大于 book [i + 1] 所指字符串，则 book [i] 与 book [i + 1] 的内容进行交换，也就是使 book [i] 指向较小的字符串，使 book [i + 1] 指向较大的字符串。

【程序代码】

```
#include <stdio.h>
#include <stdlib.h>
#include  <string.h>
void sort(char *book1[],int num)
{
  int i,j;
  char *temp;
  for(j = 0;j <= num - 1;j ++)
```

```
    for(i = 0;i < num - 1 - j;i ++ )
    if(strcmp(book1[i],book1[i +1]) > 0)
    {
        temp = book1[i];
        book1[i] = book1[i +1];
        book1[i +1] = temp;
    }
}
int main()
{
    int i;
    char * book[] = {"HTML/CSS","Java","JavaScript","C","Python","PHP"};
    sort(book,6);
    for(i = 0;i < 6;i ++ )
    printf("% s \n",book[i]);
    system("pause");
    return 0;
}
```

说明：在主函数中，定义指针数组 book，它有 6 个元素，其初值如图 6 – 37（a）所示。sort( )函数的作用是对字符串排序。在排序过程中不改变字符串的位置，而是改变指针数组中各元素的指向（即改变各元素的值，这些值是各字符串的首地址），排序完成后指针数组各元素的指向如图 6 – 37（b）所示。

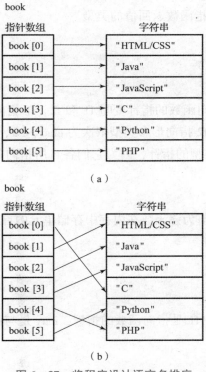

图 6 – 37　将程序设计语言名排序

【程序运行结果】

程序运行结果如图 6 – 38 所示。

图 6 – 38　应用案例 6.18 程序运行结果

6.6　指向函数的指针

可以用指针变量指向变量、字符串、数组，也可以用它指向一个函数。一个函数在编译时被分配一个入口地址。这个函数的入口地址称为函数的指针。可以用一个指针变量指向函数，然后通过该指针变量调用此函数。

6.6.1　用指向函数的指针变量调用函数

1. 指向函数的指针变量的定义

指向函数的指针变量的一般定义格式为：

数据类型（＊指针变量名）（函数参数列表）；

其中的"数据类型"是指函数返回值的类型。

例如：

```
char  (＊f1)(char,char);
int   (＊f2)(char,int);
```

上述语句定义了两个指向函数的指针变量 f1 和 f2。f1 指向形参类型依次为 char、char、返回值类型为 char 的函数；f2 指向形参类型依次为 char、int，返回值类型为 int 的函数。

【注意】 f1，f2 是不同类型的指针，因为它们各自所指向的函数的返回值类型、形参个数及各形参的类型不尽相同。

2. 为指向函数的指针变量赋值

函数名是指针常量，其值为该函数在内存中存储单元的首地址。只能将函数的首地址赋给指向同类型函数的指针。

函数指针赋值格式为：

函数指针＝函数名；

例如"f1＝max；"，其中 f1 是指向函数的指针，max 是与函数指针返回值类型相同的函数名。

3. 函数指针的调用

其调用格式为：

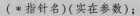

（＊指针名）（实在参数）；

例如，（＊f1）（a，b）表示调用 f1 所指向的函数，实参为 a，b。

【应用案例6.19】

用函数指针调用求最大值函数，求两个整数 a 和 b 中的最大值。

【分析】

（1）定义一个函数 max（），用于求两个整数 a 和 b 中的最大值。

（2）在主函数中，首先定义一个指向整型函数的指针变量 p，并使 p 指向 max（）函数，然后通过指针变量 p 调用 max（）函数求得最大值赋给变量 c，最后输出 a，b，c 的值。

【程序代码】

```
#include <stdio.h>
#include <stdlib.h>
int max(int x,int y)
{
    return x>y ? x:y;
}
void main()
{
    int a,b,c;int (*p)(int,int);
    p=max;
    scanf("%d,%d",&a,&b);
    c=(*p)(a,b);
    printf("a=%d,b=%d,max=%d\n",a,b,c);
 system("pause");
}
```

说明：

（1）在"int（＊p）（int，int）；"中，（＊p）两侧的括弧不可省略，表示 p 先与"＊"结合，是指针变量，然后再与后面的"（）"结合，表示此指针变量指向函数，这个函数的返回值是整型。

如果写成"int ＊p（int，int）；"，则由于"（）"的优先级高于"＊"，它就成为声明一个函数（这个函数的返回值是指向整型变量的指针）。

（2）给函数指针变量赋值时只赋函数名，不准带参数。

例如"p=max；"，其作用是将函数 max（）的入口地址赋给指针变量 p。与数组名代表数组的起始地址一样，函数名代表函数的入口地址。

（3）本案例中"c=（＊p）（a，b）；"是通过函数指针变量调用函数，用函数指针变量调用的参数与通过函数名调用的参数完全一致，用函数指针变量调用函数时，只需用（＊p）代替函数名即可。

【程序运行结果】

程序运行结果如图 6-39 所示。

图 6 – 39　应用案例 6.19 程序运行结果

对指向函数的指针变量不准作加减运算，如：p ++ , p -- , p + n 都是错误的。

6.6.2　用指向函数的指针变量作函数参数

函数指针变量的用途之一是作为参数把指针传递到其他函数中，以实现函数地址的传递，这样就能够在被调函数中使用实参函数。

【应用案例 6.20】

设一个函数 pp( )，在调用它的时候，每次实现不同的功能。输入 a 和 b 两个数，第一次调用 pp( )时找出 a 和 b 中的大者，第二次找出 a 和 b 中的小者，第三次求 a 与 b 之和。

【分析】

（1）定义函数 max( )，用于求两个整数中的大者；定义函数 min( )，用于求两个整数中的小者；定义函数 sum( )，用于求两个整数的和。

（2）定义函数 pp( )，其形参包含两个整型变量 x，y 和一个指向函数的指针变量 p，在函数体中用（*p）(x，y) 实现对实参函数的调用。

（3）在主函数中，首先输入两个整数，然后三次调用 pp( )函数，实现对这两个整数中的大者、小者及两个整数和值的求算。

【程序代码】

```c
#include < stdio.h >
#include < stdlib.h >
int max(int x,int y)              //求 x,y 中的大者
｛ return x > y? x:y; ｝
int min(int x,int y)              //求 x,y 中的小者
｛ return x < y? x:y; ｝
int sum(int x,int y)              //求 x,y 的和
｛ return x + y; ｝
void pp(int x,int y,int ( * p)(int,int))
｛
 int result;
 result = ( * p)(x,y);
 printf("% d \n",result);
｝
void main()
｛
 int a,b;
 printf("请输入两个整数:");
 scanf("% d,% d",&a,&b);
 printf("最大值 = ");
 pp(a,b,max);
 printf("最小值 = ");
```

```
pp(a,b,min);
printf("两个数之和＝");
pp(a,b,sum);
system("pause");
}
```

说明：

（1）在定义 pp( ) 函数时，形参中的"int(＊p)(int，int)"表示 p 是指向函数的指针变量，该函数是一个整型函数，它有两个整型形参。

（2）在 main( ) 函数中第一次调用函数 pp( ) 时，除了将 a，b 作为实参传送给 pp( ) 的形参 x，y 外，还将函数名 max 作为实参将其入口地址传送给 pp( ) 函数中的形参 p，这时 pp( ) 函数中的（＊p)(x，y）相当于 max(x，y)，执行 pp( ) 可以输出 a 和 b 中的大者。

（3）在 main( ) 函数中第二次调用函数 pp( ) 时，改以函数名 min 作实参，此时 pp( ) 函数的形参 p 指向函数 min( )，在 pp( ) 函数中的函数调用（＊p)(x，y）相当于 min(x，y)。同理，第三次调用 pp( ) 函数时，（＊p)(x，y）相当于 sum(x，y)。

【程序运行结果】

程序运行结果如图 6－40 所示。

图 6－40　应用案例 6.20 程序运行结果

从本案例可以看出，不论调用 max( )、min( )，还是调用 sum( )，函数 pp( ) 一点都不用改动，只是在调用 pp( ) 函数时改变实参函数名而已。这样就增加了函数使用的灵活性。可以编写一个通用的函数来实现各种专用功能。

6.7 先导案例的设计与实现

6.7.1 问题分析

1. 界面分析

由于是控制台应用程序，本界面使用 printf( ) 函数输出相应的提示和操作界面。

2. 功能分析

第 5 章的先导案例中，使用数组实现了学生成绩数据的存储和显示。本节应用指针存储、访问和处理数据。程序的设计思路和数组的处理是相同的，只是转换成用指针来存储、访问和处理数据。

3. 数据分析

本案例需要用户通过控制台输入学生各科的成绩数据，故定义一个一维数组 float scores[50] 来存放各科成绩；定义辅助计数变量 N 表示录入的成绩个数，即录入了几科成绩。

特别地，如采用动态申请内存空间存放未定科目数的成绩数据，可定义指向 float 型数组的指针变量 p 来处理用户输入数据的添加、存储和显示，即 "float ＊p=(float＊)malloc(N);"。

6.7.2　设计思路

1. 自定义函数的确定

根据功能分析，需要编写两个函数 myAdd( ) 和 showItem( )，分别实现数据添加和数据显示功能。

2. 各个函数的功能及设计思路

在程序中，不同的功能函数想要访问相同的数组 score 存储单元，而且还能够直接修改其中的数据，就需要对这样的数据传递指针，以此避免数组 score 数据量较大而作为参数传递时，大量的内存复制占用 CPU 资源。再则，对于程序的辅助计数变量 N，要通过功能函数调用对 N 重新赋值，可将其值传递给普通变量（基本类型的变量）的形参，在函数内计算出新的值后，再以返回值的形式为变量 N 重新赋值，这样较为直观。

综上，设计以上两个功能函数参数分别为 float ＊s（或 float ＊a）、int num，即一个为指针变量作函数参数，以 "地址传递" 方式接收实参传递的数组 score 的地址；另一个为整型变量作函数参数，以 "值传递" 方式，接收录入成绩的科目数。

各个函数的详细描述如下。

（1）数据添加功能函数。

函数名：myAdd；

函数功能：从键盘录入数据并存入数组 score；

输入参数：myAdd(float ＊s,int num)；

返回值：num。

基本设计思想：

①定义有关变量；

②利用循环条件约束，通过键盘输入，实现成绩数据的多次添加并记录添加个数，在添加过程中控制非法输入；

③返回形参 num 的值。

（2）数据显示功能函数。

函数名：showItem( )；

函数功能：遍历数组 scores 的数据并显示到屏幕上；

输入参数：showItem(float ＊a,int num)；

返回值：无。

基本设计思想：

①定义辅助计数变量；

②利用循环语句读取数组中存储的数据并显示到屏幕上。

6.7.3　程序实现

【说明】

在 showItem( ) 函数中，用指针变量直接指向数组元素，不必每次都重新计算机地址，这种有规律地改变地址值（a++）能大大提高执行效率。

【特别提示】

数组 float score[50] 在创建时即指定了数组的大小为 50 个元素，也可使用指针实现动态存储分配，main( )主函数代码修改如下：

```c
int main()
{
    int  N = 0;                       /*存放几科成绩*/
    float * p = (float *)malloc(N);   /*动态申请内存空间存放未定科目数的成绩数据*/
    N = myAdd(p, N);                  /*注意传递参数*/
    showItem(p, N);                   /*注意传递参数*/
    printf("您录入了该名学生的%d科成绩\n",N);
    system("pause");
    return 0;
}
```

main( )函数中调用的 myAdd(float * s, int num)、myAdd(float * s, int num)两个函数定义同下面的程序代码，此处省略。

当然，也可以将 float * p 设置为全局变量，在 myAdd( )、showItem( )函数中不用再传递参数 p，代码修改此处省略。

【程序代码】

```c
#include <stdio.h>
#include <stdlib.h>
int myAdd(float *s,int num);      /*录入函数*/
void showItem(float *a,int num);  /*显示函数*/
int main()
{
    float score[50] = {0};   /* score 数组中存放若干科目的成绩,各个函数都能操作
数组 score */
    intN = 0;                /*数组 score 中存放几科成绩*/
    N = myAdd(score,N);
    showItem(score,N);

    printf("您录入了该名学生的%d科成绩\n",N);
    system("pause");
    return 0;
}
int myAdd(float *s,int num)/*学生成绩的录入函数*/
{
    char yes_no;
    do{
```

```
            printf("请输入学生的分数:");
            scanf("%f",s+num);
            num++;

            do{
                    printf("是否继续添加(y/n)?");
                    getchar();
                    scanf("%c",&yes_no);
            }while(yes_no!='Y' && yes_no!='y' && yes_no!='N' && yes_no!='n');
        }while(yes_no=='Y' || yes_no=='y');
        return num;
    }


void showItem(float *a,int num)/*学生成绩的显示函数*/
{
    int i;
    printf("录入的学生各科成绩如下:\n");
    for(i=0;i<num;i++)
    {
            printf("Score[%d]=%.2f\n",i,*(a+i));/*用指针访问数组元素,效率高*/
    }
}
```

【程序运行结果】

程序运行结果如图 6-41 所示。

图 6-41　先导案例程序运行结果

6.8　综合应用案例

6.8.1　遍历数组元素问题

1. 案例描述

编写程序,根据输入的 10 名学生的成绩,求出平均成绩。

2. 案例分析

1) 功能分析

根据案例描述,程序具有访问数组元素并求出累加和,进而求出平均值的功能。

2）数据分析

这个程序需要定义一个 score 数组，用来保存输入的 10 名学生的成绩，另外再定义一个指针变量指向数组元素首地址，使用 p + 1 移动指针，指向数组的每个元素。分别定义浮点型的求和变量和平均值变量保存计算结果。

3. 设计思想

（1）利用 for 循环语句，输入 10 名学生的成绩。

（2）利用 for 循环语句，移动指向数组元素的指针 p 来遍历数组元素，并累加求和赋给 sum 变量。

（3）求出平均成绩（ave = sum/10）并输出 ave。

4. 程序实现

```c
#include <stdio.h>
#include <stdlib.h>
void  main()
{
    float   score[10],*p,sum = 0,ave;
    printf("请输入 10 个学生成绩:");
    for(p = score;p < score +10;p ++)
        scanf("%f",p);
    for(p = score;p < score +10;p ++)
        sum += *p;           /*取各成绩累加到 sum 中*/
    ave = sum/10;            /*求平均成绩*/
    printf("平均成绩 = %.2f\n",ave);
    system("pause");
}
```

5. 程序运行

程序运行结果如图 6 - 42 所示。

请输入10个学生成绩: 78 89 96 67 90 80 77 66 92 68
平均成绩 = 80.30

图 6 - 42　"遍历数组元素问题"程序运行结果

6.8.2　字符串的连接问题

1. 案例描述

将从键盘输入的两个字符串连接在一起。

2. 案例分析

1）功能分析

根据案例描述，将从键盘任意输入的两个字符串连接在一起并输出到屏幕上。

2）数据分析

需要定义两个字符数组用于保存字符串、两个指针变量用于指向字符串。

3. 设计思想

（1）使指针 p 指向第一个字符串的末尾（最后一个字符后面），使指针 q 指向第二个字符串的首部。

（2）反复进行 * p = * q 和 p, q 指针后移的操作，直到 * q 为'\0'时为止。

4. 程序实现

```c
#include <stdio.h>
#include <stdlib.h>
#include <string.h>
void main()
{
    char str1[20],str2[10],*p,*q;
    printf("请输入两个字符串:\n");
    gets(str1);
    gets(str2);
    p = str1 + strlen(str1);      /*p指向第一个字符串的末尾*/
    q = str2;                     /*q指向第二个字符串的首部*/
    while( *q!='\0')              /*如果第二个字符串未结束,继续执行*/
    {
        *p = *q;
        p++;                      /*指针p向后移动*/
        q++;                      /*指针q向后移动*/
    }
    *p='\0';                      /*字符串末尾加上结束标志*/
    printf("连接后新串为:");
    puts(str1);
    system("pause");
}
```

5. 程序运行

程序运行结果如图 6 – 43 所示。

图 6 – 43 "字符串的连接问题" 程序运行结果

本章小结

（1）指针是 C 语言的组成部分，使用指针编程可以提高程序的编译效率和执行速度，还可以使主调函数和被调函数之间共享变量或数据结构，以便于实现双向数据通信。

（2）指针是内存单元地址。一个变量的地址称为该变量的指针，指针变量用于存放其他变量的地址。

（3）指针变量与普通变量一样，要先定义后使用。一个指针变量只能指向同一种类型的变量。如有定义语句 "float * fp;"，则 fp 只能指向 float 型的变量。

（4）指针的运算。

①取地址运算符 &：求变量的地址。

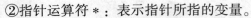

②指针运算符＊：表示指针所指的变量。

③赋值运算：用于建立指针的指向关系。

a. 把变量地址赋给指针变量；

b. 同类型指针变量相互赋值；

c. 把数组、字符串的首地址赋给指针变量；

d. 把函数入口地址赋给指针变量。

④加减运算。

对指向数组或字符串的指针变量可以进行加减运算（如 p＋n、p－n、p＋＋、p－－ 等），以实现在数组或字符串区域内移动指针。指向同一数组或字符串的两个指针变量可以相减，结果为两个指针相差的元素个数。指向其他类型的指针变量作加减运算是无意义的。

⑤关系运算。

指向同一数组的两个指针变量可以进行大于、小于、等于的比较运算，指向前面元素的指针变量小于指向后面元素的指针变量。指针可与 NULL 比较，p ＝＝ NULL 表示 p 为空指针。

（5）用指针作函数参数时，可以在被调函数中访问调用函数中的变量，为问题的处理提供了方便。运用指针编程是 C 语言的主要风格之一。利用指针能方便地处理数组和字符串。不可否认，指针也是 C 语言学习中最难理解和使用的部分，在 C 语言学习中除了要正确理解指针的基本概念外，还需要多读、多编程序，多上机调试。

习　　题

程序设计题：

（1）从键盘上输入任意三个整数，利用指针的方法将这三个整数按从小到大的顺序输出。

（2）有一个包含 n 个字符的字符串，利用指针将字符串中从第 m（m≤n）个字符开始的全部字符复制为另一个字符串。

（3）用指针对 n 个整数进行排序并输出。要求将排序功能单独写成一个函数。在主函数中输入并在主函数中输出。

（4）编写一个程序，输入 x 值，输出相应的 y 值。要求用函数指针来实现。

$$y = \begin{cases} x & , x < 0 \\ 2x - 5 & , 0 \leqslant x < 5 \\ 3x + 4 & , x \geqslant 5 \end{cases}$$

第**7**章

结构体与共用体

—系统数据的完整表示与处理—

【内容简介】

当一个整体由多个数据构成时，可以用数组表示这个整体，但数组有一个特点：数组内部的每一个元素都必须是相同类型的数据。在实际运用中，通常需要由不同类型的数据构成一个整体，比如学生这个整体可以由姓名、年龄、身高、成绩等构成，这些数据的类型不同，姓名可以是字符串类型，年龄可以是整型，身高与成绩可以是浮点型。

为了解决上述问题，C语言提供了一种构造类型——结构体，它允许内部的元素是不同类型的。C语言使用结构体进一步加强了表示数据的能力。本章主要介绍结构体与共用体两种构造类型的语法结构和具体应用形式。

【知识目标】

理解结构体的含义，掌握结构体及变量的定义和使用方法；掌握结构体数组的定义和使用方法；掌握结构变量与函数之间的参数传递；理解共用体的含义，掌握共用体的定义和使用方法。

【能力目标】

具备应用结构体、共用体解决实际问题的能力。

【素质目标】

培养全面分析、严谨思考的岗位素质；培养善于沟通、协同工作的基本素质。

【先导案例】

学生期末成绩清单见表7-1。要求编程实现以下功能：

（1）汇总每名学生的成绩；

（2）分别统计男、女生的总分最高分；

（3）按学号查询学生信息。

表7-1　学生期末成绩清单

学号	姓名	性别	年龄	C语言	高数	英语
1001	王芳	女	20	80	85	79
1002	刘力	男	20	88	86	90

学号	姓名	性别	年龄	C 语言	高数	英语
1003	李楠	女	20	85	90	84
1004	张亮	男	20	65	70	54

7.1 结构体

7.1.1 结构体的引出

前面章节已经介绍了整型（int，long，…）、浮点型（float，double）、字符型（char）、还介绍了数组（存储一组具有相同类型的数据）、字符串。但是在实际问题中只有这些数据类型是不够的，有时候需要其中的几种一起修饰某个变量，例如在学生管理系统中，一个学生的信息就由学号（字符串或整型）、姓名（字符串）、性别（字符型或字符串）、年龄（整型）、各科成绩（浮点型）等组成，这些数据类型不同，但是它们又是表示一个整体，要存在联系，那么就需要一个新的数据类型，将描述学生的基本信息组合起来，构成所需要的类型。

结构体是将不同类型的数据存放在一起，作为一个整体进行处理。结构体也是一种数据类型，只不过在这种数据类型中又包含了几个数据类型，它的优势在于能够完整地描述一个数据对象。

7.1.2 结构体类型的定义

使用关键字 struct 定义结构体类型，声明一个结构体类型的语法格式如下：

```
struct 结构体名
{
    类型名 1   结构体成员名 1;
    类型名 2   结构体成员名 2;
          …
    类型名 n   结构体成员名 n;
};
```

例如：定义一个工人类型 worker，包括工人的工号、姓名、年龄、工资。

```
struct worker
{
    char    num[10];
    char    name[20];
    int     age;
    float   salary;
};
```

【说明】

（1）结构体名和结构体成员名要符合 C 语言命名规则。

（2）结构体成员的类型要根据其代表的实际含义进行选择，可以是基本类型，也可以是构造类型，比如数组或结构体等。

（3）不同的结构体成员如果是同一类型，可以在一行上同时定义。

【应用案例 7.1】

定义表 7-1 中的学生类型。

【分析】

学生类型可以命名为 student，其中学号 num、姓名 name 可以定义为字符串类型；用 F（或 f）表示女性，用 M（或 m）表示男性，所以性别 sex 可以定义为字符型；年龄 age 可以定义为整型；C 语言成绩 C、高数成绩 maths、英语成绩 English 可以定义为浮点型。

【程序代码】

```
struct   student
{
     char num[10];
     char name[20];
     char sex;
     int age;
     float C,maths,English;
};
```

7.1.3   结构体类型变量的定义

定义结构体只是定义一个数据类型，在编程时要使用的是结构体类型的变量。以工人类型 worker 为例，定义该结构体类型的变量 w1，具体有以下几种定义方式。

1. 先声明结构体类型，再定义变量

```
struct worker
{
     char    num[10];
     char    name[20];
     int     age;
     float   salary;
};
structworker w1;;
```

2. 在声明结构体类型的同时定义变量

```
struct worker
{
     char    num[10];
     char    name[20];
     int     age;
     float   salary;
}w1;
```

3. 在声明无名结构体类型的同时直接定义变量

```
struct
{
    char   num[10];
    char   name[20];
    int    age;
    float  salary;
}w1;
```

【说明】

可以根据实际情况选择使用以上某种定义方式。

【应用案例7.2】

定义表7-1中学生类型的普通变量、指向其结构体的指针变量和该结构体的数组变量。

【分析】

该类型的普通变量可以命名为 stu，指向其结构体的指针变量定义为 p，该结构体的数组包括4个元素，定义为 b[4]。使用第一种方式定义如下。

【程序代码】

```
struct student
{
    char num[10];
    char name[20];
    char sex;
    int age;
    float C,maths,English;
};
structstudent stu,* p,b[4];
```

7.1.4　关键字 typedef 的用法

C 语言允许用户使用关键字 typedef 为各种数据类型定义新名称。一旦用户在程序中定义了新的数据类型名称，就可以在该程序中用新的数据类型名称来定义变量的类型、数组的类型、指针变量的类型与函数的类型等。

语法格式如下：

typedef 原类型名　新类型名

使用关键字 typedef 有如下好处：

（1）表达方式更简洁，简化编程；

（2）使程序参数化，提高程序的可移植性；

（3）为程序提供更好的说明性，可以引入"见名知意"的新名称，提高程序的可维护性。

在实际使用中，关键字 typedef 主要有如下4种用法。

1. 为基本数据类型定义新名称

系统默认的所有基本类型都可以利用关键字 typedef 来重新定义类型名，例如代码：

```
typedef unsigned int COUNT; //为无符号整型定义新名称 COUNT
COUNT a;    //用新名称 COUNT 声明了一个无符号整型变量 a
```

2. 为自定义数据类型（结构体、共用体）定义简洁的新名称

以表 7-1 中的学生类型为例，在使用这个结构体类型声明变量时，需要如下书写代码：

```
struct student w1;
```

该类型名"struct student"比较长，在使用该类型定义变量时显得烦琐。利用关键字 typedef 为这个结构体起一个简洁的新名称，就可以直接用其新名称定义变量，如下面的代码所示：

```
typedef struct student
{
    char num[10];
    char name[20];
    char sex;
    int age;
    float C,maths,English;
}STUDENT;
STUDENT stu;
```

3. 为数组定义新名称

为数组定义新名称，与为基本数据类型定义新名称一样，示例代码如下：

```
typedef float FLOAT_ARRAY_100[100]; //为包含 100 个元素的 float 类型数组定义新名称为
FLOAT_ARRAY_100
FLOAT_ARRAY_100 arr;   //arr 是一个包含 100 个元素的 float 类型的数组
```

4. 为指针定义新名称

对于指针，同样可以使用下面的方式定义一个新名称，示例代码如下：

```
typedef char * PCHAR;    //为指向字符型的指针重新定义类型名 PCHAR
PCHAR pa;                //pa 是指向字符型的指针变量
```

【特别提示】

虽然关键字 typedef 只是为原类型起了一个新名称，并不真正影响对象的存储特性，但在语法上它还是一个存储类型关键字，就像 auto、extern、static 和 register 等关键字一样。因此，像下面这种声明方式是不可行的：

```
typedef static int INT_STATIC;
```

因为关键字 typedef 已经占据了存储类型关键字的位置，因此在 typedef 声明中就不能够再使用 static 或任何其他存储类型关键字。

7.1.5　结构体变量的引用和初始化

结构体是一个构造类型，不能将结构体变量作为整体进行引用，应通过"变量名.成员名"的方式引用该变量的各个成员变量，达到引用结构体变量的目的。

引用结构体变量的语法格式如下：

结构体变量名. 成员名

定义结构体变量时还可以对它的成员初始化，初始化列表的常量依次赋给结构体变量中的各成员。注意：是对结构体变量初始化，而不是对结构体类型初始化。

以学生类型 STUDENT 为例，可以如下初始化和引用结构体变量：

```
STUDENT stu1 ={"1001","Jerry,",'M',20,90,83,78}, stu2;
scanf("%s",stu2.num);
strcpy(stru2.name,"Mary");
stu2.sex ='F';
stu2.age =19;
scanf("%f",&stu2.English);
```

【说明】

（1）"."是成员运算符，在所有的运算符中优先级最高。

（2）不能企图通过输出结构体变量名来输出结构体的所有成员，只能分别输出各个成员的值。

例如：不能使用以下语句输出 stu1 的值：

```
printf("% s% s% c% d% f% f",stu1);
```

应该分别输出各个成员的值：

```
printf( "% s% s% s% c% d% f% f% f", stu1.num, stu1.name, stu1.sex, stu1.age, stu1.C,
stu1.maths,stu1.English);
```

（3）结构体变量成员可以像普通变量一样进行运算。

例如：

```
average =(stu1.English +stu2.English)/2;
```

（4）可以引用结构体变量成员的地址，也可以引用结构体变量的地址，但注意不能用以下语句整体读入结构体变量：

```
scanf("%s%s%c%d%f%f%f",&stu1);
```

应该分别引用各个成员的地址：

```
scanf ( "%s%s%c%d%f%f%f", stu1.num, stu1.name, &stu1.sex, &stu1.age, &stu1.C,
&stu1.maths,&stu1.English);  //注意:stu1.num 和 stu1.name 本身是字符型数组,所以前面不加"&"
```

【特别提示】

如果成员本身又属于一个结构体类型，则要用若干个成员运算符，逐级找到最低一级的成员。只能对最低级的成员进行赋值或存取以及运算。如下列代码所示，定义日期类型（date），并用其定义学生类型（stud）中的成员变量 birthday，在引用的过程中必须逐级引用。

```
struct date
{
    int   year;
    int   month;
    int   day;
};
struct stud
{
    int   num;
    char   name[20];
    float   score;
    struct date   birthday;
};
struct stud stu;
stu.num = 2;
strcpy(stu.name,"jack");
stu.score = 80;
stu.birthday.year = 2011;  //逐级引用
stu.birthday.month = 5;
stu.birthday.day = 9;
```

7.2 结构体数组

一个结构体变量中可以存放一组数据（如一个学生的学号、姓名、成绩等数据）。如果有 10 个学生的数据需要参加运算，显然应该用数组，这就需要定义结构体数组。结构体数组与以前介绍过的数值型数组的不同之处在于每个数组元素都是一个结构体类型的数据，它们都分别包括各个成员项。

7.2.1 结构体数组的定义和初始化

定义结构体数组的方法很简单，同定义结构体变量是一样的，只不过将变量改成数组。声明结构体数组的语法格式如下：

结构体类型　数组名 [常量表达式]；

例如定义结构体 STUDENT 类型的数组 s，它包含 4 个元素：

```
STUDENT s[4];
```

在定义结构体数组的同时可以初始化数组元素，一般格式是在所定义数组的后面加上"=｛初值表列｝;"。

例如，定义 worker 类型的数组 w[2] 并初始化全部元素，代码如下：

```
struct worker
{
    char   num[10];
    char   name[20];
```

```
    int   age;
    float  salary;
}w[2]={{"001","张三",28,3500},{"002","李四",45,5000}};
```

再如，定义 STUDENT 类型的数组 s[4]，并初始化前两个元素，代码如下：

```
STUDENT s[4]={{"1001","王芳",'F',20,80,85,79},{"1002","刘力",'M',20,78,86,85};
```

7.2.2 结构体数组的应用实例

【应用案例7.3】

学生期末成绩清单见表7－1，编程统计出男生和女生的人数并把平均成绩在 85 分以上的学生找出来，并输出这部分学生的学号、姓名、平均分。

【分析】

数据结构：继续使用结构体 STUDENT 描述表中学生类型，定义该类型的数组 s[4]，并设整型变量 boycount，girlcount，分别表示男生、女生人数。

算法：从键盘上输入数组 s[4] 的数据，从第 1 个元素至最后一个，逐个判断其 sex 成员的值，如果是 m 或者 M，说明该学生是男性，则男生人数变量 boycount 增 1，否则女生人数变量 girlcount 增 1，同时计算该学生的各科成绩总和，求出平均分，如果平均分大于 85，则输出其学号、姓名、平均分。

【程序代码】

```
#include"stdio.h"
main()
{
    typedef struct student
    {
        char num[10];
        char name[20];
        char sex;
        int age;
        float C;
        float maths;
        float English;
    }STUDENT;
    STUDENT stu[4];
    int i,countboy=0,countgirl=0;
    float average;
    /*输入学生信息*/
    printf("请输入学生的学号、姓名、性别(男m,女f)、年龄、C语言成绩、高数成绩、英语成绩:\n");
    for(i=0;i<4;i++)
    {
        scanf("%s",stu[i].num);
```

```
        scanf("%s",stu[i].name);
        getchar();                //接收上一个回车
        scanf("%c%d%f%f%f",&stu[i].sex,&stu[i].age,&stu[i].C,&stu[i]
.maths,&stu[i].English);
    }
    /*输出学生信息*/
    for(i=0;i<4;i++)
    {
   printf("%s,%s,%c,%d,%5.1f,%5.1f,%5.1f\n",stu[i].num,stu[i].name,stu[i].sex,
stu[i].age,stu[i].C,stu[i].maths,stu[i].English);
    }
    /*判断每个学生是男生还是女生,及平均分是否在85分以上*/
    printf("\n成绩在85分以上的学生信息:\n");
    for(i=0;i<4;i++)
    {
        if(stu[i].sex=='M' ||stu[i].sex=='m')
            countboy++;
        else
            countgirl++;
        average=(stu[i].C+stu[i].maths+stu[i].English)/3;
        if(average>=85)
            printf("学号:%s 姓名:%s 平均分:%.1f\n",stu[i].num,stu[i].name,
average);
    }
    printf("\n男生总数为:%d,女生总数为:%d\n",countboy,countgirl);
}
```

【程序运行结果】

程序运行结果如图7-1所示。

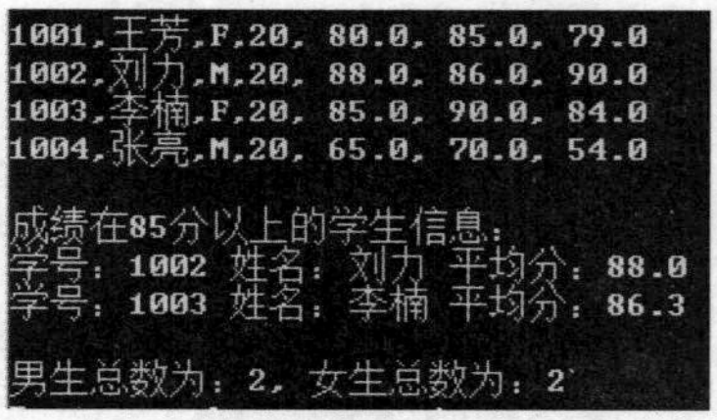

图7-1 应用案例7.3程序运行结果

7.2.3 指针与结构体数组

指针变量非常灵活方便,可以指向任一类型的变量。

1. 指向结构体变量的指针变量

当一个指针变量用来指向一个结构体变量时,称之为结构体指针变量,可以通过指针来引用结构体变量。

(1)结构体指针变量声明的一般格式为:

结构体类型 *指针变量;

例如，在前面的节次中定义了学生类型 STUDENT，如果要声明一个指向 STUDENT 的指针变量 p_stu，可写为"STUDENT   * p_stu;"。

与前面讨论的各类指针变量相同，结构体指针变量也必须先赋值后使用。赋值是把结构体变量的首地址赋给该指针变量，切记不能把结构体名赋给该指针变量。

例如：

```
STUDENT * p_stu,s1;
```

正确的赋值：

```
p_stu = &s1;
```

而"p_stu = &STUDENT;"是错误的。

【说明】

结构体类型和结构体变量是两个不同的概念，不能混淆。结构体类型表示一个结构形式，编译系统并不为它分配内存空间。只有当某变量被说明为这种类型的结构时，编译系统才为该变量分配内存空间。上面 &STUDENT 这种写法是错误的，因为不可能取一个结构体名的首地址。

（2）利用指针变量访问结构体成员。

当指针变量指向某一结构体变量后，就可以通过该指针变量访问结构体变量的各个成员。其访问的一般格式为：

（ * 结构体指针变量）. 成员名

或

结构体指针变量 –> 成员名（其中" –> "称为指向运算符）

例如：（ * p_stu）. num 或者 p_stu –> num。

【说明】

使用（ * p_stu）. num 这种方式引用成员变量时，（ * p_stu）两侧的括号不可少，因为成员符"."的优先级高于" * "。如去掉括号写作 * p_stu. num，则等效于 * （p_stu. num），这样意义就完全不对了。

【特别提示】

引用结构体成员变量有以下 3 种方式：

（1）结构体变量 . 成员名；

（2）（ * 结构体指针变量）. 成员名；

（3）结构体指针变量 –> 成员名。

下面通过例子来说明结构体指针变量的具体说明和使用方法。

【应用案例7.4】

声明一个 STUDENT 类型的变量，从键盘上输入学生信息并输出。

【分析】

可以使用3种方式引用结构体变量成员。

【程序代码】

```
#include"stdio.h"
main()
{
    struct student
    {
        char num[10];
        char name[20];
        char sex;
        int age;
        float C;
        float maths;
        float English;
    }s1,*p=&s1;
    scanf("%s%s",s1.num,(*p).name);
    getchar();//接收上一个回车
    scanf("%c%d%f%f%f",&p->sex,&(*p).age,&s1.C,&s1.maths,&s1.English);
    printf("No.:%s\nname:%s\nsex:%c\nage:%d\nscore:%7.1f%7.1f%7.1f\n",(*p)
.num,(*p).name,s1.sex,p->age,p->C,p->maths,p->English);
}
```

【程序运行结果】

程序运行结果如图 7 - 2 所示。

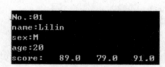

图 7 - 2　应用案例 7.4 程序运行结果

2. 指向结构体数组的指针变量

将整型数组名赋给一个指针变量,则该指针变量指向数组的首地址,然后可以通过指针访问数组的元素。结构体数组同样可以这么操作。

如果定义一个结构体指针变量并把结构体数组的数组名赋给这个指针变量,就意味着将结构体数组的首地址,即第一个元素的地址赋给这个指针变量。此时该指针变量就指向结构体数组的第一个元素。当一个指针变量指向一个数组后,就可以通过移动指针的方式指向数组的其他元素。

【应用案例7.5】

声明并初始化一个工人类型的数组,输出工人的信息。

【分析】

采用以前节次定义的 worker 类型,声明该类型的数组 w[3],并初始化信息,声明一个指针变量指向该数组,通过指针的移动输出工人的信息。

【程序代码】

```
#include"stdio.h"
main()
{
    struct worker
    {
        char   num[10];
        char   name[20];
        int    age;
        float  salary;
    }w[3]={{"001","张三",28,3500},{"002","李四",45,5000},{"003","王五",32,
4500}},*p;
    for(p=w;p<w+3;p++)
        printf("%s,%s,%d,% .2f\n",p->num,p->name,p->age,p->salary);
}
```

【程序运行结果】

程序运行结果如图 7－3 所示。

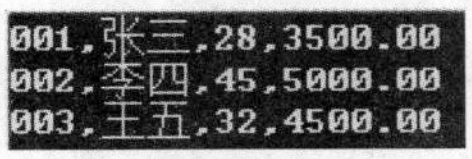

```
001,张三,28,3500.00
002,李四,45,5000.00
003,王五,32,4500.00
```

图 7－3　应用案例 7.5 程序运行结果

【说明】

上例中 "p＝w;"，即 p 指向 w[0]，执行 p++后，p 就指向 w[1]；再次执行 p++，p 就指向 w[2]，只要利用 for 循环，指针 p 就能逐个指向结构体数组元素。需要注意的是，如果要将一个结构体数组名赋给一个结构体指针变量，那么它们的结构体类型必须相同。

【特别提示】

以应用案例 7.5 为例，使用指针变量引用结构体数组元素及成员变量，可采用以下三种方法。

（1）地址法。

w＋i 和 p＋i 均表示数组中第 i 个元素的地址，数组元素成员变量的引用形式为(w＋i)－>num 和 (p＋i)－>num 等。w＋i 和 p＋i 与 &w[i] 意义相同。

（2）指针法。

若 p 指向数组的某一个元素，则 p++就指向其后继元素。

（3）指针的数组表示法。

指针 p 指向数组 w，p[i] 表示数组的第 i 个元素，其效果与 w[i] 等同。对数组元素成员变量的引用描述为 p[i].name、p[i].num 等。

7.3 结构体与函数

7.3.1 结构体变量的成员作参数

将结构体变量的成员变量作为函数的参数，类似于单一变量的传递。

【应用案例 7.6】

求一个学生的成绩总和。

【分析】

声明一个学生类型的变量 stu，并初始化信息，将其三科成绩作为实参，传给求和函数 sum( )，求出成绩总和。

【程序代码】

```
#include"stdio.h"
main()
{
    float sum(float a,float b,float c);
    struct student
    {
        char num[10];
        char name[20];
        char sex;
        int age;
        float C;
        float maths;
        float English;
    }stu={"1001","Lilin",'M',20,89,87,76};
    float score;
    score=sum(stu.C,stu.maths,stu.English);
    printf("%s,%s,%c,%d,%5.1f,%5.1f,%5.1f\n",stu.num,stu.name,stu.sex,
stu.age,stu.C,stu.maths,stu.English);
    printf("成绩总和:%5.1f\n",score);
}
float sum(float a,float b,float c)
{
    return a+b+c;
}
```

【程序运行结果】

程序运行结果如图 7-4 所示。

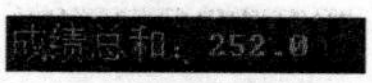

图 7-4　应用案例 7.6 程序运行结果

7.3.2　结构体变量作参数

结构体变量作为函数的参数，属于值传递，即将结构体变量的值传给函数，它在函数中发生的改变，不影响原结构体变量。

【应用案例7.7】

修改一个学生的信息。

【分析】

声明一个学生类型的变量 stu，将 stu 作为实参传给 change( ) 函数，在 change( ) 函数中更改成绩后，在主函数中显示该学生的成绩。

【程序代码】

```c
#include"stdio.h"
struct s
{
    char name[20];
    float score;
};
main()
{
    void change(struct s stu);
    struct s stu = {"ZhangFeng",80};
    printf("before:\n");
    printf("% s,% .1f\n",stu.name,stu.score);
    change(stu);
    printf("after:\n");
    printf("% s,% .1f\n",stu.name,stu.score);
}
void change(struct s stu)
{
    stu.score = 90;
}
```

【程序运行结果】

程序运行结果如图 7 - 5 所示。

图 7 - 5　应用案例 7.7 程序运行结果

7.3.3　指向结构体变量的指针作实参

将指向结构体变量的指针作为函数的参数，属于地址传递，即将结构体变量的地址传给被调函数。被调函数接收到实参的地址，就可以直接操作该变量，所以发生的改变直接作用于原结构体变量。

在应用案例7.7中，main()函数将结构体变量 stu 作为实参传递给 change()函数，属于值传递，即将 stu 的值复制到 change()函数的形参中，虽然在 change()函数中更改了成员变量 score 的值，但无法改变 main()函数中原结构体变量的值，所以在输出时，score 仍然为 80。

如果 main()函数将 stu 的地址传给 change()函数，则 change()函数直接操作 main()函数中的结构体变量 stu，发生的改变直接起作用。

【应用案例7.8】
修改一个学生的信息。

【分析】
将应用案例7.7更改为"地址传递"，达到修改学生成绩的目的。

【程序代码】

```c
#include"stdio.h"
struct s
{
     char name[20];
     float score;
};
main()
{
    void change(struct s  * stu);
    struct s stu = {"ZhangFeng",80};
    printf("before:\n");
    printf("%s,%.1f \n",stu.name,stu.score);
    change(&stu);   //stu 的地址作实参
    printf("after:\n");
    printf("%s,%.1f \n",stu.name,stu.score);
}
void change(struct s * stu)//指针变量作形参,接收实参的地址
{
    stu -> score = 90;
}
```

【程序运行结果】
程序运行结果如图7-6所示。

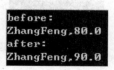

```
before:
ZhangFeng,80.0
after:
ZhangFeng,90.0
```

图7-6 应用案例7.8程序运行结果

【特别提示】
把一个完整的结构体变量作为参数传递，要将全部成员值逐个传递，既费时间又费空间，开销大。如果结构体类型中的成员很多，或有一些成员是数组，则程序运行效率会大大

降低。在这种情况下，用指针作函数参数比较好，能提高运行效率。

7.4　共用体

7.4.1　共用体的定义

与结构体相似，共用体也是一种用户自定义的构造类型，其成员也可以具有不同的数据类型，但共用体将不同的数据项存放在同一段内存单元中，所以某一时刻只能有一个成员存在，即某一时刻只有一个成员占用分配给该共用体的内存空间。

1. 共用体类型的定义

```
union 共用体名
{
    类型标识符　成员名;
    类型标识符　成员名;
    …
};
```

例如：

```
union data
{
    int i;
    char ch;
    float f;
}number;
```

2. 共用体变量的定义

1）先定义类型，再定义变量

```
union 共用体名
{ …
};
union 共用体名　变量名1,变量名2,…,变量名 n;
```

例如：

```
union data
{
    int i;
    char ch;
    float f;
};
union data a,b,c;
```

2）在定义共用体类型的同时声明变量

```
union 共用体名
{…
}变量名1,变量名2,…,变量名n;
```

例如：

```
union data
{
    int i;
    char ch;
    float f;
}a,b;
```

3）直接声明共用体类型变量

```
union
{…
}变量名1,变量名2,…,变量名n;
```

例如：

```
union
{
    int i;
    char ch;
    float f;
}a,b,c;
```

共用体变量的引用

不能单独引用共用体变量，只能引用共用体成员变量，有以下3种方式：

（1）共用体变量名. 成员名；

（2）共用体指针名 –> 成员名；

（3）（ * 共用体指针名）. 成员名。

例如：

```
union data d, * p = &d;
 d.i = 4;
p –> ch = 'A';
 ( * p).f = 1.2;
```

【说明】

（1）同一内存单元在每一瞬间只能存放其中一种类型的成员。

（2）对某一个成员赋值，会覆盖其他成员的值，起作用的成员是最后一次赋值的成员。

（3）共用体变量的数据长度等于最长的成员长度。在上面的 union data 中，i 占 2 个字节，ch 占 1 个字节，f 占 4 个字节，所以 number 变量所占内存空间是 4 个字节。

（4）共用体变量只能对第一个成员进行初始化。

（5）共用体的所有成员都从低地址开始存放，而且所有成员的起始地址都是一样的。

（6）不能将共用体变量作为函数参数，也不能使函数带回共用体变量。

（7）共用体类型可以出现在结构体类型定义中，也可以定义共用体数组，反之，结构体也可以出现在共用体类型定义中，数组也可以作为共用体的成员。

7.5　先导案例的设计与实现

7.5.1　问题分析

1. 界面分析

先导案例的界面主要是按要求输出各项汇总和查询信息，首先要做到提示信息、输出信息全面而准确，其次要注意显示数据的格式问题，要做到整齐美观。因此，本界面使用printf( )函数输出相应的提示和数据，兼顾以上注意事项即可。

2. 功能分析

（1）汇总每名学生的成绩，即求出每名学生的总分。

（2）分别统计男、女生的总分最高分，即分别求出男生和女生总分的最大值。

（3）按学号查询学生信息，即输出对应学号学生的全部信息，注意学号不存在的情况。

3. 数据分析

将此学生期末成绩清单中的数据定义为学生类型的结构体数组，注意学生类型除了包括表中所有列对应的数据项外，还应该包括总分。

7.5.2　设计思路

1. 界面设计

（1）汇总每名学生的成绩。设计提示信息"每名学生的成绩："，第一行输出各成员项名称（提示性别 M/F 表示男/女），从第二行开始，输出每个学生的信息，设计数据的宽度，要与第一行各成员项名称对齐。

（2）分别统计男、女生的总分和最高分。设计提示信息"男生总分最高分是""女生总分最高分是"，设计输出数据的宽度。

（3）按学号查询学生信息。设计提示信息"输入要查询的学号："，如果查询成功，同汇总学生的输出格式，按次序输出该学生的各项信息；如果查询失败，设计提示信息"学号不存在"。

2. 功能设计

（1）汇总每名学生的成绩。循环输入每名学生的信息，在输入各科成绩的同时计算总分，赋给该学生对应的 total 成员变量。完成结构体数组的输入后，再输出结构体数组，即输出了每名学生的成绩。

（2）分别统计男、女生的总分最高分。设计 boycount，girlcount 分别表示男、女生的总分最高分，初值为 0。设计 boyhigh，girlhigh 分别指向男、女生总分最高分的数据元素，初值为空。循环判断每个结构体数组元素，如果是男生，则总分与 boycount 比较，如果是女生，则总分与 girlcount 比较。循环结束后，boyhigh 指向男生总分最高分的数据元素，girlhigh 指向女生总分最高分的数据元素。

（3）按学号查询学生信息。循环判断结构体数组中每个元素的学号是否等于要查询的学号，如果等于，则输出该数据元素的各项信息；如果循环完毕也没有与要查询的学号相同的数据元素，则输出"学号不存在"。

7.5.3 程序实现

【数据结构】

```
typedef struct student
{
    char num[10];
    char name[20];
    char sex;
    int age;
    float C;
    float maths;
    float English;
    float total;
}STUDENT;
#define N 4
STUDENT stu[N];
```

【函数原型】

（1）汇总每名学生的成绩：

```
void input(STUDENT * stu);
```

（2）分别统计男、女生的总分最高分：

```
void count_highscore(STUDENT * stu);
```

（3）按学号查询学生信息：

```
void search_num(STUDENT * stu,char * num);
```

【特别提示】

以上函数的结果都设计在函数内部输出，所以没有设置返回值。

【程序代码】

```
#include"stdio.h"
#include"string.h"
#define N 4
typedef struct student
{
    char num[10];
    char name[20];
```

```
        char sex;
        int age;
        float C;
        float maths;
        float English;
        float total;
        }STUDENT;    //学生类型
    void input(STUDENT *stu)
    {//输入学生数据,计算每名学生的总分
        STUDENT *p;
        printf("请输入%d名学生学号、姓名、性别(男M/女F)、年龄、C成绩、数学成绩、英语成绩:
\n",N);
        for(p=stu;p<stu+N;p++)
        {
            scanf("%s",p->num);
            scanf("%s",p->name);
            getchar();    //接收上一个回车
            scanf("%c",&p->sex);
            scanf("%d",&p->age);
            scanf("%f",&p->C);
            scanf("%f",&p->maths);
            scanf("%f",&p->English);
            p->total=(p->C+p->maths+p->English);  //计算每名学生的总分,存入
total成员变量
        }
        printf("每名学生成绩如下:\n");
        printf("学号姓名性别(M/F)  年龄  C成绩数学成绩英语成绩总成绩\n");
        for(p=stu;p<stu+N;p++)
    printf("%s%6s%7c%9d%8.1f%9.1f%9.1f%10.1f\n",p->num,p->name,p->sex,p->
age,p->C,p->maths,p->English,p->total);

    }
    void count_highscore(STUDENT *stu)
    {    //分别统计男女生总分最高分
        STUDENT *p,*boyhigh=NULL,*girlhigh=NULL;
        float boycount=0,girlcount=0;
        for(p=stu;p<stu+N;p++)
        {
            if(p->sex=='f'||p->sex=='F')    //统计女生总分最高分
                if(p->total >girlcount)
                {    girlcount=p->total;
                    girlhigh=p;
                }
            if(p->sex=='m'||p->sex=='M')    //统计男生总分最高分
                if(p->total >boycount)
                {
```

```
                                boycount = p -> total;
                                boyhigh = p;
                        }
                }
            if(boyhigh! = NULL)  //输出男生总分最高分的学生学号、姓名和总分
            {
                    printf("\n男生总分最高分是:");
                    printf("%5s%7s%8.1f\n",boyhigh -> num,boyhigh -> name,boyhigh -> to-
tal);
            }
            else
                    printf("\n没有男生成绩\n");
            if(girlhigh! = NULL) //输出女生总分最高分的学生学号、姓名和总分
            {
                    printf("女生总分最高分是:");
                    printf("%5s%7s%8.1f\n",girlhigh -> num,girlhigh -> name,girlhigh ->
total);
            }
            else
                    printf("没有女生成绩\n");
    }
    void search_num(STUDENT * stu,char * num)
    {   //按学号查询学生信息
        STUDENT *p;
        for(p = stu;p < stu + N;p ++ )
        {
                if(strcmp(p -> num,num) ==0)
                {
                        printf("学号姓名性别(M/F)  年龄  C成绩数学成绩英语成绩总成绩\n");
printf("%s%6s%7c%9d%8.1f%9.1f%9.1f%10.1f\n",p -> num,p -> name,p -> sex,p -> age,p -
>C,p -> maths,p -> English,p -> total);
                        break;
                }
        }
        if(p >= stu + N)
                printf("学号不存在\n");
    }
    main()
    {
        STUDENT stu[N];
        char num[10];
        input(stu); //调用input(),输入学生成绩数据并计算总成绩
        count_highscore(stu);//调用count_highscore(),分别统计男女生总分最高分
        printf("\n输入要查询的学号:");
        scanf("%s",num);
        search_num(stu,num); //调用search_num(),按学号查询学生信息
    }
```

【程序运行结果】

程序运行结果如图 7 – 7 所示。

图 7 – 7 先导案例程序运行结果

7.6 综合应用案例

7.6.1 候选人得票统计问题

1. 案例描述

某班级评选班级干部，共有 3 名候选人，采用民主投票方式，每人投一票，累计得票最多的候选人当选。

2. 案例分析

（1）根据案例描述，候选人的数据信息主要是姓名和得票数，与其他个人信息无关，所以在考虑"候选人"这一数据类型时，只关注姓名和得票数即可。所投选票即候选人姓名，可以设计为字符型数组。

（2）班级每人投票，选票如果与某候选人姓名相同，则将该候选人的得票数增 1。全部投票完毕后，统计每位候选人的得票数，得票最多者当选。

3. 设计思想

1）定义"候选人"和"选票"的数据结构

（1）定义候选人结构体类型，包括候选人的名字和得票数。

```
struct person
{
    char name[20]; /*候选人姓名*/
    int  count;   /*候选人得票数*/
};
```

（2）将 3 名候选人的信息定义成结构体数组并初始化，最初每位候选人的得票数都是 0。

```
struct  person  leader[3]={{zhang,0},{wang,0},{li,0}}
```

（3）选票内容是某位候选人的姓名，所以定义为字符型数组。

```
char name[20];
```

2）算法

循环输入每张选票的名字，如果该选票上的姓名和某位候选人的姓名相同，则使该候选人的得票数加 1，循环结束后，再统计得票最多的候选人，最后输出每位候选人的信息及得票最多的候选人姓名。

4. 程序实现

```
#include"stdio.h"
#include"string.h"
main()
{
    struct person
    {
        char name[20];
        int count;
    }leader[3]={{"zhang",0},{"li",0},{"wang",0}};
    char name[20];
    int i,j,max;

    printf("请输入候选人姓名(zhang/li/wang/共计10张选票):\n");
    for(i=0;i<10;i++)
    {
        scanf("%s",name);
        for(j=0;j<3;j++)
        if(strcmp(name,leader[j].name)==0)//如果选票与第j个候选人姓名相同
        {
            (leader[j].count)++;//第j个候选人得票数加1
        }
    }
    max=leader[0].count;//假设第一个候选人得票最多
    strcpy(name,leader[0].name);
    for(i=0;i<3;i++)//输出每个候选人的姓名和得票数,并求出得票数最多的候选人
    {
        printf("\n%-7s得票数:%d",leader[i].name,leader[i].count);
        if(leader[i].count>max)
        {
            max=leader[i].count;
            strcpy(name,leader[i].name);
        }
    }
    printf("\n%-7s当选\n",name);//输出得票最多的候选人姓名
}
```

5. 程序运行

程序运行结果如图 7-8 所示。

图 7 – 8　"候选人得票统计问题"程序运行结果

7.6.2　师生信息统计问题

1. 案例描述

有表 7 – 2 所示师生信息（姓名用字母代替，工作列中 s 表示学生，t 表示教师），要求：
①将所有教师的学历打印出来；②输出 2 班学生的信息。

表 7 – 2　师生信息

编号	姓名	性别	工作	类别	
				学历	班号
1	Zhang	男	s		1
2	Wang	女	t	硕士	
3	Li	女	s		2
4	Zhao	男	t	博士	
5	Wu	男	s		2

2. 案例分析

（1）数据分析：根据表 7 – 2，需要定义包括编号、姓名、性别、工作、类别的结构体数组。"类别"有时是"学历"，有时是"班号"，应该定义为共用体类型。

（2）算法分析：从第一个数据开始，根据"工作"逐个判断，如果"工作"= t，则打印类别.学历，如果"工作"= s，再进一步判断班号是否为 2，如果是，则输出其姓名、性别。

3. 设计思路

1）数据结构

```
struct person
{
    int num;       //编号
    char name[10]; //姓名
```

```
        char   sex[5];       //性别
        char   job;          //类别:s 学生 t 教师
        union
        {    int   class;     //班号
             char   education[10]; //学历
        } category;   //类别
} per [5];
```

2) 算法设计

（1）打印所有教师的学历。

①从键盘上为数组赋值。

②循环：i=0；i<5；i++。

③判断：per[i].job=='t'。

a. 是：打印 per[i].category.education；

b. 否：无操作。

④循环结束。

⑤算法结束。

（2）输出 2 班学生的信息。

①循环：i=0；i<5；i++。

②判断 per[i].job=='s'。

a. 是：判断 per[i].job.class==2。

- 是：输出 per[i].name，per[i].sex；

- 否：无操作。

b. 否：无操作。

③循环结束。

④算法结束。

4. 程序实现

```c
#include"stdio.h"
struct  person
{
    int num;
    char  name[10];
    char  sex[5];
    char  job;
    union
    {
        int  class;
        char  education[10];
    } category;
};
```

```
#define N 5
main()
{
    struct person per[N];
    int  i;
    printf("请输入%d个学生信息:编号、姓名、性别(男/女)、工作(s/t)、类别(学历/班号)\n",
N);
    for(i=0;i<N;i++)    //输入N行数据
    {
        scanf("%d%s%s",&per[i].num, per[i].name, &per[i].sex);
        getchar();    //接收上一个回车
        scanf("%c",&per[i].job);
        if(per[i].job=='s')    //如果是学生,则类别输入班号
            scanf("%d",&per[i].category.class);
        else  if(per[i].job=='t')    //如果是教师,则类别输入学历
            scanf("%s",per[i].category.education);
        else  printf("input  error!");
    }
    printf("\n教师学历:\n");
    for(i=0;i<N;i++)
        if(per[i].job=='t')
            printf("姓名:%s,学历:%s\n",per[i].name,per[i].category.education);
    printf("\n2班学生信息:\n");
    for(i=0;i<N;i++)
        if(per[i].job=='s')
        {
            if(per[i].category.class==2)
                printf("姓名:%s,性别:%s\n",per[i].name,per[i].sex);
        }
}
```

5. 程序运行

输入表7-2中的数据，程序运行结果如图7-9所示。

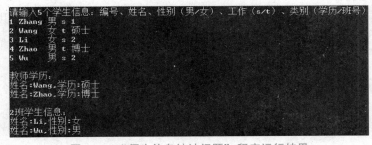

图7-9　"师生信息统计问题"程序运行结果

本章小结

本章主要介绍了结构体、共用体和动态数据结构。结构体与共用体都属于构造类型，它们的引入为处理复杂的数据提供了有力的手段。

　　结构体类型和结构体变量是不同的概念，不要混淆。结构体类型定义是对其组成的描述，它说明该结构体由哪些成员组成，以及这些成员的数据类型。对于结构体变量来说，在定义时一般先定义结构体类型再定义结构体变量，或在定义结构体类型的同时定义结构体变量。定义一个结构体类型，系统并不分配内存单元，只有定义了结构体变量后才分配内存单元。结构体变量是一个整体，一般不允许对结构体变量的整体进行操作，而只能对其成员进行操作。结构体变量的初始化就是在定义它的同时对其成员赋初值。

　　结构体数组的定义与结构体变量的定义类似。与数组一样，结构体数组在定义时也可以初始化。指向结构体变量的指针称为结构体指针，当把一个结构体变量的首地址赋给结构体指针时，该指针就指向这个结构体变量，结构体指针的运算同普通指针。

　　结构体变量可以在函数之间传递，有以下两种方式：

　　（1）值传递：主调函数的实参和被调函数的形参都是结构体变量名。

　　（2）地址传递：主调函数的实参是结构体变量的地址，被调函数的形参是结构体指针变量。

　　如果传递的是结构体数组，则实参是数组名，形参可以是数组名，也可以是结构体指针。

　　可以使用关键字 typedef 为结构体重新定义名称。关键字 typedef 并不能创造一个新的类型，只是定义已有类型的一个新名称，当然它的使用并不仅限于结构体类型。

　　共用体与结构体在定义上十分相似，但它们在内存空间的占用分配上有本质的区别。结构体变量是各种类型数据的集合，各成员占据不同的内存空间，而共用体变量的所有成员占用相同的内存空间，在某一时刻只有一个成员起作用。它们的不同点主要表现在：

　　（1）结构体变量所占内存空间是各个成员变量所占内存空间之和，而共用体所占内存空间是成员中所占内存空间最大者。

　　（2）结构体各成员变量地址是按照成员次序依次排列的，各成员的地址互不相同；而共用体变量的地址及其各成员的地址都是同一地址，因为各成员地址的分配都是从共用体变量空间的起点开始的。

　　（3）结构体变量的各个成员在任何时刻都同时存在，且可同时引用。共用体变量的各个成员在同一时刻只存在其中一个，也只能引用其中一个，起作用的成员是最后一次存放的成员。

　　（4）结构体变量可以作为函数的参数，函数也可以返回结构体变量；不能使用共用体变量作为函数的参数，也不能使函数返回共用体变量。

　　（5）定义结构体变量时可以对各个成员进行初始化操作，但只能对共用体变量的第一个成员进行初始化。

　　共用体和结构体在定义和使用上也有相同之处，比如定义结构体和共用体的格式相同，都可以使用指针指向其变量，引用成员变量的方法也相同。共用体类型可以出现在结构体类型的定义中，也可以定义共用体数组。反之，结构体也可以出现在共用体类型的定义中，数组也可以作为共用体的成员。

习　　题

程序设计题：

（1）有 10 个学生，每个学生有 3 门课程成绩，编程求出每名学生的平均分。

（2）定义一个表示日期的结构体变量（包括年、月、日），编写程序，要求输入年、月、日，计算并输出该日在该年中是第几天。

（3）定义一个包括 10 人的通信录，每人的信息包括姓名、性别、年龄、电话号码、家庭住址，编程实现按姓名查找的功能。

（4）某单位招聘，8 位入围考生的成绩情况如下所示，请按笔试分数占 80%，面试分数占 20% 的原则计算每位考生的总分并由高到低输出结果。

准考证号：01，02，03，04，05，06，07，08；

笔试分数：92，95，98，96，93，91，92，96；

面试分数：94，90，95，88，92，94，98，90。

第 **8** 章

文件系统

—系统信息存储—

【内容简介】

在程序运行时，程序本身和数据一般都存放在内存中，当程序运行结束后，存放在内存中的数据被释放。如果需要长期保存程序运行所需的原始数据或程序运行产生的结果，就必须以文件形式将其存放到外部存储介质中。

本章主要介绍文件、文件系统、文件指针的概念，讲解文件的打开、关闭、读、写、定位、检测等操作。

【知识目标】

掌握文本文件读/写函数和二进制文件读/写函数的使用方法，学会创建和使用顺序文件和随机文件。

【能力目标】

培养应用文件解决实际问题的能力；培养编写程序的逻辑思维能力。

【素质目标】

培养安全存储数据的基本意识；培养自主探究、沟通交流，积极提升自身认识的职业素质。

【先导案例】

在学生管理系统中，学生信息的永久保存，可以通过文件的形式来完成。设定学生数据主要包括学号、姓名、性别、班级名称、三门功课的成绩、总分和平均分。初始化后能够自动创建一个文件"student. dat"；录入若干名学生信息存入该文件；从文件读取学生信息并显示在屏幕上。

通过本章内容的学习，我们利用文件来实现学生管理系统中数据的添加和数据显示功能，如图 8 - 1、图 8 - 2 所示。

图 8 - 1　数据添加界面

图 8 - 2　数据显示界面

8.1　文 件 概 述

8.1.1　理解文件的概念

文件是一组相关数据的有序集合。实际上在前面各章中已经多次使用了文件，例如源程序文件、目标文件、可执行文件、库文件（头文件）等。文件通常是驻留在外部介质（如磁盘等）中的，在使用时才调入内存。图 8 - 3 所示的《弟子规》就是一个文件，图片左上角是这个文件的名称。

从用户的角度看，文件可分为普通文件和设备文件。

普通文件是指驻留在磁盘或其他外部介质中的一个有序数据集，可以是源文件、目标文件、可执行程序，称为程序文件；也可以是一组待输入处理的原始数据或者一组输出的结果，称为数据文件。

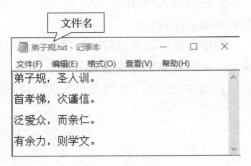

图 8 - 3　文件与文件名

设备文件是指与主机相连的各种外部设备，如显示器、打印机、键盘等。在操作系统中，把外部设备也看作一个文件来进行管理，把它们的输入、输出等同于对磁盘文件的读和写。通常把显示器定义为标准输出文件，printf( )、putchar( )函数就是这类输出；把键盘定义为标准输入文件，scanf( )、getchar( )函数就属于这类输入。

8.1.2　文件的分类

从文件编码的方式来看，文件可分为 ASCII 文件和二进制文件。

ASCII 文件也称为文本文件，在磁盘中存放时每个字符对应一个字节，用于存放对应的 ASCII 码。其优点是可以直接阅读。

二进制文件是按二进制的编码方式来存放的文件。其内容只供机器阅读，无法人工阅读，也不能打印。

C 语言系统在处理这些文件时并不区分类型，将其都看成字符流，按字节进行处理。输入/输出字符流的开始和结束，只由程序控制而不受物理符号（如回车符）的控制，因此也把这种文件称为"流式文件"。本章讨论流式文件的打开、关闭、读、写、定位等各种操作。

在 C 语言中用一个指针变量指向一个文件，称为文件指针。通过文件指针可以对它所指向的文件进行各种操作。

定义文件指针的一般格式为：

FILE　指针变量标识符；

【说明】

（1）FILE 应为大写，它实际上是由系统定义的一个结构，该结构中含有文件名、文件状态和文件当前位置等信息。

（2）在编写程序时不必关心 FILE 结构的细节。例如："FILE * fp；"表示 fp 是指向 FILE 结构的指针变量，通过 fp 即可找到存放某个文件信息的结构变量，然后按结构变量提供的信息找到该文件，实施对文件的操作。

8.1.3　文件的存取方式

文件的输入/输出方式称为"存取方式"。在 C 语言中，文件的存取方式有两种：顺序存取和随机存取。

顺序存取，即无论对文件进行读或写操作，总是从文件的开头开始，从头到尾顺序地读或写。随机存取又称为直接存取，即通过调用 C 语言的库函数指定开始读或写的字节号，然后直接对此位置上的数据进行读，或把数据写到此位置。

8.2　文件的打开与关闭

在对文件进行读/写操作之前要先打开文件，操作完毕要关闭文件。所谓打开文件，实际上是建立文件的各种有关信息，并使文件指针指向该文件，以便进行其他操作。关闭文件则是断开文件指针与文件之间的联系，也就是禁止再对该文件进行操作。

8.2.1　文件的打开

fopen( )函数用来打开一个文件，其调用的一般格式为：

文件指针名 = fopen(文件名,使用文件方式);

【说明】

（1）"文件指针名"必须是被说明为 FILE 类型的指针变量；

（2）"文件名"是将要被打开的文件的名称，是字符串常量或字符串数组；

（3）"使用文件方式"是指对打开的文件要进行读操作还是写操作。"使用文件方式"参数的含义及其值见表 8 – 1、表 8 – 2。

例如：

```
FILE * fp;                        /*定义文件指针*/
fp = fopen("abc.txt","r");        /*以只读的形式打开文件"abc.txt",指向文件"abc.txt"的
指针是 fp */
```

又如：

```
FILE * fphzk;
fphzk = fopen("c:\\hzk16","rb")
/*打开 C 盘的根目录下的文件 hzk16,这是一个二进制文件,只允许以二进制方式进行读操作,两个
反斜线"\\"中的第一个反斜线表示转义字符,第二个反斜线表示根目录*/
```

表 8 – 1 "使用文件方式"参数的含义

字符	含义
r（read）	读数据
w（write）	写数据
a（append）	追加数据
t（text）	文本文件，可省略不写
b（binary）	二进制文件
+	读和写

表 8 – 2 "使用文件方式"参数的值

文件使用方式	意义
"r"（只读）	打开一个文本文件，只允许读数据
"w"（只写）	打开或建立一个文本文件，只允许写数据
"a"（追加）	打开一个文本文件，并在文件末尾写数据
"rb"（只读）	打开一个二进制文件，只允许读数据
"wb"（只写）	打开或建立一个二进制文件，只允许写数据
"ab"（追加）	打开一个二进制文件，并在文件末尾写数据
"r +"（读写）	打开一个文本文件，允许读和写数据

续表

文件使用方式	意义
"w +"（读写）	打开或建立一个文本文件，允许读和写数据
"a +"（读写）	打开一个文本文件，允许读或在文件末尾追加数据
"rb +"（读写）	打开一个二进制文件，允许读和写数据
"wb +"（读写）	打开或建立一个二进制文件，允许读和写数据
"ab +"（读写）	打开一个二进制文件，允许读或在文件末尾追加数据

如果使用fopen()函数打开文件成功，则返回一个有确定指向的 FILE 类型指针；若打开文件失败，则返回一个空指针 NULL。在程序中可以用这一信息来判别是否完成打开文件的工作，并作相应的处理，因此常用以下程序段打开文件：

```
if((fp = fopen("file1","rb") == NULL)
  {
  printf("\n error on open file1!");
  getch();
  exit(1);
  }
```

如果返回的指针为空，表示不能打开 file1 文件，则给出提示信息 "error on open file1!"；getch() 的功能是从键盘输入一个字符，在键盘上按下任一键时，程序继续执行 exit(1)，退出程序。

【特别提示】

通常打开文件失败的原因有以下几个方面。

（1）指定的盘符或路径不存在；

（2）文件名中含有无效的字符；

（3）以 r 模式打开一个不存在的文件。

8.2.2 文件的关闭

文件一旦使用完毕，应使用 fclose() 函数把文件关闭，以避免发生文件的数据丢失等情况。

fclose() 函数调用的一般格式为：

```
fclose(文件指针);
```

例如：

```
fclose(fp);   /*关闭 fp 所指向的文件*/
```

正常完成关闭文件操作时，fclose()函数返回 0 值，如返回非 0 值表示有错误发生。

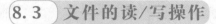

8.3　文件的读/写操作

打开文件后，即可对文件进行读出或写入操作。对文件的读/写由文件读/写函数完成。常用的文件读/写函数有 fgetc( )、fputc( )、fgets( )、fputs( )、fread( )、fwrite( )、fscanf( ) 和 fprinf( )。使用以上函数都要求包含头文件 "stdio. h"。

8.3.1　文件的字符读/写操作

1. 读字符函数 fgetc( )

fgetc( ) 函数从指定的文件中读一个字符，其调用格式为：

```
字符变量 = fgetc(文件指针);
```

例如：

```
ch = fgetc(fp);
```

此语句的功能是从打开的文件 fp 中读取一个字符并送入 ch 中。如果读取成功，函数返回读取的字符；如果遇到文件结束符，则返回一个文件结束标志 EOF。

2. 写字符函数 fputc( )

fputc( ) 函数的功能是把一个字符写入磁盘文件，其调用格式为：

```
fputc(字符量,文件指针);
```

其中，待写入的字符量可以是字符常量或变量，例如：

```
fputc('a',fp);
```

此语句的功能是把字符 a 写入 fp 所指向的文件。

【说明】

（1）被写入的文件可以用写、读写、追加方式打开，用写或读写方式打开一个已存在的文件时将清除原有文件内容，写入字符从文件首开始。如需保留原有文件内容，希望写入的字符从文件末开始存放，必须以追加方式打开文件。被写入的文件若不存在，则创建该文件。

（2）每写入一个字符，文件内部位置指针向后移动一个字节。

（3）fputc( ) 函数有一个返回值，如写入成功则返回写入的字符，否则返回一个文件结束标志 EOF。可以此来判断写入操作是否成功。

【应用案例 8.1】

编写程序实现向文件中写入内容 "ABC……" 的功能。

【分析】

本案例实现向 E 盘中文件名为 "exp01. txt" 的文本文件写入 "ABC……"，以 "#" 结束输入。

【程序代码】

```
#include <stdio.h>
#include <stdlib.h>
void main()
{
    FILE * fp;                    /*定义一个指向 FILE 类型结构体的指针变量*/
    char ch;                      /*定义变量为字符型*/
    if((fp = fopen("E:\exp01.txt","w")) ==NULL)/*以只写方式打开指定文件*/
    {
        printf("cannot open file \n");
        exit(0);
    }
    ch = getchar();               /* fgetc()函数带回一个字符赋给 ch */
    while (ch! ='#')              /*当输入"#"时结束循环*/
    {
        fputc(ch, fp);            /*将读入的字符写入磁盘文件*/
        ch = getchar();           /* fgetc()函数继续带回一个字符赋给 ch */
    }
    fclose(fp);                   /*关闭文件*/
}
```

【程序运行结果】

输入"ABC……#",如图 8 - 4 所示。

图 8 - 4   应用案例 8.1 程序运行结果

"exp01. txt"文件中的显示如图 8 - 5 所示。

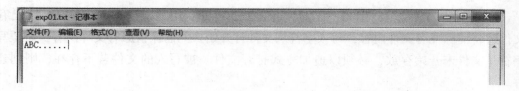

图 8 - 5   "exp01. txt"文件中的显示

【应用案例 8.2】

在屏幕上显示出一个已存在文件的内容。

【分析】

本案例在指定磁盘上打开文本文档（设定为一个文件名为"exp02. txt"的文本文件，其内容为"I can show my ABC."），将文件内容显示输出。

【程序代码】

```
#include <stdio.h>
.#include <stdlib.h>
void main()
{
    FILE *fp;                          /*定义一个指向 FILE 类型结构体的指针变量*/
    char ch;                           /*定义变量及数组为字符型*/
    fp = fopen("e:\\exp02.txt", "r");  /*以只读方式打开指定文件*/
    ch = fgetc(fp);                    /*fgetc()函数带回一个字符赋给 ch*/
    while (ch! = EOF)                  /*当读入的字符值等于 EOF 时结束循环*/
    {
        putchar(ch);                   /*将读入的字符输出在屏幕上*/
        ch = fgetc(fp);                /*fgetc()函数继续带回一个字符赋给 ch*/
    }
    printf("\n");
    fclose(fp);                        /*关闭文件*/
    system("pause");
}
```

【程序运行结果】

程序运行结果如图 8-6 所示。

```
I can show my ABC.
```

图 8-6 应用案例 8.2 程序运行结果

8.3.2 文件的块读/写操作

C 语言还提供了读/写整块数据的函数,可用来读/写一组数据,如一个数组元素、一个结构体类型变量的值等。

读数据块函数 fread() 调用的一般格式为:

```
fread(buffer,size,count,fp);
```

写数据块函数 fwrite() 调用的一般格式为:

```
fwrite(buffer,size,count,fp);
```

【说明】

(1) buffer 是一个指针,在 fread() 函数中,它表示要读入数据存放的首地址。在 fwrite() 函数中,它表示存放输出数据的首地址。

(2) size 表示数据块的字节数。

(3) count 表示要读/写多少个 size 字节的数据块。

(4) fp 表示文件型指针。

例如:

```
fread(fa,4,5,fp);
```

此语句的功能是从 fp 所指的文件中每次读 4 个字节（一个实数）送入实型数组 fa 中，连续读 5 次，即读 5 个实数到数组 fa 中。

例如：将数组 a 中的 3 个浮点数输出到 fp 所指向的磁盘文件中，则 fwrite( ) 函数中的参数设置如下：

```
float a[3] = {1.2,2.3,3.4 };
.....
fwrite(x,4,3,fp);
```

其中第二个参数 4 是指每个浮点型数据占 4 个字节，第三个参数 3 是指写入 3 个浮点型数据。

【应用案例 8.3】

将所录入的信息全部显示出来。

【分析】

本案例是将所录入的通信录等信息（例如几名学生信息）保存到磁盘文件中，在录入完信息后，将全部信息显示出来。

【程序代码】

```
#include <stdio.h>
#include <process.h>
struct address_list                 /* 定义结构体存储联系人(或学生成绩)信息 */
{
     char name[10];
     char adr[20];
     char tel[15];
} info[100];
void save(char *name, int n)          /* 自定义函数 save( ) */
{
     FILE *fp;                       /* 定义一个指向 FILE 类型结构体的指针变量 */
     int i;
     if((fp = fopen(name, "wb")) == NULL)   /* 以只写方式打开指定文件 */
     {
          printf("cannot open file \n");
          exit(0);
     }
     for(i = 0;i < n;i ++ )
          if (fwrite(&info[i], sizeof(struct address_list), 1, fp)!=1)
                                        /* 将一组数据输出到 fp 所指向的文件中 */
               printf("file write error \n");   /* 如果写入文件不成功,则输出错误 */
     fclose(fp);                          /* 关闭文件 */
}
void show(char *name, int n)                   /* 自定义函数 show( ) */
{
     int i;
     FILE *fp;                          /* 定义一个指向 FILE 类型结构体的指针变量 */
```

```
        if((fp = fopen(name, "rb")) == NULL)/* 以只读方式打开指定文件 */
        {
            printf("cannot open file \n");
            exit(0);
        }
        for (i = 0;i < n;i ++)
        {
            fread(&info[i], sizeof(struct address_list), 1, fp);/* 从 fp 所指向的文
件读入数据存到数组 info 中 */
            printf("%15s%20s%20s \n", info[i].name, info[i].adr,info[i].tel);
        }
        fclose(fp);                              /* 以只写方式打开指定文件 */
    }
    void main()
    {
        int i, n;                                /* 变量类型为基本整型 */
        char filename[50];                       /* 数组为字符型 */
        printf("how many? \n");
        scanf("%d", &n);                         /* 输入存入通信录的信息数(或学生数) */
        printf("please input filename: \n");
        scanf("%s", filename);                   /* 输入文件所在路径及名称 */
        printf("please input name,address,telephone: \n");
        for(i = 0;i < n;i ++)                     /* 输入信息(或学生成绩) */
        {
            printf("NO% d", i + 1);
            scanf("%s%s%s", info[i].name, info[i].adr, info[i].tel);
            save(filename, n);                   /* 调用函数 save() */
        }
        show(filename, n);                       /* 调用函数 show() */
        system("pause");
    }
```

【程序运行结果】

程序运行结果如图 8－7 所示。

图 8－7　应用案例 8.3 程序运行结果

8.3.3　文件的字符串读/写操作

1. 读字符串函数 fgets( )

该函数的功能是从指定的文件中读出一个字符串到字符数组中，其调用格式为：

```
fgets(字符数组名,n,文件指针);
```

其中的 n 是一个正整数，表示所得到字符串中字符的个数（包含在读入的最后一个字符后加上串结束标志 '\0'）。

例如：

```
fgets(str,n,fp);  /*从 fp 所指向的文件中读出 n-1 个字符送入字符型数组 str*/
```

【说明】

（1）在读出 n-1 个字符之前，如遇到换行符或 EOF，则读出操作结束。

（2）fgets( )函数也有返回值，其返回值是字符型数组的首地址。

2. 写字符串函数 fputs( )

该函数的功能是向指定的文件写入一个字符串，其调用格式为：

```
fputs(字符串,文件指针);
```

其中字符串可以是字符串常量，也可以是字符数组名或指针变量。

例如：

```
fputs("abcd",fp);   /*把字符串"abcd"写入 fp 所指向的文件*/
```

【应用案例 8.4】

读取任意磁盘文件的内容。

【分析】

本案例是在 F 盘先创建一个文件，名称为 "exp04.txt"，文件的内容为 "This is my test example"，在运行程序时读取这个文件。

【程序代码】

```
#include <stdio.h>
#include <process.h>
void main()
{
    FILE *fp;
    char filename[30],str[30];/*定义两个字符型数组*/
    printf("please input filename:\n");

    scanf("%s",filename);/*输入文件名*/
    if((fp=fopen(filename,"r"))==NULL)/*判断文件是否打开失败*/
    {
        printf("can not open!\npress any key to continue\n");
        getchar();
```

```
        exit(0);
    }
    fgets(str,sizeof(str),fp);/*读取磁盘文件中的内容*/
    printf("%s",str);
    printf("\n");
    fclose(fp);
    system("pause");
}
```

【程序运行结果】

程序运行结果如图 8 - 8、图 8 - 9 所示。

图 8 - 8　应用案例 8.4 程序运行结果（1）

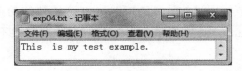

图 8 - 9　应用案例 8.4 程序运行结果（2）

【应用案例 8.5】向指定的磁盘文件写入"I am a good person."。

【分析】

本案例是向 E 盘中文件名称为"exp05.txt"的文件写入"I am a good person."。

【程序代码】

```
#include <stdio.h>
#include <process.h>
void main()
{
    FILE * fp;                        /*定义一个指向 FILE 类型结构体的指针变量*/
    char filename[30],str[30];        /*定义两个字符型数组*/
    printf("please input filename:\n");
    scanf("%s",filename);             /*输入文件名*/
    if((fp = fopen(filename,"w")) == NULL)/*判断文件是否打开失败*/
    {
        printf("can not open! \npress any key to continue:\n");
        getchar();
        exit(0);
    }
    printf("please input string:\n");  /*提示输入字符串*/
    getchar();
    gets(str);
```

```
    fputs(str,fp);                         /*将字符串写入 fp 所指向的文件 */
    fclose(fp);
    system("pause");
}
```

【程序运行结果】

程序运行结果如图 8 - 10、图 8 - 11 所示。

 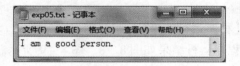

图 8 - 10　应用案例 8.5 程序运行结果（1）　　　图 8 - 11　应用案例 8.5 程序运行结果（2）

8.3.4　其他文件读/写函数

其他文件读/写函数有 fscanf( ) 函数和 fprintf( ) 函数。

这两个函数与前面章节使用过的 scanf( ) 和 printf( ) 函数的功能相似，都是格式化读/写函数。两者的区别在于 fscanf( ) 函数和 fprintf( ) 函数的读/写对象不是键盘和显示器，而是磁盘文件。

这两个函数的调用格式为：

```
fscanf(文件指针,格式字符串,输入表列);
fprintf(文件指针,格式字符串,输出表列);
```

例如：

```
fscanf(fp,"%d%s",&i,s);
fprintf(fp,"%d%c",j,ch);
```

【应用案例 8.6】

将数字 97 以字符的形式写入磁盘文件。

【分析】

本案例使用 fprintf( ) 函数将数字 97 以字符的形式写入 F 盘中的 "exp06. txt" 文本文档。

【程序代码】

```
#include <stdio.h>
#include <process.h>
void main()
{
    FILE *fp;
    int i = 97;
    char filename[30];                     /*定义一个字符型数组 */
    printf("please input filename:\n");
    scanf("%s",filename);                   /*输入文件名 */
```

```
if((fp = fopen(filename,"w")) == NULL)/* 判断文件是否打开失败 */
{
        printf("can not open! \npress any key to continue \n");
        getchar();
        exit(0);
}
fprintf(fp,"%c",i);                /* 将 97 以字符形式写入 fp 所指向的磁盘文件 */
fclose(fp);
system("pause");
}
```

【程序运行结果】

程序运行结果如图 8 – 12、图 8 – 13 所示。

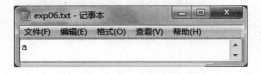

图 8 – 12　应用案例 8.6 程序运行结果（1）　　　图 8 – 13　应用案例 8.6 程序运行结果（2）

【应用案例 8.7】

将文件中的 5 个字符以整数形式输出。

【分析】

本案例是在 E 盘创建一个名称为 "exp07. txt" 的文本文档，文件内容为 "abcde"，运行程序，将文件中的 5 个字符以整数形式输出。

【程序代码】

```
#include <stdio.h>
#include <process.h>
void main()
{
    FILE * fp;
    char i,j;
    char filename[30];               /* 定义一个字符型数组 */
    printf("please input filename:\n");
    scanf("%s",filename);            /* 输入文件名 */
    if((fp = fopen(filename,"r")) == NULL)/* 判断文件是否打开失败 */
    {
        printf("can not open! \npress any key to continue \n");
        getchar();
        exit(0);
    }
    for(i = 0;i < 5;i ++)
    {
        fscanf(fp,"% c",&j);
```

```
        printf("%d is:%5d\n",i +1,j);
    }
    fclose(fp);
    system("pause");
}
```

【程序运行结果】

程序运行结果如图 8 – 14、图 8 – 15 所示。

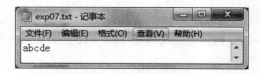

图 8 – 14　应用案例 8.7 程序运行结果（1）　　　　图 8 – 15　应用案例 8.7 程序运行结果（2）

8.3.5　随机文件的读/写

前面介绍的文件读/写方式都是顺序读/写，即读/写文件只能从头开始，顺序读/写各个数据。但在实际问题中常要求只读/写文件中某一指定的部分。为了解决这个问题，可移动文件内部的位置指针到需要读/写的位置再进行读/写，这种读/写称为随机读/写。实现随机读/写的关键是要按要求移动位置指针，这称为文件的定位，需要使用文件定位函数来实现对文件的随机读/写。移动文件内部位置指针的函数主要有两个，即 rewind( )函数和 fseek( )函数。

1. 文件头定位函数 rewind( )

rewind( )函数又称为"反绕"函数，其调用格式为：

```
rewind(文件指针);
```

它的功能是使位置指针重新返回文件的开头。

2. 文件随机定位函数

这里主要介绍 fseek( )函数。

fseek( )函数用来移动文件内部位置指针，其调用格式为：

```
fseek(文件指针,位移量,起始点);
```

其中，"文件指针"指向被移动的文件；"位移量"表示移动的字节数，要求位移量是 long 型数据，以便在文件长度大于 64 KB 时不会出错，当用常量表示位移量时，要求加后缀"L"；"起始点"表示从何处开始计算位移量，规定的起始点有 3 种——文件首、当前位置和文件尾，其表示方法见表 8 – 3。

表 8 – 3　起始点的标识符和对应的数字

起始点	表示符号	数字表示
文件首	SEEK_SET	0
当前位置	SEEK_CUR	1
文件末尾	SEEK_END	2

例如：

```
fseek(fp,100L,0);        /*把位置指针移到离文件首100个字节处。*/
```

【说明】

fseek()函数一般用于二进制文件。在文本文件中由于要进行转换，故往往计算的位置会出现错误。

【应用案例8.8】

将文件内容输出多遍。

【分析】

本案例使用rewind()函数，将E盘中文件名为"exp08. txt"的文本文件的内容"我可以把这句话重复很多遍呦！"输出两遍。

【程序代码】

```
#include <stdio.h>
#include <process.h>
void main()
{
    FILE * fp;
    char ch,filename[50];
    printf("please input filename: \n");
    scanf("%s",filename);                    /*输入文件名*/
    if((fp = fopen(filename,"r")) == NULL)    /*以只读方式打开该文件*/
    {
        printf("cannot open this file. \n");
        exit(0);
    }
    ch = fgetc(fp);
    while(ch! = EOF)
    {
        putchar(ch);                         /*输出字符*/
        ch = fgetc(fp);                      /*获取fp所指向文件中的字符*/
    }
    rewind(fp);                              /*指针指向文件开头*/
    printf(" \n");
    ch = fgetc(fp);
    while(ch! = EOF)
```

```
        {
            putchar(ch);                            /*输出字符*/
            ch = fgetc(fp);
        }
        printf("\n");
        fclose(fp);                                 /*关闭文件*/
        system("pause");
    }
```

【程序运行结果】

程序运行结果如图 8 – 16 所示。

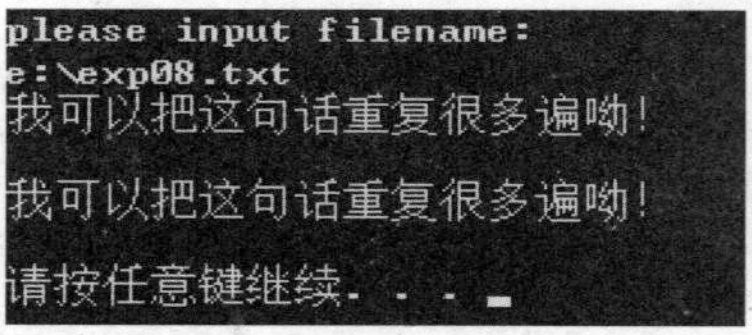

图 8 – 16　应用案例 8.8 程序运行结果

【应用案例 8.9】

读取文件中特定的内容。某个文件中记录员工的生日信息，如"19950810"，显示该员工在哪天过生日。

【分析】

本案例是在 E 盘中文件名为"exp09. txt"的文本文件中记录员工的生日信息，如"19950810"，显示该员工在哪天过生日。

【程序代码】

```
#include <stdio.h>
#include <process.h>
int main()
{
    FILE * fp;
    char filename[30],str[50];
    printf("please input filename:\n");
    scanf("%s",filename);
    if((fp = fopen(filename,"wb")) == NULL)
    {
        printf("can not open!\npress any key to continue \n");
        getchar();
        exit(0);
    }
    printf("please input string:\n");
    getchar();
    gets(str);
```

```
    fputs(str,fp);

    fclose(fp);
    if((fp = fopen(filename,"rb")) == NULL)
    {
        printf("can not open!\npress any key to continue \n");
        getchar();
        exit(0);
    }
    fseek(fp,4L,0);
    fgets(str,sizeof(str),fp);
    putchar('\n');
    puts(str);
    fclose(fp);
    return 0;
    system("pause");
}
```

【程序运行结果】

程序运行结果如图 8 – 17 所示。

图 8 – 17　应用案例 8.9 程序运行结果

8.3.6　出错检测

1. 读/写文件出错检测函数 ferror( )

ferror( )函数的调用格式为：

```
ferror(文件指针);
```

功能：检查文件在用各种输入/输出函数进行读/写时是否出错。ferror( )函数的返回值为 0 表示未出错，否则表示出错。

2. 文件出错标志和文件结束标志置 0 函数 clearerr( )

clearerr( )函数的调用格式为：

```
clearerr(文件指针);
```

功能：清除出错标志和文件结束标志，使它们为 0 值。

8.4 先导案例的设计与实现

8.4.1 问题分析

1. 功能分析

根据项目需求，要想持久地保存数据，必须将数据写入磁盘。本阶段的学生管理系统程序完成文件操作，即实现创建文件、打开文件和保存文件操作，将学生信息数据最终保存到磁盘的文件中。

2. 界面分析

设计一个关于学生成绩的功能菜单选择界面，如图8-18所示，实现"现数据添加"（写文件）、"数据显示"（读文件）、"初始化"（包含创建文件）、"退出"等功能，以方便用户操作，使程序运行更加灵活。

图8-18　功能菜单选择界面

3. 数据分析

根据项目描述，需录入的学生数据包括学号、姓名、班级名称、三门功课的成绩。为了简化程序，本程序中只收集学生的3个科目（语文、数学、英语）成绩以及计算出的每名学生的总分、平均分，为此自定义一个结构体类型Student，用于存储学生的基本信息和成绩信息。定义学生信息结构体类型的代码如下：

```
typedef struct          /*学生信息结构体*/
{
    char sno[8];            /*学号*/
    char name[20];          /*姓名*/
    char cname[20];         /*班级名*/
    float sc[3];            /*成绩*/
    float sum;              /*总分*/
    float avg;              /*平均分*/
}Student;
```

另外，程序需建立一个用于存储学生信息数据的文件，这里命名为"student.dat"。由于这里只需要这样一个文件，所以只定义了一个指向文件的指针变量fp，并设置为全局变量以便于操作文件。

8.4.2　设计思路

1. 自定义函数的确定

根据系统的功能分析，系统需要实现数据录入功能和数据显示功能，为此分别建立这两个主要功能函数，并辅之以文件初始化函数、保存数据（存入数据文件）函数等工具函数。此外，需要编写一个用于功能选择的显示菜单函数，提供与用户的良好交互。

2. 主要函数的功能及设计思想

1）数据录入功能函数

函数名：input_stdata。

函数功能：创建数据文件，从键盘录入数据并存入数据文件。

输入参数：无。

返回值：无。

基本设计思想：

（1）定义有关变量；

（2）以二进制写的方式打开文件；

（3）确定输入的学生人数；

（4）从键盘输入数据到结构体数组；

（5）将结构体数组中的数据写入文件，此处调用保存函数 save( )实现。

（6）关闭文件。

2）数据显示功能函数

函数名：show_data。

函数功能：打开文件，读取数据并显示在屏幕上。

输入参数：无。

返回值：无。

基本设计思想：

（1）定义有关变量；

（2）以二进制读的方式打开文件；

（3）从文件头开始利用循环语句读取数据并显示在屏幕上；

（4）关闭文件。

3）显示菜单函数

函数名：showmainmenu。

函数功能：显示菜单，接收用户选择的项目序号。

输入参数：无。

返回值：用户选择的项目序号（整型）。

基本设计思想：

（1）定义变量；

（2）显示菜单；

（3）接收用户选择的项目序号；

（4）返回用户选择的项目序号。

4）主函数

函数名：main。

函数功能：提供选项菜单，根据用户的选择执行不同的功能。

输入参数：无。

返回值：无。

基本设计思想：

（1）调用 showmainmenu( ) 函数。

（2）根据 showmainmenu( ) 函数的返回值确定执行哪一项功能：

选择 "1"：执行 input_stdata( ) 函数；选择 "2"：执行 show_data( ) 函数；选择 "3"：执行文件初始化函数 Init( )；选择 "0"：退出程序。

8.4.3　程序实现

【说明】

（1）读/写文件，要用文件指针来使用文件的打开与关闭函数，同时必须考虑要打开的文件是否存在，而且打开和关闭文件的操作应在同一个函数中完成。

（2）使用文件打开函数时要注意：凡用 "r" 方式打开的文件，文件必须存在，且只能从该文件读出；用 "w" 方式打开的文件若不存在，则以指定的文件名建立该文件，若打开的文件已经存在，则将该文件删去，重建一个新文件；用 "a" 方式打开的文件，是在文件的末尾追加数据，若文件不存在，同样创建新文件后追加数据。

【特别提示】

本程序中文件初始化函数 Init( ) 使用了 "wb" 方式，实现了 "student. dat" 文件的重新创建，即覆盖效果。

读者可探索在初始化功能中使用 "rb" 方式打开文件读取并计算学生数据数目，进而控制新添学生数据后，"student. dat" 文件中存储的学生数据条目不超过预计的班级学生人数。同时，可于保存函数 save( ) 中让用户选择 "覆盖" 或 "追加" 方式，即选择 "wb" 或 "ab" 方式打开文件来保存数据。

【程序代码】

```
#include <stdio.h>
#include <stdlib.h>
#include <string.h>
#define NUM 50
#define outtitle "学号 \t 姓名 \t 班级 \t 语文 \t 数学 \t 英语 \t 总分 \t 平均分 \n"
#define outstr "%s \t%s \t%s \t%5.1f \t%5.1f \t%5.1f \t%5.1f \t%5.1f \n"

int n;     /* 添加的数据个数 */
```

```
FILE *fp;    /*存放学生成绩信息的文件*/

typedef struct              /*学生信息结构体*/
{
    char sno[8];            /*学号*/
    char name[20];          /*姓名*/
    char cname[20];         /*班级名*/
    float sc[3];            /*成绩*/
    float sum;              /*总分*/
    float avg;              /*平均分*/
}Student;

Student st[NUM];           /*学生信息结构体数组*/
int showmainmenu();        /*显示主菜单函数*/
void init();  /*系统初始化学生数据记录*/
void input_stdata();       /*学生数据添加函数*/
void save();   /*保存添加的数据到文件中*/
void show_data();          /*显示所有学生信息的函数*/

int main()       /*系统主函数*/
{
    int choice;
    while(1)
    {
        system("cls");
        choice = showmainmenu();    /*调用显示主菜单函数*/
        switch(choice)
        {
            case 1:input_stdata();break;
            case 2:show_data();break;
            case 3:init();break;
            case 0:exit(0);
            default:printf("输入错误,退出系统\n");
                    system("pause");
                    exit(0);
        }
    }
    return 0;
}

int showmainmenu()          /*显示主菜单函数*/
{
    int choice;
    system("cls");    /*清屏*/
    printf("\t\t*************** 学生成绩 ***************\n");
    printf("\t\t*                                     *\n");
    printf("\t\t*            1.数据添加              *\n");
```

```c
        printf("\t\t*                    2.数据显示                   *\n");
        printf("\t\t*                    3.初始化                     *\n");
        printf("\t\t*                    0.退  出                     *\n");
        printf("\t\t*                                                 *\n");
        printf("\t\t*************************************\n");
        printf("\t\t请选择[0]-[3]项\n");
        scanf("%d",&choice);
        return choice;
}

void init()                        /*系统初始化学生数据记录*/
{
    int i=0;
    char ch;
    printf("\n初始化操作将删除原来的所有数据,继续吗? (Y/N)\n");
    scanf(" %c",&ch);
    if(ch!='Y' && ch!='y')
        return;
    else
    {
        if((fp=fopen("student.dat","wb+"))==NULL) /*以二进制写方式打开文件,直
接关闭后将清除所有数据*/
        {
            /*num=0;*/
            printf("\n文件打开失败,请按任意键返回!\n");
            system("pause");
            return;
        }
        fclose(fp);
    }
    printf("初始化完毕\n");
    system("pause");
    return;
}

void input_stdata()              /*学生基本信息输入函数*/
{
    int i;
    printf("请输入录入的学生人数(<%d):",NUM);
    scanf("%d",&n);
    printf("\n请输入学生信息\n");
    for(i=0;i<n;i++)         /*录入学生数据*/
    {
        printf("\n第%d个学生数据\n",i+1);
        printf("学号:");  scanf("%s",st[i].sno);
        printf("姓名:");  scanf("%s",st[i].name);
        printf("班级名:");scanf("%s",st[i].cname);
```

```
            printf("语文:");  scanf("%f",&st[i].sc[0]);
            printf("数学:");  scanf("%f",&st[i].sc[1]);
            printf("英语:");  scanf("%f",&st[i].sc[2]);
            st[i].sum = 0;      /* 成绩数据初值为 0 */
            st[i].avg = 0;
            st[i].sum = st[i].sc[0] + st[i].sc[1] + st[i].sc[2];
            st[i].avg = st[i].sum/3;
        }

        save();
        printf("\n");
        printf("输入的学生数据为:\n");
        printf(outtitle);
        for(i = 0;i < n;i ++)
        {
        printf(outstr,st[i].sno,st[i].name,st[i].cname,st[i].sc[0],st[i].sc[1],
st[i].sc[2],st[i].sum,st[i].avg);
        }
        printf("数据录入完毕,请按任意键返回 \n");
        system("pause");
        return;
    }


    void save()
    {
        int i = 0;
        if((fp = fopen("student.dat","ab")) == NULL)/* 以二进制追加写方式打开数据文
件 */
        {
                printf("\n 数据文件打开失败,请按任意键返回! \n");
                system("pause");/*getch();*/
                return;
        }
        fwrite(st,sizeof(Student),n,fp);
        /* 或用如下方式调试并保存数据到文件
        while(i < n)
        {
            fwrite(&st[i],sizeof(Student),1,fp);       //数据存入文件
            //printf("保存第%d 个记录 \n",(i +1));
            //system("pause");
            i ++;
        }
        */
        fclose(fp);
    }
```

```
void show_data()    /*显示文件中所有数据的函数 */
{
    Student xst;
    if((fp = fopen("student.dat","rb")) == NULL)
    {
            printf("\n 文件打开失败,请按任意键返回! \n");
            system("pause");
            return;
    }
    system("cls");
    printf(outtitle);
    fread(&xst,sizeof(Student),1,fp);
    while(!feof(fp))        /*读取文件并显示数据到屏幕 */
    {
     printf(outstr,xst.sno,xst.name,xst.cname,xst.sc[0],xst.sc[1],xst.sc
[2],xst.sum,xst.avg);
        fread(&xst,sizeof(Student),1,fp);/*读出一条记录 */
    }
    fclose(fp);
    system("pause");            /*暂停 */
    return;
}
```

【程序运行结果】

(1)"学生成绩"主菜单运行结果如图8-19所示。

图8-19 "学生成绩"主菜单运行结果

(2)"3.初始化"功能运行结果如图8-20所示。

图8-20 "3.初始化"功能运行结果

在工程项目文件夹中，如果没有"student. dat"文件，初始化后就创建该文件；如果已有"student. dat"文件，则该文件内容清空，如图 8 – 21 所示。

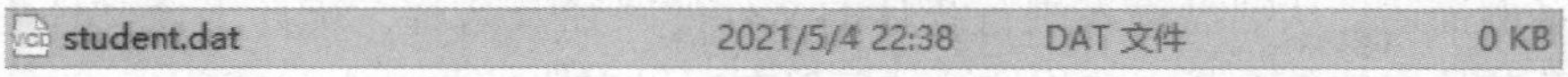

| VCD student.dat | 2021/5/4 22:38 | DAT 文件 | 0 KB |

图 8 – 21 "student. dat"文件

（3）"1. 数据添加"功能运行结果如图 8 – 22 所示。

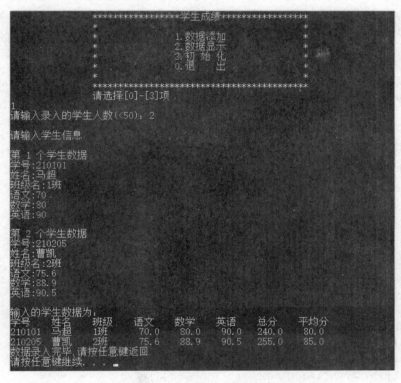

图 8 – 22 "1. 数据添加"功能运行结果

（4）"2. 数据显示"功能运行结果如图 8 – 23 所示。

图 8 – 23 "2. 数据显示"功能运行结果

8.5 综合应用案例

8.5.1 统计文件内容问题

1. 案例描述

编程实现对指定文件中的内容进行统计的功能。

2. 案例分析

1）功能分析

根据案例描述，从键盘输入进行统计的文件的路径及名称，统计出该文件中字符、空格、数字及其他字符的个数，并将统计结果保存到指定的磁盘文件中。

2）数据分析

要进行统计的文件和记录统计结果的文件，它们的路径及名称共需要两个字符数组来存储；统计出的字符、空格、数字及其他字符的个数各用一个整型变量来存储；用条件判断语句对读入的字符进行判断，需要一个字符变量。此外，由于是操作文件，需要定义两个指向 FILE 类型结构体的指针变量。

3. 设计思想

（1）定义变量，从键盘输入要进行统计的文件的路径及名称、存放统计结果的文件的路径及名称。

（2）使用循环遍历要统计的文件中的每个字符。

（3）用条件判断语句对读入的字符进行判断，并在相应的用于统计的变量数上加1。

4. 程序实现

```c
#include <stdio.h>
#include <stdlib.h>
main()
{
    FILE * fp1,  * fp2;                    /*定义两个指向 FILE 类型结构体的指针变量*/
    char filename1[50], filename2[50], ch;      /*定义数组及变量为字符型*/
    long character, space, other, digit;        /*定义变量为长整型*/
    character = space = digit = other = 0;      /*长整型变量的初值均为 0 */
    printf("Enter file name \n");
    scanf("%s", filename1);                 /*输入要进行统计的文件的路径及名称*/
    if((fp1 = fopen(filename1, "r")) == NULL)
      /* 以只读方式打开指定文件 */
    {
        printf("cannot open file \n");
        exit(1);
    }
    printf("Enter file name for write data:\n");
    scanf("%s", filename2);                 /* 输入文件名,即将统计结果放到哪个文件中*/
    if((fp2 = fopen(filename2, "w")) == NULL)  /*以可写方式存放统计结果*/
    {
        printf("cannot open file \n");
        exit(1);
    }
    while((ch = fgetc(fp1))!= EOF)          /*直到文件内容结束处停止 while 循环*/
        if (ch >= 'A'&& ch <= 'Z' ||ch >='a'&& ch <= 'z')
            character ++;                   /* 当遇到字母时字符个数加1 */
    else if(ch == '')
```

```
        space ++ ;                        /*当遇到空格时空格数加1*/
    else if(ch >= '0' && ch <= '9')
        digit ++ ;                        /*当遇到数字时数字数加1*/
    else
        other ++ ;                        /*当遇到其他字符时其他字符数加1*/
    fclose(fp1);                          /*关闭fp1指向的文件*/
    fprintf(fp2, "character:%ld space:%ld digit:% ld other:%ld\n", character,
        space, digit, other);             /*将统计结果写入fp所指向的磁盘文件中*/
    fclose(fp2);                          /*关闭fp2所指向的文件*/
}
```

5. 程序运行

（1）程序运行界面如图 8 - 24 所示，"exp02. txt" 文件中的内容如图 8 - 25 所示。

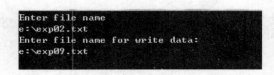

图 8 - 24 程序运行界面   图 8 - 25 "exp02. txt" 文件中的内容

（2）统计后存在记事本中的结果如图 8 - 26 所示。

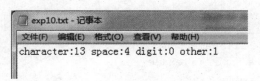

图 8 - 26 统计后存在记事本中的结果

8.5.2 删除文件中的记录问题

1. 案例描述

编写程序，实现删除记录中的员工工资信息的功能。

2. 案例分析

1）功能分析

根据案例描述，输入路径及文件名打开一个文件，输入员工姓名及工资，录入完毕显示文件中的内容，输入要删除的员工姓名，进行删除操作，最后将删除后的内容显示在屏幕上。

2）数据分析

这个程序需要定义一个结构体变量，用来保存输入的员工工资信息；另外再定义两个指向 FILE 类型结构体的指针变量来操作文件。

3. 设计思想

（1）先打开一个二进制文件，此时应以追加的方式打开，要是以只写的方式打开会使文件中原有的内容丢失。

（2）向该文件中输入员工工资信息，输入完毕将文件中的内容全部输出。

（3）输入要删除记录的员工的姓名，使用 strcmp（）函数查找匹配的姓名来确定要删除记录的位置。将该位置后的记录分别前移一位，也就是将要删除的记录用后面的记录覆盖。

（4）将删除后剩余的记录使用 fwrite（）函数再次输出到磁盘文件中，使用 fread（）函数读取文件内容到 emp 数组中并显示在屏幕上。

【特别提示】

利用类似的编程方法，可以添加新的学生记录到已有的记录中，并将修改后的内容显示出来，读者可自行尝试。

4. 程序实现

```c
#include <stdio.h>
#include <stdlib.h>
#include <string.h>
struct emploee                      /*定义结构体,存放员工工资信息*/
{
    char name[10];
    int salary;
}emp[20];
main()
{
    FILE *fp1, *fp2;
    int i, j, n, flag, salary;
    char name[10], filename[50];                /*定义数组为字符类型*/
    printf("please input filename:\n");
    scanf("%s", filename);                      /*输入文件所在路径及名称*/
    printf("please input the number of emploees:\n");
    scanf("%d", &n);                            /*输入要录入的人数*/
    printf("input name and salary:\n");
    for(i=0;i<n;i++)
    {
        printf("NO%d:\n", i+1);
        scanf("%s%d", emp[i].name, &emp[i].salary);  /*输入员工的姓名及工资*/
    }
    if((fp1=fopen(filename, "ab"))==NULL) /*以追加的方式打开指定的二进制文件*/
    {
        printf("Can not open the file.");
        exit(0);
    }
    for (i=0;i<n;i++)
        if(fwrite(&emp[i], sizeof(struct emploee), 1, fp1)!=1)/*将输入的员工
信息输出到磁盘文件中*/
            printf("error\n");
    fclose(fp1);
    if((fp2=fopen(filename, "rb"))==NULL)
```

```
        {
                printf("Can not open file.");
                exit(0);
        }printf("\n original data:");
        for(i = 0; fread(&emp[i], sizeof(struct emploee), 1, fp2)! = 0; i ++)/*读取磁
盘文件上的信息到 emp 数组中 */
                printf("\n%8s%7d", emp[i].name, emp[i].salary);
        n = i;
        fclose(fp2);
        printf("\n Input name which do you want to delete:");
        scanf("%s", name);                            /*输入要删除记录的员工姓名 */
        for(flag = 1,i = 0;flag && i < n;i ++)
        {
                if (strcmp(name, emp[i].name) ==0)/*查找与输入姓名匹配的位置 */
                {
                        for(j = i;j < n - 1;j ++)
                        {
                                strcpy(emp[j].name, emp[j + 1].name);/*查找到要删除记录的
位置后将后面的记录前移 */
                                emp[j].salary = emp[j + 1].salary;
                        }flag = 0;                    /*标志位置 0 */
                }
        }
        if(!flag)
                n = n - 1;                            /*记录个数减 1 */
        else
                printf("\nNot found");
        printf("\nNow,the content of file:\n");
        fp2 = fopen(filename, "wb");                  /*以只写方式打开指定文件 */
        for(i = 0;i < n;i ++)
                fwrite(&emp[i], sizeof(struct emploee), 1, fp2);/*将数组中的员工工资
信息输出到磁盘文件中 */
        fclose(fp2);
        fp2 = fopen(filename, "rb");                        /*以只读方式打开指定的二进制文件 */
        for(i = 0;fread(&emp[i], sizeof(struct emploee), 1, fp2)! = 0;i ++)/*以只读方
式打开指定的二进制文件 */
                printf("\n%8s%7d", emp[i].name, emp[i].salary);/*输出员工工资信息 */
        fclose(fp2);
    system("pause");
    }
```

5. 程序运行

程序运行结果如图 8 - 27 所示。

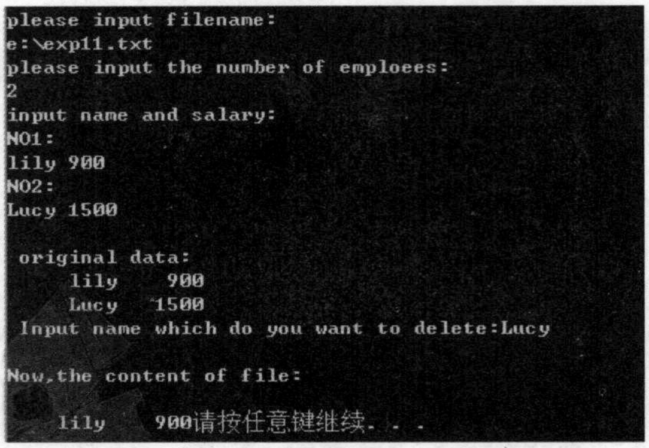

图 8-27 "删除文件中的记录问题" 程序运行结果

本章小结

C 语言系统把文件当作一个"流",按字节进行处理。

文件按编码方式分为二进制文件和 ASCII 文件。

在 C 语言中,用文件指针标识文件,当一个文件被打开时,可取得该文件指针。

文件在读/写之前必须打开,读/写结束必须关闭。

文件可按只读、只写、读写、追加四种操作方式打开,同时还必须指定文件的类型是二进制文件还是 ASCII 文件。

文件可以按字节、字符串、数据块为单位读/写,也可按指定的格式读/写。

文件内部的位置指针可指示当前读/写位置,移动该指针可以对文件实现随机读/写。

习　题

程序设计题:

(1) 设文件"num. dat"中存放了一组整数。统计并输出文件中的正整数、零和负整数的个数。

(2) 将从键盘上输入的若干个字符送入 E 盘中的文件"ccc. txt",当输入的字符为"*"时停止。

第 9 章

C语言项目实例

【内容简介】

学习计算机编程语言的最终目的是利用编程语言编写实用的应用系统。本章结合第 1 章介绍的学生管理系统，介绍利用 C 语言的基本知识设计并编写学生管理系统的基本思路和方法。

【知识目标】

理解并掌握应用系统的分析方法；理解并掌握模块化系统设计方法。

【能力目标】

培养小型应用系统的分析能力；培养小型应用系统的模块化设计能力；具备 C 语言知识的综合应用能力。

【素质目标】

培养善于沟通、交流的基本素质；培养团队协作意识；培养全面、系统地分析问题的岗位素质。

9.1 系统分析

9.1.1 系统功能分析

根据第 1 章中的系统概述，利用 C 语言的基本知识，开发学生管理系统至少要实现以下几个功能。

1. 数据的添加功能

该功能主要实现数据的录入操作，主要是学生的基本信息和成绩信息的录入，而且要保证只有在录入学生的基本信息之后才能输入学生的成绩信息。

2. 数据的查询功能

该功能主要实现信息存入磁盘之后数据的查询操作。根据常用的查询操作，本系统提供了按姓名查询和按班级查询两项查询功能。

3. 数据的修改功能

该功能主要实现数据的修改操作。根据常用的修改操作，本系统提供了按学号修改和按姓名修改两项修改功能。

4. 数据的删除功能

该功能主要实现数据的删除操作。根据常用的删除操作，本系统提供了按学号删除和按姓名删除两项删除功能。

5. 数据的统计功能

该功能主要实现在成绩信息输入之后，成绩的排序和各分数段的统计操作。

6. 数据的打印功能

该功能主要实现数据信息的显示操作。

7. 系统登录功能

该功能主要实现用户登录的验证操作，必须保证使用者在安全登录之后才能使用上面提供的各项功能。

8. 系统初始化功能

该功能主要实现初始文件的建立、关键数据的初始化等操作。

系统的功能结构图如图 9-1 所示。

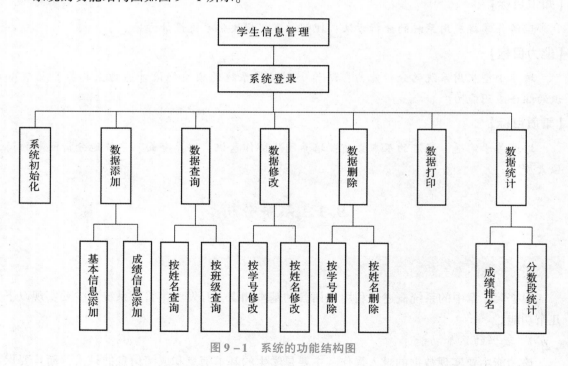

图 9-1　系统的功能结构图

9.1.2　系统数据分析

为了使项目实现简单化，本系统对实际学生信息进行了必要的简化描述：对于基本信息，只用学号、姓名和班级表示；对于学生的成绩信息，由于表 1-1 中的科目名称长度不一致，在显示时容易出现不一致的情况，这里简写为"程序""网络"和"外语"。为了使程序实现方便，系统将学生的基本信息和成绩信息放在一个结构体内，如下所示：

```
typedef struct            /*学生信息结构体*/
{
    char sno[8];          /*学号*/
    char name[20];        /*姓名*/
    char cname[20];       /*班级名*/
    float sc[3];          /*成绩*/
    float sum;            /*总分*/
    float avg;            /*平均分*/
}Student;
```

为了实现系统的数据管理要求，要建立一个数据文件（"student. dat"），用于存储学生的信息，另外，还要建立一个文件（"st_num. dat"），用于存储文件中所存储的学生人数。

9.2　系统设计与实现

为了实现系统的功能，在设计时，需要编写不同的模块（功能函数）来实现相应的功能。

9.2.1　系统登录模块

系统登录模块对应系统登录功能，目的是保证系统的有效使用，即只有系统的管理人员才能使用本系统。该模块是让使用者输入用户名和密码，只有在二者都正确的情况下，才能使用系统。系统登录模块限定了 3 次登录次数，如果超过 3 次登录失败，将提示并退出系统。系统登录界面如图 9 - 2 所示。

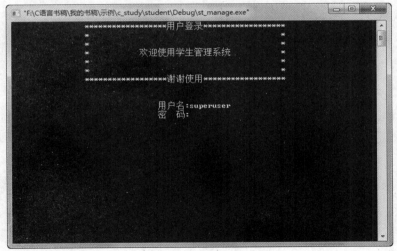

图 9 - 2　系统登录界面

该模块的函数原型和基本设计思想如下。

1. 函数原型

```
int login();              /*用户登录函数*/
```

（1）输入参数：无。

（2）返回值：用户登录成功的标志（0或1）。

2. 基本设计思想

（1）创建变量。

（2）循环判断（3次）用户输入的用户名和密码是否正确，如果正确，结束本函数，返回登录正确表示到主函数；否则，返回登录失败标志。

3. 程序代码

```
int login()      /*用户登录函数*/
{
     char username[10];    /*用户名*/
     char password[20];    /*密码*/
     int n =1;       /*登录次数*/
     int ok = -1;    /*登录成功标志*/

     while(n <=3)
     {
          system("cls");
          printf("\t \t ************** 用户登录 **************\n");
          printf("\t \t *                                    *\n");
          printf("\t \t *                                    *\n");
          printf("\t \t *            欢迎使用学生管理系统        *\n");
          printf("\t \t *                                    *\n");
          printf("\t \t *                                    *\n");
          printf("\t \t ************** 谢谢使用 **************\n \n \n");
          printf("\t \t \t \t 用户名:");
          scanf("%s",username);
          printf("\t \t \t \t 密  码:");
          scanf("%s",password);

          if(strcmp(username,"superuser") ==0 && strcmp(password,"123456") ==0)
          {    ok =1;
               break;   }
          else
          {    printf("\n用户名或密码不正确,你还有% d 次机会,请按任意键重新登录!
\n",3 -n);
               n ++;
               system("pause");   }
     }
     return ok;
}
```

9.2.2 系统初始化模块

系统初始化操作是初期使用学生管理系统时要做的工作，其功能是创建或清除数据文件中的所有数据，并将学生人数置0，存入学生人数文件。

1. 函数原型

```
void init()    /* 系统初始化函数 */
```

（1）输入参数：无。

（2）返回值：无。

2. 程序设计思想

（1）定义变量。

（2）询问是否确定初始化，如不确定，则返回；如确定，则向下执行。

（3）创建数据文件。

（4）创建学生人数文件，将 0 存入该文件。

（5）关闭两个文件。

3. 程序代码

```c
void init()         /* 系统初始化函数 */
{
    FILE * fp1, * fp2;
    char ch;
    int n = 0;
    printf("\n 初始化操作将删除原来的所有数据,继续吗？(Y/N) \n");
    scanf(" %c",&ch);
    if(ch! = 'Y' && ch! = 'y')
       return;
    else
    {
       if((fp1 = fopen("student.dat","wb")) == NULL)
/* 以二进制写方式打开文件,直接关闭后将清除所有数据 */
       {  printf("\n 文件打开失败,请按任意键返回! \n");
          system("pause");
          return;  }
       if((fp2 = fopen("st_num.dat","wb")) == NULL) /* 以二进制写方式打开文件 */
       {  printf("\n 文件打开失败,请按任意键返回! \n");
          system("pause");
          return;  }
       fwrite(&n,sizeof(int),1,fp2);
       fclose(fp1);
       fclose(fp2);
    }
    printf("初始化完毕,请按任意键返回 \n");
    system("pause");
    return;
}
```

9.2.3　系统录入模块

系统录入模块对应系统的数据录入功能，包括学生基本信息录入和学生成绩信息录入两个基本模块。

1. 学生基本信息录入模块

1）函数原型

```
void input_stdata();        /*学生数据添加函数*/
```

（1）输入参数：无。

（2）返回值：无。

2）基本设计思想

（1）定义变量。

（2）获得要录入的学生人数。

（3）打开文件。

（4）循环读取数据到结构体数组。

（5）将结构体数组中的数据存储到文件中。

（6）新的学生人数写入人数文件。

（7）关闭有关文件。

3）程序代码

```
void input_stdata()         /*学生数据添加函数*/
{
    FILE * fp1, * fp2;
    int n,n1;
    int i;
    Student st[NUM];
    system("cls");        /*清屏函数*/
    if((fp1 = fopen("st_num.dat","rb")) == NULL)/*以二进制写方式打开学生人数文件*/
    {     printf("\n学生人数文件打开失败,请按任意键返回!\n");
          system("pause");/*getch();*/
          return;      }
    fread(&n,sizeof(int),1,fp1);   /*获得目前的学生人数*/
    printf("n = %d\n",n);
    fclose(fp1);
    if((fp2 = fopen("student.dat","ab")) == NULL)/*以二进制追加写方式打开数据文件*/
    {     printf("\n数据文件打开失败,请按任意键返回!\n");
          system("pause");
          return;      }
    printf("请输入学生人数( < %d)",NUM - n);
    scanf("%d",&n1);
    printf("\n请输入学生信息\n");
    for(i = 0;i < n1;i ++)      /*录入学生数据*/
    {    printf("\n第%d个学生数据\n",i +1);
         printf("学号:");
         scanf("%s",st[i].sno);
         printf("姓名:");
         scanf("%s",st[i].name);
         printf("班级名:");
```

```
            scanf("%s",st[i].cname);
            st[i].sc[0] = st[i].sc[1] = st[i].sc[2] = st[i].sum = 0;    /*成绩数据初
值为 0 */
            st[i].avg = 0;        }
        fwrite(st,sizeof(Student),n1,fp2);        /*数据存入文件*/
        fclose(fp2);
        n = n + n1;                              /*新的学生数*/
        fp1 = fopen("st_num.dat","wb");          /*以写方式打开学生人数文件*/
        fwrite(&n,sizeof(int),1,fp1);            /*新的学生人数存入文件*/
        fclose(fp1);
        printf("数据录入完毕,请按任意键返回 \n");
        system("pause");                         /*等待按键,返回主菜单*/
        return;
}
```

2. 学生成绩信息录入模块

1) 函数原型

```
void input_achdata();        /* 成绩数据写入文件函数 */
```

(1) 输入参数：无。

(2) 返回值：无。

2) 程序设计思想

(1) 定义变量。

(2) 获得学生人数。

(3) 打开文件。

(4) 读取学生信息到数组。

(5) 循环输入成绩信息。

(6) 数组数据重新写入文件。

(7) 关闭文件。

3) 程序代码

```
void input_achdata()
{
    FILE *fp;
    int i,n;
    Student st[NUM];
    n = getnum();
    if(n!= -1)
    {
        if((fp = fopen("student.dat","rb")) ==NULL)/*以二进制写方式打开数据文件*/
        {   printf("\n 数据文件打开失败,请按任意键返回! \n");
            system("pause");/*getch();*/
            return;   }
        fread(st,sizeof(Student),n,fp);    /*读取所有数据到数组*/
```

```
            fclose(fp);
            printf("\n请输入学生的成绩:\n");
            printf("学号\t姓名\t班级\t程序 网络 外语\n");
            for(i=0;i<n;i++)                      /*录入学生成绩*/
            {   printf("%-8s%-8s%-8s",st[i].sno,st[i].name,st[i].cname);
                scanf("%f%f%f",&st[i].sc[0],&st[i].sc[1],&st[i].sc[2]);
                st[i].sum=st[i].sc[0]+st[i].sc[1]+st[i].sc[2];
                st[i].avg=st[i].sum/3;  }
            fp=fopen("student.dat","wb");
            fwrite(st,sizeof(Student),n,fp);  /*学生信息重新写入文件*/
            fclose(fp);  }
        printf("成绩数据录入完毕,请按任意键返回\n");
        system("pause");              /*等待按键,返回主菜单*/
        return;}
```

3. 数据录入功能菜单显示模块

显示数据录入菜单函数主要是为用户提供选择操作的界面。

1）函数原型

```
void show_append_menu();    /*显示数据录入菜单函数*/
```

（1）输入参数：无。

（2）返回值：无。

2）程序设计思想

（1）定义变量。

（2）在循环中，读取用户选择项目，根据选项执行不同的函数。

3）程序代码

```
void show_append_menu()        /*显示数据添加菜单函数*/
{
    int choice;
    int n;
    while(1)
    {
    system("cls");
    n=getnum();        /*获取文件中的学生人数*/
    /*clrscr();*/
    printf("\t\t****************** 数据添加 ******************\n");
    printf("\t\t*                                    *\n");
    printf("\t\t*              1.学生信息添加         *\n");
    printf("\t\t*                                    *\n");
    printf("\t\t*              2.学生成绩添加         *\n");
    printf("\t\t*                                    *\n");
    printf("\t\t*              0.返      回          *\n");
    printf("\t\t*                                    *\n");
    printf("\t\t*********************************************\n");
```

```
        printf("\t\t 请选择 0 - 2 \n");
        scanf("%d",&choice);
        switch(choice)
        {
            case 1:
                input_stdata();
                break;
            case 2:
                if(n == 0)           /* 如果学生人数为 0,则提示必须先输入学生的基本信息 */
                {   printf("还没有学生的基本信息,请先录入学生的基本信息");
                    system("pause");}
                else
                    input_achdata();
                break;
            case 0:
                return;
            default:
                return;;
        }
    }
}
```

数据查询模块

　　数据查询模块对应数据查询功能，分为按姓名查询和按班级查询两个子模块，因为两个子模块除了查询项目不同之外，其他查询代码基本相同，所以编写一个通用数据查询函数，接收查询项目字符串来实现查询。姓名查询和班级查询的工作就是接收用户输入的查询内容，调用这个通用数据查询函数。

　　1. 通用数据查询函数

　　1) 函数原型

```
int query(char nm[],int by)    /* 通用数据查询函数 */
```

　　(1) 输入参数：查询字符串；查询项目 (0：按姓名查询；1：按班级查询)。

　　(2) 返回值：是否找到记录的标志。

　　2) 程序设计思想

　　(1) 定义变量。

　　(2) 打开文件。

　　(3) 循环读取记录：
　　　　①按比较项目进行比较；
　　　　②如果找到，则显示找到的学生信息。

　　(4) 关闭文件。

　　(5) 返回找到标志。

3）程序代码

```
int query(char nm[],int by)    /* 通用查询函数 */
{
     FILE * fp;
     Student st;
     int flag = 0;    /* 是否找到记录的标志 */
     char str[20];  /* 要比较的项目字符串 */
     if((fp = fopen("student.dat","rb")) == NULL)
     {       printf("\n 文件打开失败,请按任意键返回! \n");
             system("pause");
             return -1;  }
     printf(outtitle);
     fread(&st,sizeof(Student),1,fp);
     while(!feof(fp))        /* 查找记录并显示数据到屏幕上 */
     {    if(by == 0)                    /* 确定比较的选项 */
             strcpy(str,st.name);
          else
             strcpy(str,st.cname);
          if(strcmp(nm,str) == 0)       /* 如果找到,则显示学生信息 */
          {    flag = 1;
               printf(outstr,st.sno,st.name,st.cname,st.sc[0],st.sc[1],st.sc
[2],st.sum,st.avg); }
          fread(&st,sizeof(Student),1,fp);/* 读出一条记录 */       }
     fclose(fp);
     return flag;
}
```

2. 按姓名查询模块

1）函数原型

```
void query_name()    /* 按姓名查询函数 */
```

（1）输入参数：无。

（2）返回值：无。

2）程序设计思想

（1）定义变量。

（2）接收用户输入。

（3）调用通用查询函数，进行查询，如未找到，显示相关提示信息。

（4）返回调用函数。

3）程序代码

```
void query_name()
{     char na[20];
      system("cls");
      printf("\n 请输入要查询的学生姓名:");
      scanf("%s",na);
      if(query(na,0) == 0)   /* 调用通用查询函数,如果没有找到,显示相关提示信息 */
```

```
        printf("\n 没有找到指定学生! \n");
        printf("\n 学生信息查找完毕,请按任意键返回! \n");
        system("pause");              /*暂停*/
        return;}
```

3. 按班级查询模块
1) 函数原型

```
void query_class()    /* 按班级查询函数 */
```

(1) 输入参数：无。
(2) 返回值：无。
2) 程序设计思想
(1) 定义变量。
(2) 接收用户输入。
(3) 调用通用查询函数，进行查询，如未找到，显示相关提示信息；
(4) 返回调用函数。
3) 程序代码

```
void query_class()
{    char cna[20];
     system("cls");
     printf("\n 请输入要查询的班级名称:");
     scanf("%s",cna);
     if(query(cna,1) ==0)
         printf("\n 没有找到指定学生! \n");
     printf("\n 学生信息查找完毕,请按任意键返回! \n");
     system("pause");              /*暂停*/
     return;}
```

4. 数据查询功能菜单显示模块
1) 函数原型

```
void show_query_menu()    /*显示数据查询菜单函数*/
```

(1) 输入参数：无
(2) 返回值：无。
2) 程序设计思想
(1) 定义变量。
(2) 在循环中，读取用户选择项目，根据选项执行不同的函数。
3) 程序代码

```
void show_query_menu()            /*显示数据查询菜单函数*/
{
     int choice;
     /*clrscr();*/
     while(1)
```

```
{
    system("cls");
    printf("\t\t ***************** 数据查询 *****************\n");
    printf("\t\t *                                         *\n");
    printf("\t\t *               1.按姓名查询               *\n");
    printf("\t\t *                                         *\n");
    printf("\t\t *               2.按班级查询               *\n");
    printf("\t\t *                                         *\n");
    printf("\t\t *               0. 返    回               *\n");
    printf("\t\t *                                         *\n");
    printf("\t\t *******************************************\n");
    printf("\t\t 请选择 0－2 \n");
    scanf("%d",&choice);
    switch(choice)
    {
        case 1:
            query_name();      /*按姓名查询*/
            break;
        case 2:
            query_class();     /*按班级查询*/
            break;
        default:
            return;
    }
}
```

9.2.5 数据修改模块

数据修改模块对应系统的数据修改功能，本系统主要提供了按学号修改和按姓名修改两个修改功能。

1. 通用数据修改函数

系统提供的两个功能的修改函数的操作基本相同，只是在修改项目上有所区别，所以这里也编写了一个通用数据修改函数。在进行数据修改时，首先要找到记录，确定数据修改的位置，输入数据后，按照数据修改的位置将数据写入文件。

1）函数原型

```
int modify (char nm[],int by)    /*通用数据修改函数*/
```

（1）输入参数：修改项目字符串；修改项目（0：按姓名修改；1：按学号修改）。

（2）返回值：是否修改的标志。

2）程序设计思想

（1）定义变量。

（2）打开文件。

（3）循环读取记录，进行数据修改：

①确定比较项目；

②判断是否找到，如找到，记录数据修改的位置，然后从键盘读取修改信息，将修改后的记录按数据修改的位置写入文件。

（4）关闭文件。

（5）返回是否修改成功的标志。

3）程序代码

```
int modify(char nm[],int by)
{
      FILE * fp;
      Student st;
      int flag = 0;   /*是否找到记录的标志*/
      int queren;   /*用户确认修改的数据表示*/
      int rec_num = 0;   /*记录序数,可确定数据修改的位置*/
      char str[20]; /*要比较的项目字符串*/
      if((fp = fopen("student.dat","rb +")) == NULL)   /*以读写方式打开二进制文件*/
      {         printf("\n文件打开失败,请按任意键返回! \n");
                system("pause");
                return -1;      }
      fread(&st,sizeof(Student),1,fp);
      while(!feof(fp))       /*查找要修改的记录*/
      {
          if(by == 0)
              strcpy(str,st.name);
          else
              strcpy(str,st.sno);
          if(strcmp(nm,str) == 0)
          {
              flag = 1;
              printf("\n找到一个记录,他的信息如下:\n");
              printf(outtitle);
              printf(outstr,st.sno,st.name,st.cname,st.sc[0],st.sc[1],st.sc
[2],st.sum,st.avg);
              printf("\n确认修改吗? (1/0:1表示确认,0表示不修改)\n");
              scanf("%d",&queren);
              if(queren == 1)
              {
                  printf("\n请输入相应的修改信息:\n");
                  printf("学号:");
                  scanf("%s",st.sno);
                  printf("姓名:");
                  scanf("%s",st.name);
                  printf("班级名:");
                  scanf("%s",st.cname);
                  printf("程序:");
                  scanf("%f",&st.sc[0]);
```

```
                    printf("网络:");
                    scanf("%f",&st.sc[1]);
                    printf("外语:");
                    scanf("%f",&st.sc[2]);
                    st.sum = st.sc[0] + st.sc[1] + st.sc[2];
                    st.avg = st.sum/3;
                    fseek(fp,rec_num * sizeof(Student),SEEK_SET); /* 确定数据修改的
位置 */
                    fwrite(&st,sizeof(Student),1,fp);  /* 修改记录写入文件 */
                }
            }
        rec_num ++;
        fseek(fp,rec_num * sizeof(Student),SEEK_SET);
        fread(&st,sizeof(Student),1,fp);/* 读出一条记录 */
    }
    fclose(fp);
    return flag;
}
```

2. 按姓名修改模块

1）函数原型

```
void modify_name()    /* 按姓名修改函数 */
```

（1）输入参数：无。

（2）返回值：无。

2）程序设计思想

（1）定义变量。

（2）接收用户输入。

（3）调用通用数据修改函数进行修改，如未找到修改记录，显示相关提示信息。

（4）返回调用函数。

3）程序代码

```
void modify_name()
{    char na[20];
    system("cls");
    printf("\n 请输入要修改的学生姓名:");
    scanf("%s",na);
    if(modify(na,0) ==0)
        printf("\n 没有找到指定学生! \n");
    printf("\n 学生信息修改完毕,请按任意键返回! \n");
    system("pause");            /* 暂停 */
    return;}
```

3. 按学号修改模块

1）函数原型

void modify_no()　　/* 按学号修改函数 */

（1）输入参数：无。

（2）返回值：无。

2）程序设计思想

（1）定义变量。

（2）接收用户输入。

（3）调用通用数据修改函数进行修改，如未找到修改记录，显示相关提示信息。

（4）返回调用函数。

3）程序代码

```c
void modify_no()
{    char no[8];
     system("cls");
     printf("\n请输入要修改的学生学号：");
     scanf("%s",no);
     if(modify(no,1)==0)
         printf("\n没有找到指定学生！\n");
     printf("\n学生信息修改完毕,请按任意键返回！\n");
     system("pause");            /* 暂停 */
     return;}
```

4. 数据修改功能菜单显示模块

1）函数原型

void show_modify_menu()　　/* 显示数据修改菜单函数 */

（1）输入参数：无。

（2）返回值：无。

2）程序设计思想

（1）定义变量。

（2）在循环中，读取用户选择项目，根据选项执行不同的函数。

3）程序代码

```c
void show_modify_menu()            /* 显示数据修改菜单函数 */
{
    int choice;
    while(1)
    {
    system("cls");
    printf("\t\t***************** 数据修改 *****************\n");
    printf("\t\t*                                         *\n");
    printf("\t\t*               1.按学号修改              *\n");
    printf("\t\t*                                         *\n");
    printf("\t\t*               2.按姓名修改              *\n");
```

```
        printf("\t\t *                                    *\n");
        printf("\t\t *              0.返      回          *\n");
        printf("\t\t *                                    *\n");
        printf("\t\t ************************************* \n");
        printf("\t\t 请选择 0 - 2 \n");
        scanf("%d",&choice);
        switch(choice)
        {
            case 1:
                modify_no();
                break;
            case 2:
                modify_name();
                break;
            default:
                return;
        }
    }
}
```

9.2.6 数据删除模块

数据删除模块对应系统的数据删除功能，本系统主要提供按学号删除和按姓名删除两个删除功能。

1. 通用数据删除函数

本系统提供的两个项目的删除函数在操作上基本相同，只是在删除项目上有所区别，所以这里也编写了一个通用数据删除函数。在进行数据删除时，可以认为是文件中数据的重写，因为涉及记录的移动，即将删除记录位置后面的记录顺次前移，所以为了节省时间，系统使用的方法是首先将文件记录读入数组，然后找到删除记录，确定数据删除的位置，将位置后的记录顺次前移到删除位置，最后将数据重新写入文件。

1）函数原型

```
int del(char nm[],int by)    /* 通用数据删除函数 */
```

（1）输入参数：删除项目字符串；删除项目（0：按姓名删除；1：按学号删除）。

（2）返回值：是否删除的标志。

2）程序设计思想

（1）定义变量。

（2）打开文件。

（3）获得文件中的记录总数。

（4）将数据全部读入数组。

（5）循环查找，找到要删除的记录：

　　①确定比较项目；

②判断是否找到，如找到，记录数据删除的位置，显示记录信息；

③询问是否删除，如果确认删除，则通过循环实现记录前移，并将记录总数减 1；

（6）将新的记录数写入记录数目文件。

（7）将删除后的数组重新写入文件。

（8）关闭文件。

（9）返回是否删除成功的标志。

3）程序代码

```c
int del(char nm[],int by)   /* 通用数据删除函数 */
{
        FILE * fp,* fp1;
        int flag = 0;   /* 是否找到删除记录的标志 */
        int queren;   /* 用户确认删除的数据表示 */
        char str[20]; /* 要比较的项目字符串 */
        Student st[NUM];
        int n; /* 记录总数 */
        int i = 0,j;
        if((fp = fopen("student.dat","rb")) == NULL)    /* 以读写方式打开二进制文件 */
        {       printf("\n 文件打开失败,请按任意键返回! \n");
                system("pause");
                return -1;     }
        n = getnum();        /* 获得文件中的学生人数 */
        if(n! = -1)       /* 如果文件中有记录 */
        {
        fread(&st,sizeof(Student),n,fp);   /* 读取全部记录到数组 */
        fclose(fp);
        while(i < n)       /* 循环查找要删除的记录 */
        {
            if(by == 0)
                strcpy(str,st[i].name);
            else
                strcpy(str,st[i].sno);
            if(strcmp(nm,str) == 0)
            {
                flag = 1;
                printf("\n 找到一个记录,他的信息如下: \n");
                printf(outtitle);
    printf(outstr,st[i].sno,st[i].name,st[i].cname,st[i].sc[0],st[i].sc[1],st[i].sc[2],st[i].sum,st[i].avg);
                printf("\n 确认删除吗? (1/0:1 表示确认,0 表示不修改) \n");
                scanf("%d",&queren);
                if (queren == 1)
                {
                    for(j = i;j < n-1;j ++)        /* 记录前移 */
```

```
                    st[j] = st[j +1];
                n --;                              /*记录数减1*/
            }
        }
        i ++;
    }

    fp1 = fopen("st_num.dat","wb");    /*以写方式打开学生人数文件*/
    fwrite(&n,sizeof(int),1,fp1);      /*新的学生人数存入文件*/
    fclose(fp1);
    fp = fopen("student.dat","wb");
    fwrite(st,sizeof(Student),n,fp);   /*数据重新写入文件*/
    fclose(fp);
    return flag;
}
```

2. 按姓名删除模块

1）函数原型

```
void delete_name()    /*按姓名删除函数*/
```

（1）输入参数：无。

（2）返回值：无。

2）程序设计思想

（1）定义变量。

（2）接收用户输入。

（3）调用通用数据删除函数进行删除，如未找到删除记录，显示相关提示信息。

（4）返回调用函数。

3）程序代码

```
void delete_name()
{
    char na[20];
    system("cls");
    printf("\n 请输入要删除的学生姓名：");
    scanf("%s",na);
    if(del(na,0) ==0)
        printf("\n 没有找到指定学生！\n");
    printf("\n 学生信息删除完毕,请按任意键返回！\n");
    system("pause");            /*暂停*/
    return;
}
```

3. 按学号删除模块

1）函数原型

void delete_no()　　/* 按学号删除函数 */

（1）输入参数：无。

（2）返回值：无。

2）程序设计思想

（1）定义变量。

（2）接收用户输入。

（3）调用通用数据删除函数进行删除，如未找到删除记录，显示相关提示信息。

（4）返回调用函数。

3）程序代码

```c
void delete_no()
{
    char no[8];
    system("cls");
    printf("\n请输入要删除的学生学号：");
    scanf("%s",no);
    if(del(no,1)==0)
        printf("\n没有找到指定学生！\n");
    printf("\n学生信息删除完毕,请按任意键返回！\n");
    system("pause");              /* 暂停 */
    return;
}
```

4. 数据删除功能菜单显示模块

1）函数原型

void show_delete_menu()　　/* 显示数据删除菜单函数 */

（1）输入参数：无。

（2）返回值：无

2）程序设计思想

（1）定义变量。

（2）在循环中，读取用户选择项目，根据选项执行不同的函数。

3）程序代码

```c
void show_delete_menu()          /* 显示数据删除菜单函数 */
{
    int choice;
    while(1)
    {
    system("cls");
    printf("\t\t***************** 数据删除 *****************\n");
    printf("\t\t*                                         *\n");
    printf("\t\t*                 1. 按学号删除           *\n");
    printf("\t\t*                                         *\n");
```

```
        printf("\t\t *              2.按姓名删除                    *\n");
        printf("\t\t *                                              *\n");
        printf("\t\t *              0.返    回                       *\n");
        printf("\t\t *                                              *\n");
        printf("\t\t *********************************************\n");
        printf("\t\t 请选择 0 - 2 \n");
        scanf("%d",&choice);
        switch(choice)
        {
            case 1:
                delete_no();
                break;
            case 2:
                delete_name();
                break;
            default:
                return;
        }
    }
}
```

9.2.7　数据打印模块

数据打印模块的功能比较简单，即将文件中的数据全部显示在屏幕上。

1）函数原型

```
void show_data()    /* 显示文件中所有数据的函数 */
```

（1）输入参数：无。

（2）返回值：无。

2）程序设计思想

（1）定义变量。

（2）打开文件。

（3）循环读取记录并显示在屏幕上。

（4）关闭文件。

3）程序代码

```
void show_data()    /* 显示文件中所有数据的函数 */
{
    FILE * fp;
    Student st;
    if((fp = fopen("student.dat","rb")) == NULL)
    {   printf("\n 文件打开失败,请按任意键返回! \n");
        system("pause");
        return;     }
    system("cls");
```

```
    printf(outtitle);
    fread(&st,sizeof(Student),1,fp);
    while(!feof(fp))      /*读取文件并显示数据到屏幕*/
    {  printf(outstr,st.sno,st.name,st.cname,st.sc[0],st.sc[1],st.sc[2],
st.sum,st.avg);
        fread(&st,sizeof(Student),1,fp);/*读出一条记录*/      }
    fclose(fp);
    system("pause");            /*暂停*/
    return;}
```

9.2.8　数据统计模块

数据统计模块对应系统的数据统计功能，分为成绩排名和成绩分析两个子模块。

1. 成绩排名模块

成绩排名函数依据学生总分进行排序，使用的是冒泡排序法。

1）函数原型

```
void sort()    /*成绩排名函数*/
```

（1）输入参数：无。

（2）返回值：无。

2）程序设计思想

（1）定义变量。

（2）获得记录数。

（3）如果记录数不为 0，则向下执行。

（4）打开文件，读取全部数据到数组。

（5）关闭文件。

（6）使用冒泡排序法对数据进行排序。

（7）显示排序后的所有记录。

3）程序代码

```
void sort()        /*成绩排名函数*/
{
    int n;
    FILE *fp;
    Student st[NUM],tmp;
    int i,j;
    n = getnum();
    if(n!= -1)
    {
        if((fp = fopen("student.dat","rb")) ==NULL)/*以二进制写方式打开数据文件*/
        {
            printf("\n 数据文件打开失败,请按任意键返回! \n");
```

```
            system("pause");/*getch();*/
            return;
          }
        fread(st,sizeof(Student),n,fp);
        fclose(fp);
        for(i =0;i <n;i ++)
          for(j =i +1;j <n;j ++)
            if(st[i].sum <st[j].sum)
            {
                  tmp =st[i];
                  st[i] =st[j];
                  st[j] =tmp;
            }
        printf("\n 排序的结果如下:\n");
        printf(outtitle);
        for(i =0;i <n;i ++)
 printf(outstr,st[i].sno,st[i].name,st[i].cname,st[i].sc[0],st[i].sc[1],st
[i].sc[2],st[i].sum,st[i].avg);

    }
      printf("\n 学生成绩排序完毕,请按任意键返回 \n");
      system("pause");
}
```

2. 成绩分析模块

成绩分析模块主要实现统计学生各科成绩的分数段人数情况。

1) 函数原型

```
void achi_tongji()    /* 成绩分析函数 */
```

（1）输入参数：无。

（2）返回值：无。

2) 程序设计思想

（1）定义变量。

（2）计数器数组置0。

（3）打开文件。

（4）循环读取记录，调用成绩分析函数，计算各科分数段人数。

（5）显示各分数段人数。

（6）关闭文件。

3) 程序代码

```
void ach_count(float sc,int sub_id,int p[3][5])    /* 各科分数人数统计函数 */
/* sc:分数;sub_id:科目序号(0:程序;1:网络;2:外语) */
/* 数组 p 是调用函数传来的分数段计数器,3 代表科目,5 代表各分数段 */
```

```
{
    if(sc <=100 && sc >=90)
        p[sub_id][0] ++;
    if(sc <=89 && sc >=80)
        p[sub_id][1] ++;
    if(sc <=79 && sc >=70)
        p[sub_id][2] ++;
    if(sc <=69 && sc >=60)
        p[sub_id][3] ++;
    else
        p[sub_id][4] ++;
}


void achi_tongji()
{
    FILE * fp;
    Student st;
    int count[3][5];    /*统计科目成绩分级的人数计数器*/
    int i,j;
    system("cls");
    for(i =0;i <3;i ++ )    /*计数器初始化*/
        for(j =0;j <5;j ++ )
            count[i][j] =0;
    if((fp = fopen("student.dat","rb")) ==NULL)/*以二进制写方式打开数据文件*/
    {
        printf("\n数据文件打开失败,请按任意键返回! \n");
        system("pause");/*getch();*/
        return;
    }
    fread(&st,sizeof(Student),1,fp);
    while(! feof(fp))                   /*循环读取学生记录*/
    {   ach_count(st.sc[0],0,count);    /*统计程序分数段人数*/
        ach_count(st.sc[1],1,count);    /*统计网络分数段人数*/
        ach_count(st.sc[2],2,count);    /*统计外语分数段人数*/
        fread(&st,sizeof(Student),1,fp);    }
    printf("\n统计的结果如下:\n");
    printf("\n\t \t 科目 \t 优秀 \t 良好 \t 中等 \t 及格 \t 不及格 \n");
    for(i =0;i <3;i ++ )    /*依据科目序号显示行标题*/
    {
        switch(i)
        {   case 0:
                printf("\t \t 程序");
                break;
            case 1:
                printf("\t \t 网络");
                break;
            case 2:
                printf("\t \t 外语");            }
```

```
        for(j = 0;j < 5;j ++ )                    /* 打印分数段人数情况 */
            printf("\t% d",count[i][j]);
        printf("\n");
    }
    printf("\n 学生成绩统计完毕,请按任意键返回 \n");
    system("pause");
}
```

3. 数据统计功能菜单显示模块

1) 函数原型

```
void show_tongji_menu()    /* 显示数据统计菜单函数 */
```

（1）输入参数：无。

（2）返回值：无。

2) 程序设计思想

（1）定义变量。

（2）在循环中，读取用户选择项目，根据选项执行不同的函数。

3) 程序代码

```
void show_tongji_menu()           /* 显示数据统计菜单函数 */
{
    int choice;
    while(1)
    {
    system("cls");
    printf("\t \t ***************** 数据统计 *****************\n");
    printf("\t \t *                                          *\n");
    printf("\t \t *                 1. 成绩排名              *\n");
    printf("\t \t *                                          *\n");
    printf("\t \t *                 2. 成绩分析              *\n");
    printf("\t \t *                                          *\n");
    printf("\t \t *                 0. 返     回             *\n");
    printf("\t \t *                                          *\n");
    printf("\t \t *********************************************\n");
    printf("\t \t 请选择 0 - 2 \n");
    scanf("% d",&choice);
    switch(choice)
    {
        case 1:
            sort();
            break;
        case 2:
            achi_tongji();
            break;
        default:
```

```
            return;
      }
      }
}
```

其他数据模块

1. 主函数

主函数的功能是调用用户登录函数，并提供系统的主菜单让用户选择。主函数的运行界面如图 9 - 3 所示。

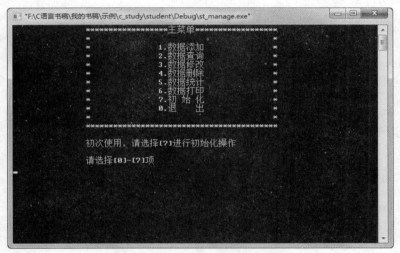

图 9 - 3　主函数的运行界面

1）函数原型

```
main()  /*系统主函数*/
```

（1）输入参数：无。

（2）返回值：无。

2）程序设计思想

（1）定义变量。

（2）调用用户登录函数，如果登录成功则向下执行，否则退出系统。

（3）调用显示主菜单函数，根据用户选择项目，执行不同的操作。

（4）打开文件，读取全部数据到数组。

（5）关闭文件。

（6）使用冒泡排序法对数据进行排序。

（7）显示排序后的所有记录。

3）程序代码

```
int showmainmenu()        /*显示主菜单函数*/
{
    int choice;
    system("cls");    /*清屏*/
    printf("\t\t***************** 主菜单 *****************\n");
    printf("\t\t*                                        *\n");
    printf("\t\t*               1.数据添加               *\n");
    printf("\t\t*               2.数据查询               *\n");
    printf("\t\t*               3.数据修改               *\n");
    printf("\t\t*               4.数据删除               *\n");
    printf("\t\t*               5.数据统计               *\n");
    printf("\t\t*               6.数据打印               *\n");
    printf("\t\t*               7.初 始 化               *\n");
    printf("\t\t*               0.退    出               *\n");
    printf("\t\t*                                        *\n");
    printf("\t\t*****************************************\n");
    printf("\n\t\t初次使用,请选择[7]进行初始化操作\n\n");
    printf("\t\t请选择[0]-[7]项\n");
scanf("%d",&choice);
    return choice;
}
void main()        /*系统主函数*/
{

    int choice;

    if(login() == -1)        /*调用用户登录函数,判断是否登录成功*/
    {
    printf("\n未能成功登录,请按任意键退出\n");
    system("pause");
    exit(0);
    }
    while(1)
    {
        system("cls");
        choice = showmainmenu();    /*调用显示主菜单函数*/
        switch(choice)
        {
            case 1:
                show_append_menu();
                break;
            case 2:
                show_query_menu();
                break;
            case 3:
                show_modify_menu();
                break;
```

```
        case 4:
            show_delete_menu();
            break;
        case 5:
            show_tongji_menu();
            break;
        case 6:
            show_data();
            break;
        case 7:
            init();
            break;
        default:
            exit(0);
        }
    }
}
```

2. 获得学生人数函数

该函数的功能是获得学生人数文件中的学生人数。

1）函数原型

```
int getnum()    /*获得学生人数主函数*/
```

（1）输入参数：无。

（2）返回值：学生人数文件中的学生人数。

2）程序设计思想

（1）定义变量。

（2）打开学生人数文件；

（3）读取文件，获得学生人数。

（4）关闭学生人数文件。

（5）返回学生人数。

3）程序代码

```
int getnum()        /*获得学生人数函数*/
{
    int n;
    FILE * fp;
    if((fp = fopen("st_num.dat","rb")) == NULL)/*以二进制写方式打开学生人数文件*/
    {
        printf("\n 学生人数文件打开失败,请按任意键返回! \n");
        system("pause");/*getch();*/
        return -1;
    }
```

```
        fread(&n,sizeof(int),1,fp);   /*获得目前的学生人数*/
        fclose(fp);
        return n;
}
```

读者可以将上面的函数组合起来，再加上结构体定义和函数声明部分，就是一个完整的学生管理系统。结构体定义和函数声明部分如下（放在程序的开始部分）：

```
#include <stdio.h>
#include <stdlib.h>
#include <string.h>
#define NUM 50
#define outtitle "学号\t姓名\t\t班级\t程序\t网络\t外语\t总分\t平均分\n"
#define outstr "%-s\t%-10s\t%-s\t%5.1f\t%5.1f\t%5.1f\t%5.1f\t%5.1f\n"

typedef struct              /*学生信息结构体*/
{
    char sno[8];            /*学号*/
    char name[20];          /*姓名*/
    char cname[20];         /*班级名*/
    float sc[3];            /*成绩*/
    float sum;              /*总分*/
    float avg;              /*平均分*/
}Student;

void input_stdata();        /*学生数据添加函数*/
void input_achdata();       /*成绩数据写入文件函数*/
void query_name();          /*按姓名查询函数*/
void query_class();         /*按班级查询函数*/
int showmainmenu();         /*显示主菜单函数*/
void show_append_menu();    /*显示数据录入菜单函数*/
void show_query_menu()      /*显示数据查询菜单函数*/;
void modify_name();         /*按姓名修改函数*/
void modify_no();           /*按学号修改函数*/
void delete_name();         /*按姓名删除函数*/
void delete_no();           /*按学号函数删除*/
void sort();                /*成绩排名函数*/
void achi_tongji();         /*成绩分析函数*/
int login();                /*用户登录函数*/
void init();                /*系统初始化函数:重新建立数据文件,学生人数清0*/
int getnum();               /*获得学生人数函数*/
void show_data();           /*显示所有学生信息的函数*/
int query(char nm[],int by);    /*通用数据查询函数*/
int modify(char nm[],int by);   /*通用数据修改函数*/
int del(char nm[],int by);      /*通用数据删除函数*/
void ach_count(float sc,int sub_id,int p[3][5]);   /*各科分数人数统计函数*/
```

9.2.10　关于 C 语言知识的综合应用

本项目的实现是 C 语言知识的综合运用，几乎用到了本书介绍的所有 C 语言知识，如基本数据类型、基本语句、程序结构、函数、数组、结构体和文件等，本项目所涉及的知识结构如图 9-4 所示。

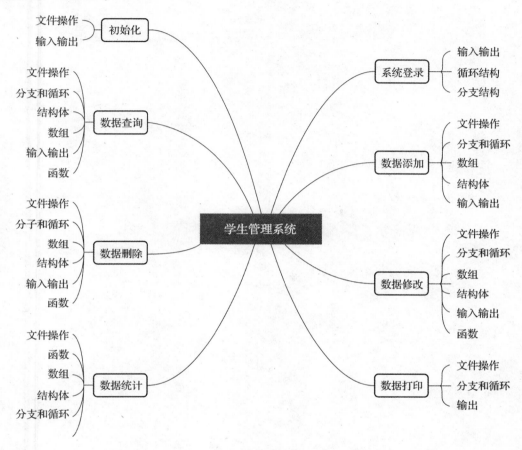

图 9-4　学生管理系统项目所涉及的知识结构

通过上一节的系统实现部分可以看到，一个 C 语言的完整程序实际上是由一个个函数组成的，每个函数都有自己的功能，它们就像一块块"方砖"，搭起了程序的"高楼"，可见 C 语言中函数的重要性。函数的设计符合模块化设计思想，是程序设计要遵循的一个基本准则。在进行函数程序的编写时，首先要确定函数的功能，然后根据该功能设计算法（也可叫作程序设计思想），最后才能书写程序代码。在这个过程中，算法的设计是核心，一个程序没有正确算法的指导，是无论如何也实现不了预期功能的。从这个方面可以看到，在编写一个应用程序时，程序设计思想是最重要的，它是一个程序的灵魂，因此，在学习 C 语言时，要注意程序设计思想的积累，多动脑，勤思考。

本书没有提供所有的程序运行界面，如果读者要进行测试，可以输入表 1-1 中的数据进行测试，也可以自行编写数据测试。